Ziziphus

"十三五"国家重点图书出版规划项目
"中国果树地方品种图志"丛书

中国枣
地方品种图志

曹尚银　曹秋芬　孟玉平　等　著

中国林业出版社

"十三五"国家重点图书出版规划项目
"中国果树地方品种图志"丛书

Ziziphus

中国枣
地方品种图志

图书在版编目（CIP）数据

中国枣地方品种图志 / 曹尚银等著.—北京：中国林业出版
社, 2017.12
（中国果树地方品种图志丛书）

ISBN 978-7-5038-9396-4

Ⅰ.①中… Ⅱ.①曹… Ⅲ.①枣—品种志—中国—图集
Ⅳ.①S665.102.92-64

中国版本图书馆CIP数据核字(2017)第302733号

责任编辑： 何增明　张　华
出版发行： 中国林业出版社（100009 北京西城区刘海胡同7号）
电　　话： 010-83143517
印　　刷： 固安县京平诚乾印刷有限公司
版　　次： 2018年1月第1版
印　　次： 2018年1月第1次印刷
开　　本： 889mm×1194mm　1/16
印　　张： 23
字　　数： 715千字
定　　价： 358.00元

《中国枣地方品种图志》
著者名单

主著者： 曹尚银　曹秋芬　孟玉平

副主著者： 张春芬　聂园军　朱　博　李好先　尹燕雷　房经贵　李天忠　黄春辉

著　者（以姓氏笔画为序）

卜海东	于　杰	于丽艳	于海忠	上官凌飞	马小川	马和平	马学文	马贯羊	马彩云
王　企	王　晨	王文战	王圣元	王亚芝	王亦学	王春梅	王胜男	王振亮	王爱德
王斯妤	牛　娟	尹燕雷	邓　舒	卢明艳	卢晓鹏	冯立娟	兰彦平	纠松涛	曲　艺
曲雪艳	朱　博	朱　壹	朱旭东	刘　丽	刘　恋	刘　猛	刘少华	刘贝贝	刘伟婷
刘众杰	刘国成	刘佳梦	刘春生	刘科鹏	刘雪林	次仁朗杰	汤佳乐	孙　乾	孙其宝
纪迎琳	严　萧	李　锋	李天忠	李永清	李好先	李红莲	李贤良	李泽航	李帮明
李晓鹏	李章云	李馨玥	杨选文	杨雪梅	肖　蓉	吴　寒	吴传宝	邹梁峰	冷翔鹏
宋宏伟	张　川	张　懿	张久红	张子木	张文标	张伟兰	张全军	张冰冰	张克坤
张利超	张青林	张建华	张春芬	张俊畅	张艳波	张晓慧	张富红	张靖国	陈　璐
陈利娜	陈英照	陈佳琪	陈楚佳	苑兆和	范宏伟	罗正荣	罗东红	罗昌国	岳鹏涛
周　威	周厚成	郑　婷	郎彬彬	房经贵	孟玉平	赵弟广	赵艳莉	赵晨辉	郝　理
郝兆祥	胡清波	钟　敏	钟必凤	侯丽媛	俞飞飞	姜志强	姜春芽	骆　翔	秦　栋
秦英石	袁　晖	袁平丽	袁红霞	聂　琼	聂园军	贾海锋	夏小丛	夏鹏云	倪　勇
徐小彪	徐世彦	徐雅秀	高　洁	郭　磊	郭会芳	郭俊英	郭俊杰	唐超兰	涂贵庆
陶俊杰	黄　清	黄春辉	黄晓娇	黄燕辉	曹　达	曹尚银	曹秋芬	戚建锋	康林峰
梁　建	梁英海	葛翠莲	董文轩	董艳辉	敬　丹	韩伟亚	谢　敏	谢恩忠	谢深喜
廖　娇	廖光联	谭冬梅	熊　江	潘　斌	薛　辉	薛华柏	薛茂盛	霍俊伟	

总序一

Foreword One

　　果树是世界农产品三大支柱产业之一，其种质资源是进行新品种培育和基础理论研究的重要源头。果树的地方品种（农家品种）是在特定地区经过长期栽培和自然选择形成的，对所在地区的气候和生产条件具有较强的适应性，常存在特殊优异的性状基因，是果树种质资源的重要组成部分。

　　我国是世界上最为重要的果树起源中心之一，世界各国广泛栽培的梨、桃、核桃、枣、柿、猕猴桃、杏、板栗等落叶果树树种多源于我国。长期以来，人们习惯选择优异资源栽植于房前屋后，并世代相传，驯化产生了大量适应性强、类型丰富的地方特色品种。虽然我国果树育种专家利用不同地理环境和气候形成的地方品种种质资源，已改良培育了许多果树栽培品种，但迄今为止尚有大量地方品种资源包括部分农家珍稀果树资源未予充分利用。由于种种原因，许多珍贵的果树资源正在消失之中。

　　发达国家不但调查和收集本国原产果树树种的地方品种，还进入其他国家收集资源，如美国系统收集了乌兹别克斯坦的葡萄地方品种和野生资源。近年来，一些欠发达国家也已开始重视地方品种的调查和收集工作。如伊朗收集了872份石榴地方品种，土耳其收集了225份无花果、386份杏、123份扁桃、278份榛子和966份核桃地方品种。因此，调查、收集、保存和利用我国果树地方品种和种质资源对推动我国果树产业的发展有十分重要的战略意义。

　　中国农业科学院郑州果树研究所长期从事果树种质资源调查、收集和保存工作。在国家科技部科技基础性工作专项重点项目"我国优势产区落叶果树农家品种资源调查与收集"支持下，该所联合全国多家科研单位、大专院校的百余名科技人员，利用现代化的调查手段系统调查、收集、整理和保护了我国主要落叶果树地方品种资源（梨、核桃、桃、石榴、枣、山楂、柿、樱桃、杏、葡萄、苹果、猕猴桃、李、板栗），并建立了档案、数据库和信息共享服务体系。这项工作摸清了我国果树地方品种的家底，为全国性的果树地方品种鉴定评价、优良基因挖掘和种质创新利用奠定了坚实的基础。

　　正是基于这些长期系统研究所取得的创新性成果，郑州果树研究所组织撰写了"中国果树地方品种图志"丛书。全书内容丰富、系统性强、信息量大，调查数据翔实可靠。它的出版为我国果树科研工作者提供了一部高水平的专业性工具书，对推动我国果树遗传学研究和新品种选育等科技创新工作有非常重要的价值。

中国农业科学院副院长
中国工程院院士

2017年11月21日

总序二

Foreword Two

　　中国是世界果树的原生中心，不仅是果树资源大国，同时也是果品生产大国，果树资源种类、果品的生产总量、栽培面积均居世界首位。中国对世界果树生产发展和品种改良做出了巨大贡献，但中国原生资源流失严重，未发挥果树资源丰富的优势与发展潜力，大宗果树的主栽品种多为国外品种，难以形成自主创新产品，国际竞争力差。中国已有4000多年的果树栽培历史，是果树起源最早、种类最多的国家之一，拥有占世界总量3/5的果树种质资源，世界上许多著名的栽培种，如白梨、花红、海棠果、桃、李、杏、梅、中国樱桃、山楂、板栗、枣、柿子、银杏、香榧、猕猴桃、荔枝、龙眼、枇杷、杨梅等树种原产于中国。原产中国的果树，经过长期的栽培选择，已形成了生态类型众多的地方品种，对当地自然或栽培环境具有较好的适应性。一般多为较混杂的群体，如发芽期、芽叶色泽和叶形均有多种变异，是系统育种的原始材料，不乏优良基因型，其中不少在生产中发挥着重要作用，主导当地的果树产业，为当地经济和农民收入做出了巨大贡献。

　　我国有些果树长期以来在生产上还应用的品种基本都是各地的地方品种（农家品种），虽然开始通过杂交育种选育果树新品种，但由于起步晚，加上果树童期和育种周期特别长，造成目前我国生产上应用的果树栽培品种不少仍是从农家品种改良而来，通过人工杂交获得的品种仅占一部分。而且，无论国内还是国外，现有杂交品种都是由少数几个祖先亲本繁衍下来的，遗传背景狭窄，继续在这个基因型稀少的池子中捞取到可资改良现有品种的优良基因资源，其可能性越来越小，这样的育种瓶颈也直接导致现有品种改良潜力低下。随着现代育种工作的深入，以及市场对果品表现出更为多样化的需求和对果实品质提出更高的要求，育种工作者越来越感觉到可利用的基因资源越来越少，品种创新需要挖掘更多更新的基因资源。野生资源由于果实经济性状普遍较差，很难在短期内对改良现有品种有大的作为；而农家品种则因其相对优异的果实性状和较好的适应性与抗逆性，成为可在短期内改良现有品种的宝贵资源。为此，我们还急需进一步加大力度重视果树农家品种的调查、收集、评价、分子鉴定、利用和种质创新。

　　"中国果树地方品种图志"丛书中的种质资源的收集与整理，是由中国农业科学院郑州果树研究所牵头，全国22个研究所和大学、100多个科技人员同时参与，首次对我国果树地方品种进行较全面、系统调查研究和总结，工作量大，内容翔实。该丛书的很多调查图片和品种性状资料来之不易，许多优异、濒危的果树地方品种资源多处于偏远的山区村庄，交通不便，需跋山涉水、历经艰难险阻才得以调查收集，多为首次发表，十分珍贵。全书图文并茂，科学性和可读性强。我相信，此书的出版必将对我国果树地方品种的研究和开发利用发挥重要作用。

中国工程院院士　束怀瑞

2017年10月25日

总 前 言

General Introduction

　　果树地方品种（农家品种）具有相对优异的果实性状和较好的适应性与抗逆性，是可在短期内改良现有品种的宝贵资源。"中国果树地方品种图志"丛书是在国家科技部科技基础性工作专项重点项目"我国优势产区落叶果树农家品种资源调查与收集"（项目编号：2012FY110100）的基础上凝练而成。该项目针对我国多年来对果树地方品种重视不够，致使果树地方品种的家底不清，甚至有的濒临灭绝，有的已经灭绝的严峻状况，由中国农业科学院郑州果树研究所牵头，联合全国多家具有丰富的果树种质资源收集保存和研究利用经验的科研单位和大专院校，对我国主要落叶果树地方品种（梨、核桃、桃、石榴、枣、山楂、柿、樱桃、杏、葡萄、苹果、猕猴桃、李、板栗）资源进行调查、收集、整理和保护，摸清主要落叶果树地方品种家底，建立档案、数据库和地方种资源实物和信息共享服务体系，为地方品种资源保护、优良基因挖掘和利用奠定基础，为果树科研、生产和创新发展提供服务。

一、我国果树地方品种资源调查收集的重要性

　　我国地域辽阔，果树栽培历史悠久，是世界上最大的栽培果树植物起源中心之一，素有"园林之母"的美誉，原产果树种质资源十分丰富，世界各国广泛栽培的如梨、桃、核桃、枣、柿、猕猴桃、杏、板栗等落叶果树树种都起源于我国。此外，我国从世界各地引种果树的工作也早已开始。如葡萄和石榴的栽培种引入中国已有2000年以上历史。原产我国的果树资源在长期的人工选择和自然选择下形成了种类纷繁的、与特定地区生态环境条件相适应的生态类型和地方品种；而引入我国的果树材料通过长期的栽培选择和自然驯化选择，同样形成了许多适应我国自然条件的生态类型或地方品种。

　　我国果树地方品种资源种类繁多，不乏优良基因型，其中不少在生产中还在发挥着重要作用。比如'京白梨''莱阳梨''金川雪梨'；'无锡水蜜''肥城桃''深州蜜桃''上海水蜜'；'木纳格葡萄'；'沾化冬枣''临猗梨枣''泗洪大枣''灵宝大枣'；'仰韶杏''邹平水杏''德州大果杏''兰州大接杏''郯城杏梅'；'天目蜜李''绥棱红'；'崂山大樱桃''滕县大红樱桃''太和大紫樱桃''南京东塘樱桃'；山东的'镜面柿''四烘柿'，陕西的'牛心柿''磨盘柿'，河南的'八月黄柿'，广西的'恭城水柿'；河南的'河阴石榴'等许多地方品种在当地一直是主栽优势品种，其中的许多品种生产已经成为当地的主导农业产业，为发展当地经济和提高农民收入做出了巨大贡献。

　　还有一些地方果树品种向外迅速扩展，有的甚至逐步演变成全国性的品种，在原产地之外表现良好。比如河南的'新郑灰枣'、山西的'骏枣'和河北的'赞皇大枣'引入新疆后，结果性能、果实口感、品质、产量等表现均优于其在原产地的表现。尤其是出产于新疆的'灰枣'和'骏枣'，以其绝佳的口感和品质，在短短5~6年的时间内就风靡全国市场，其在新疆的种植面积也迅速发展逾3.11万hm²，成为当地名副其实的"摇钱树"。分布范围更广的当属'砀山酥梨'，以

其出色的鲜食品质、广泛的栽培适应性，从安徽砀山的地方性品种几十年时间迅速发展成为在全国梨生产量和面积中达到1/3的全国性品种。

果树地方品种演变至今有着悠久的历史，在漫长的演进过程中经历过各种恶劣的生态环境和毁灭性病虫害的选择压力，能生存下来并获得发展，决定了它们至少在其自然分布区具有良好的适应性和较为全面的抗性。绝大多数地方品种在当地栽培面积很小，其中大部分仅是散落农家院中和门前屋后，甚至不为人知，但这里面同样不乏可资推广的优良基因型；那些综合性状不够好、不具备直接推广和应用价值的地方品种，往往也潜藏着这样或那样的优异基因可供发掘利用。

自20世纪中叶开始，国内外果树生产开始推行良种化、规模化种植，大规模品种改良初期果树产业的产量和质量确实有了很大程度的提高；但时间一长，单一主栽品种下生物遗传多样性丧失，长期劣变积累的负面影响便显现出来。大面积推广的栽培品种因当地的气候条件发生变化或者出现新的病害受到毁灭性打击的情况在世界范围内并不鲜见，往往都是野生资源或地方品种扮演救火英雄的角色。

20世纪美国进行的美洲栗抗栗疫病育种的例子就是证明。栗疫病由东方传入欧美，1904年首次见于纽约动物园，结果几乎毁掉美国、加拿大全部的美洲栗，在其他一些国家也造成毁灭性的影响。对栗疫病敏感的还有欧洲栗、星毛栎和活栎。美国康涅狄格州农业试验站从1907年开始研究栗疫病，这个农业试验站用对栗疫病具有抗性的中国板栗和日本栗作为亲本与美洲栗杂交，从杂交后代中选出优良单株，然后再与中国板栗和日本栗回交。并将改良栗树移植进野生栗树林，使其与具有基因多样性的栗树自然种群融合，产生更高的抗病性，最终使美洲栗产业死而复生。

我国核桃育种的例子也很能说明问题。新疆核桃大多是实生地方品种，以其丰产性强、结果早、果个大、壳薄、味香、品质优良的特点享誉国内外，引入内地后，黑斑病、炭疽病、枝枯病等病害发生严重，而当地的华北核桃种群则很少染病，因此人们认识到华北核桃种群是我国核桃抗性育种的宝贵基因资源。通过杂交，华北核桃与新疆核桃的后代在发病程度上有所减轻，部分植株表现出了较强的抗性。此外，我国从铁核桃和普通核桃的种间杂种中选育出的核桃新品种，综合了铁核桃和普通核桃的优点，既耐寒冷霜冻，又弥补了普通核桃在南方高温多湿环境下易衰老、多病虫害的缺陷。

'火把梨'是云南的地方品种，广泛分布于云南各地，呈零散栽培状态，果皮色泽鲜红艳丽，外观漂亮，成熟时云南多地农贸市场均有挑担零售，亦有加工成果脯。中国农业科学院郑州果树研究所1989年开始选用日本栽培良种'幸水梨'与'火把梨'杂交，育成了品质优良的'满天红''美人酥'和'红酥脆'三个红色梨新品种，在全国推广发展很快，取得了巨大的社会、经济效益，掀起了国内红色梨产业发展新潮，获得了国际林产品金奖、全国农牧渔业丰收奖二等奖和中国农业科学院科技成果一等奖。

富士系苹果引入中国，很快在各苹果主产区形成了面积和产量优势。但在辽宁仅限于年平均气温10℃，1月平均气温-10℃线以南地区栽培。辽宁中北部地区扩展到中国北方几省区尽管日照充足、昼夜温差大、光热资源丰富，但1月平均气温低，富士苹果易出现生理性冻害造成抽条，无法栽培。沈阳农业大学利用抗寒性强、大果、肉质酸酥、耐贮运的地方品种'东光'与'富士'进行杂交，杂交实生苗自然露地越冬，以经受冻害淘汰，顺利选育出了适合寒地栽培的苹果品种'寒富'。'寒富'苹果1999年被国家科技部列入全国农业重点开发推广项目，到目前为止已经在内蒙古南部、吉林珲春、黑龙江宁安、河北张家口、甘肃张掖、新疆玛纳斯和西藏林芝等地广泛栽培。

地方品种虽然重要，但目前许多果树地方品种的处境却并不让人乐观！我们在上马优良新品种和外引品种的同时，没有处理好当地地方品种的种质保存问题，许多地方品种因为不适应商业化的要求生存空间被挤占。如20世纪80年代巨峰系葡萄品种和21世纪初'红地球'葡萄的大面积推广，造成我国葡萄地方品种的数量和栽培面积都在迅速下降，甚至部分地方品种在生产上的消失。20世纪80年代我国新疆地区大约分布有80个地方品种或品系，而到了21世纪只有不到30个地方品种还能在生产上见到，有超过一半的地方品种在生产上消失，同样在山西省清徐县曾广泛分布的古老品种'瓶儿'，现在也只能在个别品种园中见到。

加上目前中国正处于经济快速发展时期，城镇化进程加快，因为城镇发展占地、修路、环境恶化等原因，许多果树地方品种正在飞速流失，亟待保护。以山西省的情况为例：山西有山楂地方品种'泽州红''绛县粉口''大果山楂''安泽红果'等10余个，近年来逐年减少；有板栗地方品种10余个，已经灭绝或濒临灭绝；有柿子地方品种近70个，目前60%已灭绝；有桃地方品种30余个，目前90%已经灭绝；有杏地方品种70余个，目前60%已灭绝，其余濒临灭绝；有核桃地方品种60余个，目前有的已灭绝，有的濒临灭绝，有的品种名称混乱；有2个石榴地方品种，其中1个濒临灭绝！

又如，甘肃省果树资源流失非常严重。据2008年初步调查，发现5个树种的103个地方果树珍稀品种资源濒临流失，研究人员采集有限枝条，以高接方式进行了抢救性保护；7个树种的70个地方果树品种已经灭绝，其中梨48个、桃6个、李4个、核桃3个、杏3个、苹果4个、苹果砧木2个，占原《甘肃果树志》记录品种数的4.0%。对照《甘肃果树志》（1995年），未发现或已流失的70个品种资源主要分布在以下区域：河西走廊灌溉果树区未发现或已灭绝的种质资源6个（梨品种2个、苹果品种4个）；陇西南冷凉阴湿果树区未发现或灭绝资源10个（梨资源7个、核桃资源3个）；陇南山地果树区未发现或流失资源20个（梨资源14个、桃资源4个、李资源2个）；陇东黄土高原果树区未发现或流失资源25个（梨品种16个、苹果砧木2个、杏品种3个、桃品种2个、李品种2个）；陇中黄土高原丘陵果树区未发现或已流失的资源9个，均为梨资源。

随着果树栽培良种化、商品化发展，虽然对提高果品生产效益发挥了重要作用，但地方品种流失也日趋严重，主要表现在以下几个方面：

1. 城镇化进程的加快，随着传统特色产业地位的丧失，地方品种逐渐减少

近年来，随着城镇化进程的加快，以前的郊区已经变成了城市，以前的果园已经难寻踪迹，使很多地方果树品种随着现代城市的建设而丢失，或正面临丢失。例如，甘肃省兰州市安宁区曾经是我国桃的优势产区，但随着城镇化的建设和发展，桃树栽培面积不到20世纪80年代的1/5，在桃园大面积减少的同时，地方品种也大幅度流失。兰州'软儿梨'也是一个古老的品种，但由于城镇化进程的加快，许多百年以上的大树被砍伐，也面临品种流失的威胁。

2. 果树良种化、商品化发展，加快了地方品种的流失

随着果树栽培良种化、商品化发展，提高了果品生产的经济效益和果农发展果树的积极性，但对地方品种的保护和延续造成了极大的伤害，导致了一些地方品种逐渐流失。一方面是新建果园的统一规划设计，把一部分自然分布的地方品种淘汰了；另一方面，由于新品种具有相对较好的外观品质，以前农户房前屋后栽植的地方品种，逐渐被新品种替代，使很多地方品种面临灭绝流失的威胁。

3. 国家对果树地方品种的保护宣传力度和配套措施不够

依靠广大农民群众是保护地方品种种质资源的基础。由于国家对地方品种种质资源的重要性和保护意义宣传力度不够，农民对地方品种保护的认知不到位，导致很多地方品种在生产和生活中不经意地流失了。同时，地方相关行政和业务部门，对地方品种的保护、监管、标示力度不够，没有体现出地方品种资源的法律地位，导致很多地方品种濒临灭绝和正在灭绝。

发达国家对各类生物遗传资源（包括果树）的收集、研究和利用工作极为重视。发达国家在对本国生物遗传资源大力保护的同时，还不断从发展中国家大肆收集、掠夺生物遗传资源。美国和前苏联都曾进行过系统地国外考察，广泛收集外国的植物种质资源。我国是世界上生物遗传资源最丰

富的国家之一，也是发达国家获取生物遗传资源的重要地区，其中最为典型的案例当属我国大豆资源（美国农业部的编号为PI407305）流失海外，被孟山都公司研究利用，并申请专利的事件。果树上我国的猕猴桃资源流失到新西兰后被成功开发利用，至今仍然有大量的国外公司组织或个人到我国的猕猴桃原产地大肆收集猕猴桃地方品种资源和野生资源。甚至连绝大多数外国人现在都还不甚了解的我国特色果树——枣的资源也已经通过非正常途径大量流失到了国外！若不及时进行系统的调查摸底和保护，那种"种中国豆，侵美国权"的荒诞悲剧极有可能在果树上重演！

综上所述，我国果树地方品种是具有许多优异性状的资源宝库，目前正以我们无法想象的速度消失或流失；应该立即投入更多的力量，进行资源调查、收集和保护，把我们自己的家底摸清楚，真正发挥我国果树种质资源大国的优势。那些可能由于建设或因环境条件恶化而在野外生存受到威胁的果树地方品种，不能在需要抢救时才引起注意，而应该及早予以调查、收集、保存。要对我国落叶果树地方品种进行调查、收集和保存，有多种策略和方法，最直接、最有效的办法就是对优势产区进行重点调查和收集。

二、调查收集的方式、方法

按照各树种资源调查、收集、保存工作的现状，重点调查资源工作基础薄弱的树种（石榴、樱桃、核桃、板栗、山楂、柿），对已经具有较好资源工作基础和成果的树种（梨、桃、苹果、葡萄）做补充调查。根据各树种的起源地、自然分布区和历史栽培区确定优势产区进行调查，各树种重点调查区域见本书附录一。各省（自治区、直辖市）主要调查树种见本书附录二。

通过收集网络信息、查阅文献资料等途径，从文字信息上掌握我国主要落叶果树优势产区的地域分布，确定今后科学调查的区域和范围，做好前期的案头准备工作。

实地走访主要落叶果树种植地区，科学调查主要落叶果树的优势产区区域分布、历史演变、栽培面积、地方品种的种类和数量、产业利用状况和生存现状等情况，最终形成一套系统的相关科学调查分析报告。

对我国优势产区落叶果树地方品种资源分布区域进行原生境实地调查和GPS定位等，评价原生境生存现状，调查相关植物学性状、生态适应性、栽培性能和果实品质等主要农艺性状（文字、特征数据和图片），对优良地方品种资源进行初步评价、收集和保存。

对叶、枝、花、果等性状按各种资源调查表格进行记载，并制作浸渍或腊叶标本。根据需要对果实进行果品成分的分析。

加强对主要生态区具有丰产、优质、抗逆等主要性状资源的收集保存。注重地方品种优良变异株系的收集保存。

主要针对恶劣环境条件下的地方品种，注重对工矿区、城乡结合部、旧城区等地濒危和可能灭绝地方品种资源的收集保存。

收集的地方品种先集中到资源圃进行初步观察和评估，鉴别"同名异物"和"同物异名"现象。着重对同一地方品种的不同类型（可能为同一遗传型的环境表型）进行观察，并用有关仪器进行简化基因组扫描分析，若确定为同一遗传型则合并保存。对不同的遗传型则建立其分子身份鉴别标记信息。

已有国家资源圃的树种，收集到的地方品种入相应树种国家种质资源圃保存，同时在郑州、随州地区建立国家主要落叶果树地方品种资源圃，用于集中收集、保存和评价有关落叶果树地方品种资源，以确保收集到的果树地方品种资源得到有效的保护。郑州和随州地处我国中部地区，中原之腹地，南北交汇处，既无北方之严寒，又无南方之酷热。因此，非常适宜我国南北各地主要落叶果树树种种质资源的生长发育，有利于品种资源的收集、保存和评价。

利用中国农业科学院郑州果树研究所优势产区落叶果树树种资源圃保存的主要落叶果树树种

地方品种资源和实地科学调查收集的数据，建立我国主要落叶果树优良地方品种资源的基本信息数据库，包括地理信息、主要特征数据及图片，特别是要加强图像信息的采集量，以区别于传统的单纯文字描述，对性状描述更加形象、客观和准确。

对我国优势产区落叶果树优良地方品种资源进行一次全面系统梳理和总结，摸清家底。根据前期积累的数据和建立的数据库（http://www.ganguo.net.cn），开发我国主要落叶果树优良地方品种资源的GIS信息管理系统。并将相关数据上传国家农作物种质资源平台（http://www.cgris.net），实现果树地方品种资源信息的网络共享。

工作路线见本书附录三。工作流程见本书附录四。要按规范填写调查表。调查表包括：农家品种摸底调查表、农家品种申报表、农家品种资源野外调查简表、各类树种农家品种调查表、农家品种数据采集电子表、农家品种调查表文字信息采集填写规范。农家品种标本、照片采集按规范填写"农家品种资源标本采集要求"表格和"农家品种资源调查照片采集要求"表格。调查材料提交也须遵照规范。编号采用唯一性流水线号，即：子专题（片区）负责人姓全拼+名拼音首字母+采集者姓名拼音首字母+流水号数字。

本次参加调查收集研究有22个单位，分布在我国西南、华南、华东、华中、华北、西北、东北地区，每个单位除参加过全国性资源考察外，他们都熟悉当地的人文地理、自然资源，都对当地的主要落叶果树资源了解比较多，对我们开展主要落叶果树地方品种调查非常有利，而且可以高效、准确地完成项目任务。其中包括2个农业部直属单位、4个教育部直属大学（含2所985高校）、10个省属研究所和大学，100多名科技人员参加调查，科研基础和实力雄厚，参加单位大多从事地方品种相关的调查、利用和研究工作，对本项目的实施相当熟悉。还有的团队为了获得石榴最原始的地方品种材料，尽管当地有关专业部门说，近期雨季不能到有石榴地方品种的地区调查，路险江深，有生命危险，可他们还是冒着生命危险，勇闯交通困难的西藏东南部三江流域少人区调查，获得了可贵的地方品种资源。

通过5年多的辛勤调查、收集、保存和评价利用工作，在承担单位前期工作的基础上，截至2017年，共收集到核桃、石榴、猕猴桃、枣、柿子、梨、桃、苹果、葡萄、樱桃、李、杏、板栗、山楂等14个树种共1700余份地方品种。并积极将这些地方品种资源应用于新品种选育工作，获得了一批在市场上能叫得响的品种，如利用河南当地的地方品种'小火罐柿'选育的极丰产优质小果型柿品种'中农红灯笼柿'，以其丰产、优质、形似红灯笼、口感极佳的特色，迅速获得消费者的认可，并获得河南省科技厅科技进步奖一等奖和河南省人民政府科技进步奖二等奖。

"中国果树地方品种图志"丛书被列为"十三五"国家重点出版物规划项目。成书过程中，在中国农业科学院郑州果树研究所、湖南农业大学等22个单位和中国林业出版社的共同努力和大力支持下，先后于2017年5月在河南郑州、2017年10月25日至11月5日在湖南长沙、11月17～19日在河南郑州召开了丛书组稿会、统稿会和定稿会，对书稿内容进行了充分把关和进一步提升。在上述国家科技部基础性工作专项重点项目启动和执行过程中，还得到了该项目专家组束怀瑞院士（组长）、刘凤之研究员（副组长）、戴洪义教授、于泽源教授、冯建灿教授、滕元文教授、卢春生研究员、刘崇怀研究员、毛永民教授的指导和帮助，在此一并表示感谢！

曹尚银

2017年11月17日于河南郑州

前言

Preface

　　《中国枣地方品种图志》是由中国农业科学院郑州果树研究所牵头，中国农业大学、山西省农业科学院生物技术研究中心、山东省果树研究所和南京农业大学共同主持，由河南省济源市林业科学研究所、河南省国有济源市黄楝树林场、河南省信阳农林学院、山西省农业科学院果树研究所、陕西省果树良种苗木繁育中心、北京市农林科学院农业综合发展研究所、广西特色作物研究院、江西博君生态农业开发有限公司等单位参加，组织全国100多位专家合作撰写而成。

　　自2012年5月启动国家科技基础性工作专项重点项目"我国优势产区落叶果树农家品种资源调查与收集"以来，以主持单位中国农业科学院郑州果树研究所为首，中国农业大学、山西省农业科学院生物技术研究中心、山东省果树研究所、南京农业大学作为子课题主持单位，在全国范围内开展了枣地方品种资源的广泛调查和重点收集工作，特别是在枣的传统栽培区域，如河北省黄骅市、赞皇县，北京市周边，河南省济源市、信阳市和辉县市，山东省济南市、泰安市、宁阳县，山西省运城市、临汾市、吕梁市，陕西省渭南市、榆林市，宁夏回族自治区灵武市、中卫市、同心县，甘肃省景泰县，新疆维吾尔自治区哈密市、巴音郭楞蒙古自治州轮台县等地，开展了长期的、多次的地方品种收集和植物学性状调查和样本、数据的采集，经过5年多的努力工作，终于取得了一大批特异的、濒临消失的枣种质资源。

　　2016年1月，我们启动了《中国枣地方品种图志》的撰写工作。组织有关人员，起草撰写大纲，整理、收集品种资源调查资料和补充图片等前期准备工作，并开始着手撰写部分章节内容。2016年5月经与中国林业出版社商议后，建议在此基础上撰写"中国果树地方品种图志"丛书，将《中国枣地方品种图志》作为丛书中的一册。2016年7月继续整理收集各片区调查数据和照片，最终收录枣地方品种150份。2017年6月，中国农业科学院郑州果树研究所联合中国林业出版社，会同中国农业大学、山西省农业科学院生物技术研究中心、山东省果树研究所和南京农业大学等单位在河南省郑州市召开了《中国枣地方品种图志》第一次撰写工作会，来自全国各地的20余位专家、学者参加会议，研究、讨论、确定了《中国枣地方品种图志》撰写大纲，明确了撰写格式、撰写任务、撰写时间和具体分工。最后，由曹尚银同志根据书稿情况，邀请有关专家审定并最终定稿。

　　《中国枣地方品种图志》是首次对中国枣地方品种种质资源进行了比较全面、系统调查研究的阶段性总结，为研究枣的区域分布、品种类别及特异资源的开发利用提供了较完整的资料，将对促进我国枣产业发展和科学研究产生重要的作用。本书的写作内容重点放在枣地方品种种质资源上，也就是品种资源的调查地点、生境信息、植物学信息和品种评价的描述。总体工作思路如下：①在枣树生长季节，每年进行四次野外调查，分别采集枣的叶、花、果等数据和照片，以及在当地实际的物候期数据；②将全国分为东部、西部、南部、北部、中部5个片区，每个片区配备一个调查组，每组至少15人；③各调查组查阅有关资料、走访当地有关部门，确定调查的县、乡、村、农户，进行调查；④组建专家组（14人），对各片区提出的疑难地区进行针对性调查。

本卷主体共分为两部分，第一部分为总论，主要阐述枣地方品种收集的重要性、区域分布特点、产业发展现状、调查方法、调查成果和种质资源的鉴定分析；第二部分为各论，是对收集的枣地方品种的具体信息进行描述，包括调查人、提供人、调查地点、经纬度信息、生境信息、植物学信息和品种评价，并配置相应品种的生境、单株、花、果、叶的高清晰度照片，该书所配照片在总论中都一一标出拍摄人姓名，各论里照片都是各片区调查人拍照，由于人数较多，就不一一列出。开展工作时采用了分片区调查的方式，各片区所辖的范围如下：东部片区辖山东、上海、浙江、安徽、福建、江西等省（直辖市），南部片区辖江苏、广东、广西、重庆、贵州、云南、四川等省（自治区、直辖市），西部片区辖山西、陕西、甘肃、青海、宁夏、新疆等省（自治区），北部片区辖河北、北京、辽宁、吉林、黑龙江、内蒙古等省（自治区、直辖市），中部片区辖河南、湖北、湖南、西藏等省（自治区）。本书收录的枣地方品种（类型）的形态特征及经济性状，可为生产利用提供参考，对枣地方品种保护、产业发展以及科学研究具有深远影响。

中国工程院院士、山东农业大学束怀瑞教授对本书撰写工作给予热情关怀和悉心指导；中国农业科学院郑州果树研究所、中国林业出版社等单位给予多方促进和大力支持；国家科技基础性工作专项重点项目"我国优势产区落叶果树农家品种资源调查与收集"、国家出版基金给予了支持。在此一并表示深深的感谢。

由于著者水平和掌握资料有限，本书有遗漏和不足之处敬请读者及专家给予指正，以便日后补充修订。

著者

2017年11月

目录
Contents

总序一

总序二

总前言

前言

总论 ··· 001

第一节 枣的起源与分类 ·············· 002
　一、枣的植物学起源 ·············· 002
　二、枣的地理学起源 ·············· 002
　三、枣的栽培历史与传播 ·········· 003
　四、枣属植物分类 ················ 003
　五、枣属植物种的描述 ············ 004
第二节 枣的自然分布与主要产区 ····· 011
　一、枣的分布范围及其自然条件 ···· 011

　二、主要栽培区域 ················ 012
第三节 枣地方品种的优势产区 ······· 018
　一、枣地方品种的构成 ············ 018
　二、枣地方名优品种 ·············· 021
　三、枣地方品种的优势产区 ········ 022
第四节 枣品种资源的研究现状 ······· 029
　一、枣种质资源的收集保存 ········ 029
　二、枣地方品种资源遗传多样性分析 ··· 031

各论 ··· 039

黑石圆铃枣 ······················ 040
黑石长虹枣1号 ··················· 042
黑石长虹枣2号 ··················· 044
黑石长虹枣3号 ··················· 046
黑石圆铃枣1号 ··················· 048
黑石圆铃枣2号 ··················· 050
黑石圆铃枣3号 ··················· 052
龙爪枣 ·························· 054
瓜枣 ···························· 056
菱头枣 ·························· 058
枕头枣 ·························· 060
大个长红枣 ······················ 062
打禾枣 ·························· 064
水塘枣 ·························· 066
古竹枣1号 ······················ 068
古竹枣2号 ······················ 070
古竹枣3号 ······················ 072
株良甜枣 ························ 074

付前小枣 ························ 076
潭头甜枣 ························ 078
黄家糠枣 ························ 080
百子亭枣 ························ 082
中田米枣 ························ 084
伏牛枣 ·························· 086
公村小枣 ························ 088
资溪枣 ·························· 090
清江小枣 ························ 092
半边红枣 ························ 094
长酸枣 ·························· 096
长枣 ···························· 098
圆枣 ···························· 100
神沟鸡心枣 ······················ 102
木枣 ···························· 104
鸡蛋枣 ·························· 106
脆甜枣 ·························· 108
北健木枣 ························ 110

洽川玲玲枣 ……………………… 112
直社大枣 ………………………… 114
大荔水枣 ………………………… 116
庙尔沟哈密大枣1号 …………… 118
五堡哈密大枣1号 ……………… 120
五堡哈密大枣2号 ……………… 122
新疆酸枣1号 …………………… 124
新疆酸枣2号 …………………… 126
新疆酸枣3号 …………………… 128
哈密枣1号 ……………………… 130
哈密枣2号 ……………………… 132
哈密枣3号 ……………………… 134
彬县枣1号 ……………………… 136
彬县枣2号 ……………………… 138
彬县枣3号 ……………………… 140
北丁枣1号 ……………………… 142
北丁枣2号 ……………………… 144
北丁枣3号 ……………………… 146
张家河枣1号 …………………… 148
张家河枣2号 …………………… 150
张家河枣3号 …………………… 152
高渠木枣1号 …………………… 154
高渠木枣2号 …………………… 156
高渠油枣3号 …………………… 158
高渠油枣4号 …………………… 160
蘑菇枣 …………………………… 162
棒槌枣 …………………………… 164
楼疙瘩 …………………………… 166
同心圆枣 ………………………… 168
灵武长枣 ………………………… 170
无佛大枣 ………………………… 172
中卫圆枣 ………………………… 174
大板枣 …………………………… 176
猪牙枣 …………………………… 178
小板枣 …………………………… 180
大壶瓶酸 ………………………… 182
官滩枣变异1号 ………………… 184
官滩枣变异2号 ………………… 186
河津条枣 ………………………… 188
大酸枣1号 ……………………… 190
大酸枣2号 ……………………… 192
狗鸡鸡枣 ………………………… 194
水团枣 …………………………… 196
甜酸枣 …………………………… 198
柳林牙枣 ………………………… 200
半截枣 …………………………… 202
平遥酸枣 ………………………… 204
祁县尖枣 ………………………… 206
软核枣 …………………………… 208
酸不落酥 ………………………… 210
早熟壶瓶枣 ……………………… 212
磨磨枣 …………………………… 214

佳县大酸枣 ……………………… 216
疙瘩枣 …………………………… 218
河津水枣 ………………………… 220
临猗饽饽枣 ……………………… 222
铃枣 ……………………………… 224
神木大酸枣 ……………………… 226
长辛店白枣 ……………………… 228
大葫芦枣 ………………………… 230
海淀白枣 ………………………… 232
南辛庄鸡蛋枣 …………………… 234
冀州脆枣 ………………………… 236
太师屯金丝小枣 ………………… 238
郎家园枣 ………………………… 240
长陵马牙枣 ……………………… 242
南辛庄磨盘枣 …………………… 244
嘎嘎枣 …………………………… 246
苏子峪大枣 ……………………… 248
聂家峪酸枣 ……………………… 250
香山白枣 ………………………… 252
小葫芦枣 ………………………… 254
桐柏大枣 ………………………… 256
沈家岗大枣 ……………………… 258
尖枣 ……………………………… 260
随州秤砣枣 ……………………… 262
凤凰寨尖枣 ……………………… 264
沟西庄磨脐枣 …………………… 266
酥枣 ……………………………… 268
核笨枣 …………………………… 270
门疙瘩枣 ………………………… 272
婆枣 ……………………………… 274
牛心山大枣 ……………………… 276
王会头大枣 ……………………… 278
朴寺村金丝小枣 ………………… 280
邵原大枣 ………………………… 282
布袋枣 …………………………… 284
玻璃脆枣 ………………………… 286
承留枣1号 ……………………… 288
西石露头枣 ……………………… 290
位昌大枣 ………………………… 292
吕庄大枣1号 …………………… 294
吕庄大枣2号 …………………… 296
大河道枣1号 …………………… 298
大河道枣2号 …………………… 300
大河道枣3号 …………………… 302
南平旺枣 ………………………… 304
西马峪枣 ………………………… 306
平桥枣 …………………………… 308
腰枣 ……………………………… 310
王家村枣1号 …………………… 312
王家村枣2号 …………………… 314
王家村枣3号 …………………… 316
王家村枣4号 …………………… 318

柏梁枣1号 …………………………… 320
柏梁枣2号 …………………………… 322
柏梁枣3号 …………………………… 324
柏梁枣4号 …………………………… 326
姚家枣1号 …………………………… 328
姚家枣2号 …………………………… 330
姚家枣3号 …………………………… 332
姚家枣4号 …………………………… 334
秦岗枣1号 …………………………… 336
秦岗枣2号 …………………………… 338

参考文献 ………………………………………………………………………… 340
附录一 各树种重点调查区域 …………………………………………………… 343
附录二 各省（自治区、直辖市）主要调查树种 ……………………………… 345
附录三 工作路线 ………………………………………………………………… 346
附录四 工作流程 ………………………………………………………………… 346
枣品种中文名索引 ……………………………………………………………… 347
枣品种调查编号索引 …………………………………………………………… 348

中国枣地方品种图志

总论

第一节
枣的起源与分类

枣果营养丰富，用途广泛，是深受消费者喜爱的营养滋补果品，民间亦有"日食三颗枣，人生不易老"的说法。枣是我国特有的果树资源和独具特色的优势果树树种，也是我国当今第一大干果。全世界98%以上的枣种质资源和近100%的枣产量都集中在我国，在农业产业结构调整、山沙碱旱贫困地区经济发展和农产品外贸出口中占有特殊重要的地位。枣果及其加工品是最具有国际竞争力的农副产品之一（图1、图2）。

一 枣的植物学起源

关于枣的植物学起源，外国学者少有涉及。曲泽洲和王永蕙（1993）从古文献、地理分布、过渡类型及染色体、花粉、同工酶等多方面研究考证，提出枣由野生酸枣进化和驯化栽培而来。形态学、同工酶、花粉及DNA等水平的聚类分析表明，枣和酸枣的品种类型常相互混在一起，而非形成两个独立分支（王秀伶等，1999；刘平等，2005；李瑞环

等，2012）。可见，枣可能是在不同阶段由不同区域的酸枣驯化而来，有多条演进途径（刘孟军等，2015）。

二 枣的地理学起源

关于枣的地理学起源，曾有较大争议。多数学者认为枣起源于中国。另一种认为是多源的，中国只是其中之一。也有些外国学者认为原产伊朗、日本或者原产地不详。这些不同认识主要源于知识交流不畅和本位主义。枣树在伊朗、日本等地的栽培历史只有2000年左右，恰与汉朝张骞出使西域的时间相符（曲泽洲和王永蕙，1993；王延峰和杨宗保，2011）。而在中国，有关枣的古文献记载历史有3000年，出土的碳化枣果历史在7000年以上，枣的叶片化石更长，达2000多万年，枣原产中国完全可以定论（刘孟军和汪民，2009）。曲泽洲和王永蕙（1993）通过古文献和化石考证及对现代枣与酸枣分布的研究，认为枣树的最早栽培中心在晋陕黄河峡谷一带（图3）。

图1 鲜枣（孟玉平 摄影）

图2 干枣（曹秋芬 摄影）

三　枣的栽培历史与传播

我国枣树的栽培历史悠久。1978年在河南新郑李岗文化遗址出土的枣核化石表明，在新郑8000年前就已有了枣树栽培，当时红枣已成为人们食物的组成部分。而红枣的栽培历史有文字可考的最早出现在《诗经》上，有"八月剥枣"的记载，距今已有3000多年；而后在《礼记》上有"枣栗饴蜜以甘之"并用于制作菜肴的记载；《齐民要术》上有"熟则可食，干则可补，丰俭可以济时，疾苦可以备药，辅助粮食以养民生"的记载；《名医别录》《神农本草经》《日华子本草》《本草纲目》等许多古籍都有关于红枣食用和药用的记载。这充分证实了红枣在我国的栽培及其营养价值与药用价值的开发利用历史悠久。

红枣的传播与人类活动范围的扩展和文化的传播有着密切的关系。据考证在春秋战国时期红枣传入河北省栽培，汉代引种到辽东，到两晋时红枣不仅已遍及黄河中下游和辽东地区，并且扩大到了长江流域，覆盖了我国南北各地，具体途径是宁夏回族自治区、青海省、四川省从陕西省、甘肃省引种，湖南省多从河南省引种，内蒙古自治区从山西省引种，贵州省从陕西省引种，新疆维吾尔自治区从北京市引种，辽宁省葫芦岛市、大连市从河北省、山东省引种，广西壮族自治区全州县从河南引种，新中国成立后特别是近些年全国各省各地区都有红枣品种相互引种，引进红枣苗量最大的是新疆维吾尔自治区，主要从河北省、河南省、山西省等地调入。

枣树是我国特有的果树资源和独具特色的优势果树树种之一，国外的枣树都是直接或间接从我国引进的。关于中国红枣向国外的传播，据考查有不同的路线与时间。大约2000年前，与我国相邻的朝鲜、前苏联、阿富汗、印度、缅甸、巴基斯坦及泰国等国就从我国引种栽培了。红枣向西欧的传播是沿"丝绸之路"带到波斯今伊朗及地中海沿岸的希腊、意大利、西班牙、法国和葡萄牙，约在1世纪传入叙利亚。1837年小枣种苗由欧洲传入美国，1908年大枣种苗传入美国。日本的枣树是唐代时期由我国传入的。目前，除上述国家和地区外，有枣树栽培的国家和地区还有马来西亚、埃及、澳大利亚以及非洲东部坦桑尼亚的桑给巴尔等。截止到现在，

图3　黄河岸边的枣树（孟玉平　摄影）

已遍及亚洲、欧洲、美洲、非洲、大洋洲的30个国家和地区。尽管枣树在世界上很多国家都有栽培，但由于种植规模、饮食习惯和文化背景等原因，迄今为止除韩国已形成一定规模商品栽培外，其他国家大多仅限于庭院栽培或作为种质保存，而世界枣产量的99%以上来源于中国，目前我国枣和枣产品在国际贸易中占绝对领导地位。

四　枣属植物分类

枣（*Ziziphus jujuba* Mill.）属于鼠李科（Rhamnaceae）枣属（*Ziziphus* Mill.）植物，其果实称为枣、大枣或红枣。在全球大约有170多个种，在亚洲和美洲的热带和亚热带地区分布较多。我国原产的枣属植物有14个种，4个栽培变种，多数分布在云南、广西、海南等热带及亚热带地区，少数种分布在长江以北的温带地区。在我国境内的18个种中，只有枣、酸枣（*Ziziphus spinosa* Hu）和毛叶枣（*Ziziphu smauritiana* Lam）3个种作为果树利用。通常所食的大枣或红枣均为枣。

五 枣属植物种的描述

1. 酸枣（*Z. spinosa* Hu）

原产我国，古称棘，又叫野枣（图4）。山东省称角针，河南省称硕枣或山枣，自古南北都有。分布于吉林省、辽宁省、河北省、内蒙古自治区、山西省、陕西省、甘肃省、宁夏回族自治区、新疆维吾尔自治区、山东省、江苏省、安徽省、浙江省。河南省、湖北省、湖南省、四川省、贵州省等地，以北方为多；山丘、荒坡、乱石滩上到处丛生，适应性很强，为栽培枣的原生种。

酸枣为灌木、小或大乔木，高可达36m，抗性强，耐旱、耐涝、耐瘠薄。主干和老枝灰褐色；树皮片裂或龟裂，坚硬，老皮有脱落现象。枝有枣头、枣股、枣吊之分。新生枣头的一次枝、二次枝为绿色，成熟后红褐色，节间短，2托刺发达，长可达2cm。叶纸质，多卵形，长2～7cm，基生三出脉，顶端钝或圆形，基部稍不对称；枣吊较短细，节间短，落叶后脱落。休眠芽寿命长。花小，萼片、花瓣、雄蕊各5枚，柱头2裂，稀3裂，子房2室，稀3室。果小至中

分种检索表（曲泽洲和王永蕙，1993）

1. 腋生聚伞花序；核果无毛，内果皮厚，硬骨质，小易砸破；
  2. 总花梗极短，长不超过2mm或近无总花梗；
    3. 叶下面无毛或近无毛，或仅基部脉腋被毛；具2刺，长刺常在1cm以上，稀达3cm；核果大，直径1.2～5cm(酸枣和龙爪枣除外)；
      4. 当年生枝通常2～7个簇生于矩状短枝上；花梗、花等无毛；核果矩圆形或长卵圆形，中果皮厚肉质；
        5. 核果小，直径在1.5cm以下，味酸、甜酸，核两端钝 ···················· 1. 酸枣 *Z. spinosa* Hu.
        5. 核果大，直径1.5～5cm，味甜，核两端尖；
          6. 枝具刺；
            7. 果无缢痕；
              8. 萼片脱落 ·· 2.枣 *Z. jujuba* Mill.
              8. 萼片缩存 ···················· 2 a.宿萼枣 *Z. jujuba* Mill. 'Carnosicalleis' Hort.
            7. 果有缢痕 ···················· 2 b.葫芦枣 *Z. jujuba* Mill. var. *lageniformis* Nakai.
          6. 枝无刺；
             9. 枝直、不扭曲 ············· 2 c.无刺枣 *Z. jujuba* Mill. var. *inermis* (Bunge) Rehd.
             9. 枝扭曲 ······················· 2 d.龙爪枣 *Z. jujuba* Mill. var. *tortusa* Hort.
      4. 小枝无短枝；花梗、花萼被毛；核果球形或倒卵球形、中果皮薄、不为肉质；
        10. 叶小，单生或2～3叶簇生，长2～4cm，宽1.5～3cm，顶端钝或圆形；核果小，圆球形，直径1.2～1.5cm，基部不凹陷 ···················· 3.蜀枣 *Z. xiangchengensis* Y.L.Chen et P.K.Chou
        10. 叶较大,单生，长5～12.5cm，宽3～5.5cm；核果大，直径1.8～3cm，基部凹陷；
          11. 幼枝无毛；叶卵状披针形，顶端长渐尖；核果的内果皮比中果皮厚，基部边缘增厚 ································ 4.大果枣 *Z. mairei* Dode
          11. 幼枝和当年生枝被绒毛；叶椭圆形或卵状椭圆形，顶端钝或近圆形；核果的中果皮厚于内果皮，基部边缘不增厚 ················· 5.山枣 *Z. montana* W.W.Smith
    3. 叶下面或至少沿脉被毛，枝具长不超过6mm的短刺；核果小，直径不超过1.2cm；
        12. 小枝无毛；叶柄、花梗和花萼被疏柔毛或稀无毛；叶下面沿脉被柔毛；花单生或2～4个排成腋生聚伞花序 ················· 6.毛脉枣 *Z. pubinervis* Rehd.
        12. 小枝、叶柄、花梗和花萼均被密柔毛；叶下面被密绒毛或丝状毛；花多数。排成腋生二歧式聚伞花序；
          13. 二藤本或直立灌木；叶卵状矩圆形或卵状披针形，下部最宽。顶端锐尖或渐尖，下面被锈色或黄褐色丝状毛；核果小，直径5～6mm ········ 7.小果枣 *Z. omoplia* (L.)Mill.
          13. 乔木或灌木；叶矩圆形或椭圆形，稀近圆形，中部最宽，顶端圆形稀锐尖，下面被黄色或灰白色密绒毛；核果较大,直径1cm ················· 8.毛叶枣 *Z. Mauritiana* Lain.
  2. 总花梗明显，长2～16mm；
        14. 藤状或直立灌木，具钩状下弯或1直立另1下弯的刺；叶小，长不超过5cm；总花梗长2～5mm；核果较小，直径4～5mm，果梗长2～3mm ······ 9.球枣 *Z. laui* Merr.
        14. 乔木，具直刺；叶大，长在5cm以上；总花梗长5～16mm；核果较大，直径8～10mm；果梗长4～11mm ··················· 10.滇枣 *Z. incurva* Roxb.
1. 由聚伞花序组成的腋生聚伞总状花序或顶生聚伞圆锥花序；核果无毛，内果皮薄，脆壳质，易砸破；
      15. 藤状灌木；叶卵状椭圆形或卵状矩圆形，下部宽，下部沿脉被柔毛或无毛；
        16. 叶下面仅沿脉被锈色密毛或疏柔毛；花无花瓣；核果近球形，长不超过1.5cm，初时被密柔毛，后多少脱落 ················· 11.褐果枣 *Z. fungii* Merr.
        16. 叶下面仅脉腋被簇毛；花有花瓣；核果扁椭圆形，长约2cm，被橘黄色密短柔毛 ················· 12.毛果枣 *Z. attopensis* Pierre.
      15. 灌木或小乔木；叶宽卵形或宽椭圆形，中部宽，下面被锈色或黄褐色茸毛 ················· 13.皱枣 *Z. rugosa* Lain.

    除以上13个种外，我国还有无瓣枣（*Z. apetaia* Hook.）、巴利枣（*Z. parrvi* Torr.）、达南枣[*Z. talanai* (Blauco) Merr.]、凸枣(*Z. mucronata* Willd.)和钝叶枣(*Z. obtusifolia* (Hook et Torr. et A. Gray) A. Gray]等5种。

大，有圆形、长圆形、椭圆形、长椭圆形、扁圆形、卵圆形和倒卵形等；果皮厚，果熟时为红至深红色，肉薄核大，味酸至甜酸。核圆至长圆形，具1或2粒种子，种仁饱满，萌发率高。花期长，蜜汁丰富。种仁可入药。常用作绿篱、枣的砧木及枣树选种的原始材料。除一般酸枣外，还有宿萼酸枣、刺酸枣、砂酸枣、紫蕾酸枣等变异类型。

2. 枣（Z. jujuba Mill.）（图5）

原产我国，是我国的主要栽培种，南北各地均有分布，现在亚洲、欧洲、美洲、非洲和大洋洲均已引种，但尚少经济栽培。枣为落叶乔木，高达6～12m以上。树龄可达200年以上。树干和老枝浅灰色或深灰色，片裂或龟裂。枣头（图6）一次枝、二次枝幼嫩时绿色，光滑无毛，成熟后为黄褐色或紫褐色，各节有托刺。枣吊（图7、图8）绿色，生长在枣股（图9）上，纤细柔软，落叶后脱落，其上托刺细小，柔软，叶片展开后不久即脱落；叶纸质，互生，绿色，排成二列，长3～9cm，宽2～6cm，卵状椭圆形、卵形或卵状矩圆形，基部圆形或楔形，稍偏斜，先端渐尖或钝圆，叶柄长0.2～0.6cm，叶缘平整或呈波状，有的向下反卷，锯齿锐或钝，基生三出脉。花为聚伞花序或单花，着生于枣吊叶腋间（图10、图11）；花径5～8mm，萼片绿色，三角形，与花瓣、雄蕊同为5枚，花瓣乳白色，匙形、内凹，外弯，蜜盘发达，肉质，近圆形，5裂，花药长0.3cm，初开时每瓣包住一个雄蕊，花丝很短，花药椭圆形，浅黄色，纵裂。子房下部埋入蜜盘内，与蜜盘合生，每室一胚珠，花柱2半裂。枣幼果绿色（图12），成熟果红、紫红或紫褐色，有圆形、椭圆形、卵形、鸡心形、棱形、长圆形、葫芦形等，果柄短，果肉味甜可食。核两端尖，有棱形、圆形、纺锤形等，核面有明显沟纹。花期5～7月，果期6～10月。本种有以下变种：

（1）无刺枣 又名枣树、枣子、红枣、大枣、大甜枣（图13）。枣头无托刺，或具小刺易脱落，其他性状与原种相同，花期5～7月，果期6～10月。分布于山东省、河北省、山西省、陕西省、湖南省等地。无刺枣便于管理，选育种时值得注意。

（2）龙爪枣 又名蟠龙爪、龙须枣（图14）。生长势较弱，成龄树高仅4m左右，枝弯转扭曲生长，叶柄有时也卷曲不直，坐果率较低。果皮厚，果面多不平，品质一般不佳。河北省、河南省、山东

图4 酸枣（孟玉平 摄影）

图5 枣树（孟玉平 摄影）

图6 枣头（孟玉平 摄影）

图7 刚萌芽的枣吊（曹秋芬 摄影）

省、山西省、陕西省、北京市、天津市等地均有分布，多栽植于公园庭院，供观赏用。

（3）葫芦枣　又名缢痕枣、磨盘枣等（图15）。在果实中部或中上部有缢痕，故名。果形因缢痕的部位及深度不同而多样，其他性状与原种同。多供观赏用。

（4）宿萼枣　果实基部萼片宿存，有的初为绿色、较肥厚，随果实发育成熟为肉质状，最后成暗红色，外皮稍硬，肉质柔软，但食之干而无味。如陕西大荔沙苑的柿顶枣（柿蒂枣）、山西的宿萼枣（萼片革质）、留花枣（萼片干缩残存）。

3. 毛叶枣（Z. mauritiana Lain.）

又名滇刺枣、酸枣、南枣、印度枣、缅枣等。分布于我国广东省（紫金县）、海南省、台湾省、云南省（金沙江流域）及四川省、福建省等地；国外的印度、越南、缅甸、斯里兰卡、马来西亚、泰国、印度尼西亚、澳大利亚和非洲等地均有分布和栽培。常绿小乔木或灌木，高3～15m；树皮粗糙，红灰色。树干灰黑色，条状细裂。多年生枝黄棕色，皮孔小，黄色，凸起。嫩枝密被黄褐色茸毛，有2托刺，一个斜上，另一个钩状下弯，刺长0.2～0.8cm。叶纸质至厚纸质、互生。幼叶表面、背面均被黄褐色茸毛。成龄叶表面光滑无毛，绿色，背面密被白色或黄白色茸毛，基生三出脉，叶缘具稀、浅锯齿。叶较大，长2.5～6.2cm，宽1.5～5.5cm，顶端极钝，基部圆形，稍偏斜，叶柄长0.2～1.3cm，叶卵形、矩圆状椭圆形，稀近圆形。花小，直径约4mm，有短梗，聚伞花序，腋生；萼片外密被黄白色短茸毛，萼片分裂，三角形，花瓣黄绿色；子房2室，花柱2浅裂或半裂。核果圆形或长圆形，纵横径1～2cm，橙色或红色，成熟时变黑色，萼片宿存，果柄长5～7mm，被短柔毛；果皮厚、肉薄，肉质疏松，有酸味，品质差；核大，圆形或长圆形，两端钝圆。2～3月新芽萌动，8～11月开花，果期9～12月。株产高，一般可达50kg左右。果常药用。抗寒、抗旱力强，是紫胶虫较好的寄生树种。

我国台湾南部地区有栽培，品种有甜味种、台湾酸味种、台湾金枣等。另外，自印度引入的品种有‘Beneras narkei’和‘Bambay’，在台湾9～10月开花，12月至翌年3月果实成熟。

图8 枣吊（孟玉平 摄影）

图9 枣股（曹秋芬 摄影）

图10 枣吊和生长在叶腋的花蕾（曹秋芬 摄影）

图11 盛开的枣花（孟玉平 摄影）

4. 蜀枣（*Z. xiangchengensis* Y. L. Chen et P. K. Chou）

产于四川省，生于河岸边，海拔2800m。小乔木或灌木，高2～3m；幼枝红褐色，被密短柔毛，老枝灰褐色，无毛，呈"之"字形弯曲。叶纸质，互生或2～3叶簇生，卵形或卵状矩圆形，长2～4cm，宽1.5～3cm，顶端钝或圆形，基部不对称，近圆形，边缘具圆齿状锯齿，两面均无毛或近下部脉腋间有柔毛，基生三出脉；叶柄长5～8mm，被疏短柔毛，托刺2个，细长，直立或1个下弯，长1～1.6cm。花两性，5基数，数个至10余个簇生于叶腋，近无总花梗，花梗长4～5mm，被锈色短柔毛；萼片卵状、三角形；雄蕊短于花瓣；子房球形，无毛，2室，每室具1胚珠，花柱2浅裂。核果圆形，黄绿，直径1.2～1.5cm，基部有宿存的萼筒；中果皮薄，木栓质，厚约1mm，内果皮硬骨质，厚约4mm，2室，具2种子。果期7～8月。

5. 大果枣（*Z. mairei* Dode）

又名鸡蛋果，产于云南省中部至西北部（昆明市、德钦县、开远市）。生长在河边灌丛或林缘，海拔1900～2000m。

乔木，高达15m；幼枝黄绿色，无毛，小枝紫红色，有纵条纹，具刺。叶纸质，卵状披针形，长7.5～15cm，宽3.7～7cm，顶端长渐尖，基部偏斜，近圆形，边缘具圆齿状锯齿，两面无毛，基生三或五出脉，具明显的网脉；叶柄长6～9mm。无毛，托刺2个，长0.8～2.5cm。花小，两性，5基数，通常数个或十余个密集成腋生二歧聚伞花序。总花梗短，被锈色茸毛，花梗长3～4mm；萼片卵状三角形，花瓣倒卵状圆形，顶端微凹，基部具短二爪；雄蕊与花瓣等长；蜜盘5裂，子房藏于蜜盘内，基部（约1/3）与蜜盘合生，2室，每室有1胚珠，花柱2半裂至深裂。核果大，球形或似卵状球形；纵径2.4～3.5cm，横径1.8～3.0cm，顶端具宿存的花柱，基部凹陷，边缘常增厚；果梗长5～7mm。无毛；中果皮木栓质，内果皮厚约6mm，硬骨质，2室，具1或2种子。花期4～6月，果期6～8月。

6. 山枣（*Z. montana* W. W. Smith）

产于四川省西部到西南部、云南省西北部、西藏自治区（察瓦龙乡）。生长在海拔1400～2600m的山谷疏林或干旱多石处。

乔木或灌木，高达14m；当年生枝被红褐色茸毛，小枝褐色或紫黑色，具明显皮孔。叶纸质，卵形、椭圆形或卵状椭圆形，长5～8cm，宽3～4.5cm，顶端钝或近圆形，稀短突尖，基部不对称，偏斜，近圆形，边缘具细圆齿，叶表面绿色，无毛，背面浅绿色，沿叶脉被锈

图12 枣幼果（孟玉平 摄影）

图13 无刺枣（孟玉平 摄影）

图14 龙爪枣（孟玉平 摄影）

图15 葫芦枣（孟玉平 摄影）

色疏柔毛，基生三出脉，稀五出脉，叶脉两面凸起，中脉两边无明显的次生侧脉；叶柄长7~15mm，初时稍有疏短柔毛，后无毛；托刺2个，直立；花绿色，两性，5基数，数个至十余个密集成腋生二歧聚伞花序，总花梗短，被锈色密短柔毛，萼片三角形，长约2mm，花瓣与萼片等长；蜜盘厚，肉质，5裂；子房2室，每室具有1胚珠，花柱长，2浅裂。果实球形或近球形，无毛，基部凹陷。边缘不增厚；果梗长6~12mm，常弯曲，被疏短柔毛，中果皮厚，海绵质，内果皮硬骨质，2室，具2种子。花期4~6月，果期5~8月。

7. 小果枣 [Z.oenoplia（L.）Mill.]

又名麻核枣。国内分布于云南省南部（宁江县、景洪市、勐海县、孟连县）、广西壮族自治区（南宁市、龙州县、宁明县、那坡县、百色市）等；生长在海拔500~1100m的林中或灌丛中。国外印度、缅甸、马来西亚、斯里兰卡、印度尼西亚及澳大利亚等地均有分布。

直立或藤状灌木或小乔木。12年生树高达3~4m左右，冠幅3m×3m，干周10cm，主干灰褐色，光滑，不裂不皱，当年生枝淡绿色，节间长3.5~5cm，皮孔大、圆形、凸起，枝上无刺，托叶似针状。幼枝有浅黄色茸毛，具皮刺。叶纸质，卵状披针形，叶片长3~20cm，宽2~12cm，先端渐长，基部不对称，一边圆形，另一边为楔形。成熟叶背面有灰色茸毛，表面无毛。叶脉多为基生三出脉，背面隆起，表面平，叶缘有浅锯齿。聚伞花序生于叶腋间，每序有小花3朵，黄色，雄蕊3列，30~50枚。花萼5枚，上有锈色茸毛，花径0.9cm，总花梗长1.8cm，小花柄0.5cm，被锈色茸毛，花期8~9月，果期10月，果黑色，核面有瘤状突起。

8. 球枣（Z.laui Merr.）

分布于我国海南省的三亚市、东方市。生长在海滨沙地灌丛或疏林中。越南也有分布。

攀缘或直立灌木，稀乔木，有短而粗壮下弯的皮刺。小枝纤细，紫褐色，被锈色柔毛；叶薄纸质或近膜质，卵形或卵状长圆形，长4~5cm，宽2.5~4cm，顶端钝或近圆形。基部通常不对称，常一侧呈圆形，另一侧呈楔形，全缘或有不明显的锯齿，两面同色，幼时沿背面脉上被疏柔毛，成熟时毛稀疏，基生三稀五出脉，叶柄长4~8mm，被细柔毛。花小，花数个或十余个密集成腋生二歧聚伞花序，直径可达10cm，总花梗短，被细柔毛，花径3~3.5mm，萼片长约2mm，

外面被极稀疏的细柔毛，萼片卵形、急尖，与萼筒等长，花瓣淡黄绿色，长圆状倒卵形，长约1mm，顶端圆或微缺，核果小，近球形，直径4~5mm，无毛，顶端具宿存的短花柱。花期6~8月，果期8~11月。

9. 滇枣（Z. incurva Roxb.）

又名印度枣，产于云南省（景东县、景谷县、耿马县、勐海县、景洪市、富宁县、思茅市）、广西壮族自治区（百色市、那坡县、德林县、靖西市、凌云县、南丹县、阳朔县）、贵州省南部（兴义市）、西藏自治区南部（吉隆县）。生于海拔1000~2500m的混交林中。在印度、尼泊尔、不丹也有分布。

乔木，高达15m，幼枝被棕色短柔毛，有皮孔；单叶互生，纸质，卵形或卵状矩圆形，长5~14cm，宽2.5~5cm，先端短尖，基部圆形，稍不对称，边缘有浅锯齿，两面仅脉处无毛，基生三或稀五出脉，叶柄长5~10mm，被毛。聚伞花序，腋生或生于短枝顶端，长2~3mm。花小，花萼外缘生有锈色茸毛，花瓣及雄蕊均5枚，子房2室，先端被毛，花柱2，核果近球形；纵径1~1.2cm，横径0.8~1.1cm，花期4~5月，果期6~10月。

为偏阳性植物，喜湿润性环境，生于低海拔至中海拔灌木丛中或密林中，一般适应酸性土及钙质土。外形略似枣，但叶较大，果较小，近球形而易与枣区别，可作枣的砧木。

10. 褐果枣（Z. fungii Merr）

又名花枣、滇南枣。产于我国海南省的陵水黎族自治县、三亚市、昌江县、澄迈县及云南省南部和西南部，生长在海拔1600m以下的疏林中。

攀缘灌木，高达5m。幼枝和当年生枝疏被锈色短柔毛。叶纸质或近革质，卵状椭圆形、卵形或卵状矩圆形，长6~13cm，宽3~5cm；顶端渐尖，基部圆或假心形，不对称，边缘有小锯齿，表面无毛，背面被疏锈色长柔毛或仅沿脉被短柔毛，基生三出脉，叶柄长5~7mm，被疏柔毛，托刺一个，钩状下弯，长3~5mm。花黄绿色，两性，5基数，腋生二歧聚伞花序或顶生聚伞圆锥花序，花序轴、花梗及花萼密被红褐色短柔毛；花径3mm，具短梗，无花瓣，萼片三角形，约3.5mm，外面密被红褐色短柔毛；雄蕊长约1.5mm，花药宽卵形，顶端钝，蜜盘肉质，扁平，不明显的分裂；花柱2枚，长约1.2mm。核果褐色，扁球形，顶端有短尖头，直径1.3~1.5cm，幼果被柔毛，熟后无毛。花期2~4月，果期4~5月。

11. 毛果枣（Z. attopensis Pierre.）

又名老鹰枣。在我国云南省南部（金平县、景洪市、富宁县、屏边县、勐海县、文山市、耿马县、河口县）、广西壮族自治区西部（扶绥县、龙州县、那坡县、田阳县）有分布，生长在海拔1500m以下的疏林或灌木丛中。据文献记载，本种在国外仅见于老挝。

攀缘灌木；小枝近圆形，紫黑色，无毛；老枝皮红褐色，具明显的皮孔，刺长1cm，弯曲。叶纸质或近革质，矩圆形或卵状椭圆形，长7～13cm，宽3.5～7cm，顶端渐尖，具略弯的长5～10mm的钝尖头，基部不对称，近圆形，边缘具细圆锯齿或不明显的细齿，表面无毛，背面无毛或脉腋有疏髯毛，基生三稀五出脉，叶柄长5～9mm，近无毛或有疏短柔毛；托刺1个，下弯，长约3～5mm，基部宽。花多数、黄色，在枝顶端排成聚伞总状花序或大聚伞圆锥花序；萼片卵状三角形，长约1.5mm，外面被黄褐色密短毛，花瓣倒卵圆形，基部具窄爪，短于萼片；雄蕊短于花瓣；蜜盘5边形，5裂，厚，肉质；子房球形，2室，每室有一胚珠，被密柔毛，花柱2半裂。核果扁椭圆形或扁圆球形，顶端有小尖头，基部有宿存的萼筒；果梗长4～7mm，被黄褐色短柔毛；中果皮薄，肉质，内果皮厚约1mm，脆壳质，1室，具1种子；果序轴粗壮，种子扁，矩圆状椭圆形，种皮红褐色，子叶大。花期2～5月，果期4～6月。

12. 皱枣（Z. rugosa Lam.）

又名皱皮枣、弯腰果、弯腰树。产于我国广西壮族自治区（田阳县、百色市）、海南省、云南省南部及西南部；在印度、斯里兰卡、缅甸、越南、老挝等也有分布。生于海拔1400m的丘陵、山地。为紫胶虫的良好寄主。

常绿灌木或小乔木，20年生树可高达7～9m，一般为2～9m，胸围20cm，干性强，主干灰色，光滑。小枝细长，当年生枝一般长40～80cm，粗0.3～0.8cm，节间长4～8cm，红棕色，皮孔大，白色，圆形且凸起，枝上具短而下弯的短刺，刺长3～5mm。幼枝密被金黄色或灰色短茸毛。叶互生，淡绿色，近革质，宽椭圆形或宽卵形，先端钝圆，叶基多为圆形，少数为楔形，叶表面具稀浅金黄色茸毛，背面密被金黄色茸毛，基生三或五出脉，叶脉在叶表面下陷，在叶背凸起，边缘具短锯齿，叶片大，长7～15cm，多数为12cm，宽5～11cm，叶柄粗壮，

长5～8mm，被茸毛。聚伞花序，径宽约2cm，密被淡黄色短茸毛，通常组成顶生或腋生，长12～25cm的圆锥花序。花径约4mm，无花瓣，萼筒环状，长3～3.5mm，外面密被短茸毛，内面近无毛；萼片卵状三角形，与萼筒近等长。雄蕊长2.5cm，蜜盘5裂，子房2室，密被短茸毛，花柱2裂，反曲，无毛，基部多为单生。核果卵形、圆形或椭圆形；纵径1.2cm，横径0.8～1cm。成熟时近黑色，被细茸毛，果梗长0.7～1.2cm。核圆形，纵径0.8cm，横径0.6cm，核纹浅而短，具1种子。花期3～5月，果期4～6月。

13. 毛脉枣（毛脉野枣）（Z. pubinervis Rehd.）

产于贵州省、广西壮族自治区西部，分布在山坡林中。

乔木或灌木；小枝纤细，无毛，无刺。叶纸质，矩圆状披针形或卵状椭圆形，长5～11cm，宽3～5cm，顶端尾状渐尖或长渐尖，基部近圆形或宽楔形，偏斜，边缘具细锯齿，表面绿色，无毛，背面浅绿色，沿脉或脉下部被疏短柔毛，基生三出脉，具明显的网脉，叶脉在叶表面下陷，背面隆起；叶柄长4～6mm，被疏短柔毛或无毛。花绿色，单生或2～4个排成具短总花梗或近无总花梗的腋生聚伞花序，花梗长3～4mm，被疏短柔毛。核果近卵球形，单生于叶腋；纵径1.0～1.5cm，横径0.9～1.2cm，顶端有小尖头，基部有宿存的萼筒，干时外果皮具皱纹；果梗长4～5mm，被疏短柔毛；2室，具1或2种子。果期8～9月。

14. 无瓣枣（Z. apetaia Hook.）

分布于云南省西双版纳傣族自治州等地，生于平原、低山林缘，攀缘于树上；果可食，亦作药用。

15. 巴利枣（Z. parrvi Torr.）

原产北美，1935年引入我国台湾。落叶灌木，作观赏用。

16. 达南枣[Z. Talanai（Blaueo）Merr.]

原产于菲律宾，又叫菲律宾枣树。1935年引入我国台湾。小乔木，作观赏用。

17. 凸枣（Z. mucronata Willd.）

原产非洲，又叫非洲枣。落叶乔木，可供观赏、食用、药用。后被引入我国台湾。

18. 钝叶枣[Z. Obtusifolia（Hook et Torr. et A. Gray）A. Gray]

原产北美。灌木，供观赏、药用，后引入我国台湾。

第二节
枣的自然分布与主要产区

一 枣的分布范围及其自然条件

枣树对气候、环境的适应能力很强，凡是冬季最低气温不低于−31℃、花期日均温度稳定在22～24℃以上，花后到秋季的日均温下降到16℃以前的果实生育期大于100～120天；土壤厚度30～60m以上，排水良好，pH 5.5～8.4，土表以下5～40cm土层单一盐分，如氯化钠低于0.15%、碳酸氢钠低于0.3%、硫酸钠低于0.5%的地区，都能栽种。而其分布的主要限制因素则是温度条件。

由于我国大部分地区受副热带季风影响，生长季（夏季）有足够的高温和一定的水湿条件，因而我国枣产区的分布极为广阔。大致在北纬23°～42.5°、东经76°～124°的区域，其栽培地区的北缘从我国东北地区辽宁的沈阳市、朝阳市，经河北的张家口市，内蒙古自治区的宁城县，沿呼和浩特市到包头市大青山的南麓，宁夏回族自治区的灵武市（图16）、中宁县、中卫市（图17），甘肃省河西走廊的景泰县（图18）、临泽县、敦煌市，直到新疆维吾尔自治区的昌吉市；最南到广西壮族自治区的平南县，广东省的郁南县等地；最西抵新疆维吾尔自治区西部的喀什市、疏附县；最东到辽宁省的本溪市和东部沿海各地。

在垂直分布方面，高纬度的东北地区、内蒙古自治区、西北地区多分布在海拔200m以下的丘陵、平原和河谷地带；在低纬度的云贵高原，可以生长

图16 宁夏灵武枣区（李登科 供图）

图17 宁夏中卫黄河岸边枣区（李登科 供图）

表1 枣树北缘地带气候资料（曲泽洲和王永蕙，1993）

产地	纬度	年平均气温（℃）	生长季月平均气温（℃）							绝对低温（℃）	年降水量（mm）	年日照时数（小时）
			4	5	6	7	8	9	10			
辽宁朝阳	41°33′	8.3	10.1	17.7	22.1	24.9	23.5	17.6	10	−31.1	474.2	2893.9
内蒙古呼和浩特	40°49′	5.5	7.2	14.7	19.8	21.9	19.9	13.9	6.4	−32.8	437.2	2960.7
宁夏灵武	38°06′	9.1	10.9	16.8	22	24.2	22.1	16.7	9.2	−28	219.8	2894.4
甘肃高台	39°23′	8.1	10.5	15.7	20.8	23.4	21.7	16	7.4	−26.4	87.4	3049.3
新疆昌吉	44°10′	5.7	10.1	16.3	22.2	24.2	22.4	16.6	7.3	−38.2	203.2	2827

图18 甘肃景泰枣产区（李登科 供图）

在海拔1000～2000m的山丘坡地上；而华北、西北等重要产区，主要分布在海拔100～600m的平原、丘陵地带。一般说来，在低纬度地区，枣分布的海拔较高，而高纬度地区分布较低。但在华北和西北的个别地区，枣也可分布在海拔1000m以上，最高达1300～1800m处。

从表1可以看出，呼和浩特、昌吉等地，其绝对低温都超过了-31℃，所以这些地区只能利用背风向阳的山麓小气候条件。如内蒙古的枣就是在大青山的南麓，温度较其临近地区略高，其年均气温大约在6.5～7.5℃，绝对低温-30℃左右，花期日均温稳定在23～25℃以上。果实生育期日均温达24℃以上，光照良好，年降水量300～400mm以上，年日照时数2900～3100小时。生长期（无霜期）140～160天。这反映了枣对气候条件，特别是温度条件要求的极限。

主要栽培区域

根据我国气候、土壤、品种特点和栽培管理情况，《中国果树志·枣卷》把我国枣树划分为南北两个大区，每个大区又可分为三个栽培区域。

1.北方产区

包括淮河、秦岭以北的地区，与南方产区的分界线大致与年均温15℃等温线吻合，降水量在650mm以内。该枣产区枣树品种资源丰富，类型复杂，果实干物质多，含糖量高，适于干制红枣。该产区产量占全国总产量的75%～90%。按自然条件的差异，又可分为三个栽培区。

（1）黄河、海河中下游河流冲积土枣区　栽培历史悠久，是我国历来最重要的枣树栽培区，

本区在地理上属于暖温带半湿润区，是北方枣产区中自然条件最优越的地区。该区海拔较低，多在200～600m。夏季温度较高，7月平均温度28～29℃，9月枣成熟期日温差较大。年降水量450～600mm，大部分集中在7～9月份。枣区多分布在河流冲积地带和低山丘陵区，包括辽宁西南部，河北省（图19）、山东省、河南省（图20）的全部，山西省中南部（图21、图22），陕西省中部。栽培集中，品种资源极为丰富，枣果品质优良，重要产区有河北的黑龙港流域、太行山区；山东省的鲁西北平原、泰沂山区；河南省的豫中平原；山西省的汾河流域（图23、图24）、涑水流域、漳河流域；晋南黄河沿岸（图25）、滹沱河沿岸和五台山区；陕西省的渭河平原等。主要栽培品种有品质优良的'骏枣'（图26）、'相枣'（图27）、'金丝小枣'、'无核枣'、'圆铃枣'、'板枣'、'赞皇大枣'（图28）、'灰枣'（图29）、'鸡心枣'（图30）、'圆脆枣'（图31）、'葫芦枣'（图32）、'蜂蜜罐'（图33）、'晋枣'、'灵宝大枣'等；还有耐瘠薄、丰产稳产

图19 河北黄骅枣区（孟玉平 摄影）

图20 河南枣区（李好先 供图）

图21 山西翼城枣区（孟玉平 摄影）

图22 山西稷山枣区（孟玉平 摄影）

图23 山西汾河流域枣区（孟玉平 摄影）

图24 山西襄汾枣区（李登科 供图）

图25 山西太谷枣区（孟玉平 摄影）

图26 '骏枣'（孟玉平 摄影）

图27 '相枣'（孟玉平 摄影）

图28 '赞皇大枣'（孟玉平 摄影）

图29 '灰枣'（孟玉平 摄影）

图30 '鸡心枣'（孟玉平 摄影）

图31 '圆脆枣'（孟玉平 摄影）

图32 '葫芦枣'（孟玉平 摄影）

图33 '蜂蜜罐'（孟玉平 摄影）

图34 甘肃'景泰大枣'（李登科 供图）

图35 宁夏'中卫圆枣'（李登科 供图）

图36 新疆轮台草地枣园（孟玉平 摄影）

图37 新疆轮台草地枣园（孟玉平 摄影）

图38 新疆哈密枣园（孟玉平 摄影）

的'长红枣''婆枣';抗枣疯病的'婆婆枣''屯子枣'及抗裂果的'斑枣'等。在本区中,由于栽培规模大。集中成片,并连成数十千米甚至上百千米的枣树林网,常与粮、棉、油等作物间作,在当地农业生产中占有重要的经济地位。

(2)黄土高原丘陵枣区　属暖温带干旱区,海拔一般600～800m,雨水较少,年降水量380～400mm,大部分集中在秋季,夏季气温较低,7月份平均温度24℃左右,土壤肥力较差,栽培管理较粗放。主要包括山西西北部和陕西东北部黄河沿岸,本区为我国枣树栽培起源地,历史悠久,保留有数百年乃至千年古老枣树甚多,品种较多,一般品质较前区差,而抗逆性较强,主要品种有'木枣''油枣''烟驼枣'等及其变异品系。

(3)甘肃省、内蒙古自治区、宁夏回族自治区、青海省、新疆维吾尔自治区干旱地带河谷丘陵枣区　该产区包括甘肃河西走廊(图34)、宁夏回族自治区北部(图35),内蒙古自治区大青山以南地区,青海省湟水河谷和新疆维吾尔自治区东部和南部低海拔河谷地区(图36～图40)。该区是北方地区枣树分布的边缘地区,属温带干旱区,海拔较高,常在1000m以上,土壤较贫瘠,年平均温度10℃左右,7月份平均温度22～23℃,年温差常达29℃以上,雨量稀少,年降水量仅200～300mm,甚至更少。枣树分布以沿河地带为主,靠灌溉供水,多零星栽培。管理粗放,集中产区很少。品种单纯,果实品质较差,

含糖量、制干率都较低。但有些地区,因气候较好,日照充足,灌水条件好,因而枣果品质良好,如新疆的南疆地区引种'金丝小枣''灰枣''赞皇大枣''骏枣''壶瓶枣''马牙枣'(图41～图45)等,都表现出独特的品质,已经成为我国枣的主要产区。

2. 南方产区

该产区指淮河、秦岭以南地区,年平均气温15℃以上,年降水量超过700mm,土壤多呈微酸性和酸性,枣树品种数量较少,品质一般不如北方,多用于加工蜜枣或鲜食,按自然条件差异,也可分为三个栽培区。

(1)江淮河流冲积土枣区　该区属北亚热带,年平均气温15～16℃,7月份平均温度28℃左右,年降水量700～1000mm,处于南北两大产区交接地带,枣树分布在平原地区,栽培零散,数量不多,管理粗放。包括安徽省北部,江苏省北部,湖北省北部以及甘肃省、陕西省南部等。枣品种在南方产区中是较多的,但主栽品种不明显,枣多数为鲜食干制兼用品种,品质一般较差,优良品种有'泗洪沙枣''濉溪苹果枣''随县大枣'等。

(2)南方丘陵枣区　该区指长江以南丘陵地区,属中亚热带和南亚热带,温度较高,生长期长,日温差小,年均气温16～22℃,7月份平均温度28℃左右,年降水量多在1000mm以上,地形复杂,土壤较黏,偏酸性, 栽培管理较细致,重视培肥,

图39 新疆伊吾戈壁滩枣园(孟玉平 摄影)

图40 新疆伊吾戈壁滩枣树(孟玉平 摄影)

产量较高，而且有加工蜜枣的传统，经验丰富，是南方产区中心地带，包括安徽省、江苏省南部、湖南省、江西省、广西壮族自治区、广东省、福建省以及台湾省等。主要品种有'义乌大枣''马枣''宣城尖枣''圆枣''灌阳长枣'等。

（3）四川省、贵州省、云南省枣区　该区包括四川盆地和云贵高原，气候条件常随海拔变化而有很大差异，一般海拔低的多为亚热带气候，年平均气温多在16~20℃，夏季酷热，多雾日，海拔1300~1500m以上则为温带气候，年平均温度11~15℃，夏季气温较低，平均24.5~25.5℃，年降水量800~1200mm，多阴雨天气，日照较差；土壤酸性，土质较黏重，枣树栽培数量不多，分布极为零星，品种单纯，管理粗放，主要产区有四川省沿长江各县，滇北和滇中及黔西北各县。主要品种有'木洞小甜枣''涪陵鸡蛋枣''宜良枣'等。

图41 新疆阿克苏'灰枣'（孟玉平 摄影）

图42 新疆'灰枣'（孟玉平 摄影）

图44 新疆'骏枣'（孟玉平 摄影） 图45 新疆阿克苏'马牙枣'（孟玉平 摄影）

图43 新疆阿克苏'骏枣'（孟玉平 摄影）

第三节
枣地方品种的优势产区

一 枣地方品种的构成

我国枣种质资源丰富，在长期的栽培驯化过程中，形成许多品种和品种群。目前，枣品种分类方法尚不统一，有的以年平均温度15℃等温线为界，在我国范围内将枣分为南枣和北枣两个生态型，有的按大小将枣分为大枣和小枣两类，有的按大小并结合果形分为小枣、长枣、圆枣、扁圆枣和葫芦枣五种（刘孟军和汪民，2009；曲泽洲和王永蕙，1993）。有的依用途将枣品种划分成制干品种、鲜食品种、蜜枣品种、兼用品种和观赏品种，有的根据枣果熟期长短分为早熟品种、中熟品种和晚熟品种。其中按用途分类在我国应用较为广泛。据《中国果树志·枣卷》编委会调查统计，中国红枣品种现有704个，其中干制品种224个，鲜食品种261个，兼用品种159个，加工品种56个，常见的红枣种类有：'冬枣''赞皇枣''板枣''壶瓶枣''郎枣''木枣''梨枣''灰枣''金丝枣''哈密大枣'等（图46～图54）；另有'蟠龙枣''茶壶枣''缢痕枣''柿饼枣''胎里红'等少数观赏品种（图55～图57）。

目前，红枣除少量鲜食外，大部分仍是被制成干枣销售，占总产量95%以上的红枣被制成干枣（图58、图59）销往国内外。起主导作用的传统干制品种有：主产于河北省和山东省沿海盐碱地区的'金丝小枣'，主产于河北省太行山区的制干品种'婆枣'（'阜平大枣'）和'赞皇大枣'，主产于晋陕黄河两岸的'木枣'，主产于山西中南部的'壶瓶枣''骏枣'（图60、图61）和'板枣'（图62），主产于河南省豫中平原和黄河古道的'灰枣'，主产于山东省和河北省南部的'圆铃枣'（图63）和'长红枣'等。另外，还有经过20多年时间发展起来的两大鲜食品种，分别是原产于河北省黄骅、山东省沾化并引种全国的'冬枣'（图64、图65）和原产于山西省临猗引种全国的'梨枣'（图66、图67）。以上这些品种的年产量分别都在数千万至上亿千克，总量占到全国总产量的70%（刘旭梅，2016）。

图46 '冬枣'（孟玉平 摄影）

图47 '板枣'（孟玉平 摄影）

图48 '壶瓶枣'（孟玉平 摄影）

图49 '壶瓶枣'（孟玉平 摄影）

图50 '郎枣'（孟玉平 摄影）

图51 '梨枣'（孟玉平 摄影）

图52 '灰枣'（孟玉平 摄影）

图53 '金丝小枣'（孟玉平 摄影）

图54 '哈密大枣'（孟玉平 摄影）

图55 '茶壶枣'（曹秋芬 摄影）

图56 '缢痕枣'（'葫芦枣'）（曹秋芬 摄影）

图57 '柿饼枣'（曹秋芬 摄影）

图58 自然风干枣（孟玉平 摄影）

图59 暖房制干枣（曹秋芬 摄影）

图60 '骏枣'（孟玉平 摄影）

图61 '骏枣'（孟玉平 供图）

图62 '板枣'（曹秋芬 摄影）

图63 '圆铃枣'（曹秋芬 摄影）

图64 河北黄骅'冬枣'（孟玉平 摄影）

图65 '冬枣'（孟玉平 摄影）

图66 '梨枣'（孟玉平 供图）

图67 '梨枣'（孟玉平 摄影）

二 枣地方名优品种

经过几千年的自然演化、自然选择和人工选择，在主产区已形成不同的地方名特品种和地方品种组群，这些品种组群特色突出，有稳定的市场氛围和不同季节供应特色，在当地枣树生产中起着非常重要的作用。各地名优资源（表2），相邻省份名优品种有重复，其中陕西省8个，山西省10个，河南省5个，河北省4个，山东省5个，甘肃省2个，江苏省、浙江省、湖南省、宁夏回族自治区、新疆维吾尔自治区各1个。

中国既是红枣的原产国，也是目前世界上最大的红枣生产国。十几年来，我国枣树的栽培面积和红枣产量都以每年10%以上的速度增长。2015年我国红枣总产量已达900万t，是2010年总产量的2倍。从近几年的发展趋势看，我国枣栽培中心开始由山西、河北、山东、河南、陕西等黄河中下游地区向西北荒漠地区特别是新疆转移。据新疆维吾尔自治区林业厅和新疆生产建设兵团农业局的统计资料，2014年全疆枣树面积48.5万hm²、产量214万t（自治区和

表2 各地名优品种

省份	品种
陕西	'木枣''晋枣''阎良相枣''大荔圆枣''大荔水枣''七月鲜''狗头枣''蜂蜜罐'
山西	'稷山板枣''临猗梨枣''运城相枣''太谷壶瓶枣''交城骏枣''柳林木枣''襄汾圆枣''蛤蟆枣''官滩枣''郎枣'
河南	'灰枣''灵宝大枣''鸡心枣''桐柏大枣''扁核枣'
河北	'赞皇大枣''金丝小枣''婆枣''黄骅冬枣'
山东	'金丝小枣''大白铃''圆铃枣''长红枣''沾化冬枣'
新疆	'哈密大枣'
甘肃	'鸣山大枣''民勤小枣'
江苏	'泗洪大枣'
浙江	'义乌大枣'
湖南	'鸡蛋枣'
宁夏	'灵武长枣'

兵团分别为37.5万hm²、126万t和11万hm²、88万t），均历史性超越了河北省、山东省等传统产枣大省（刘孟军等，2015）。此外，鲜食枣在历史上首次大规模商品化种植；蜜枣生产中心由南方逐渐转移到北方。

三 枣地方品种的优势产区

1. 山西枣地方品种分布区

山西省地处黄土高原，山区丘陵占总土地面积的80.3%，气候非常适合枣生长发育，是我国红枣原产地和主产区之一。汉代的《史记·货殖列传》记载："安邑千树枣，其人与千户侯等"。安邑即今日运城市。由此可见，早在2000年前，山西南部已有集中成片的枣树林。如今，山西省是全国六大重点产枣基地之一，全省119个县（市、区）除晋北部分严寒地区外，90多个县都有枣树栽培，从分布的密度来看，主要集中在黄河沿岸和汾河流域，垂直分布大体在海拔400～900m。目前全省栽培面积达36.67万hm²，年产鲜枣69万t，年产值28.30亿元。主要分布于吕梁、晋中、临汾和运城等市，其中产量超过2000万t以上的有临县、柳林、稷山、兴县、石楼、永和、太谷、榆次、永济、临猗等县（市）（邓明，2015）。栽培品种主要有稷山'板枣'、运城'相枣'、交城'骏枣'、太谷'壶瓶枣'、临猗'梨枣'、柳林'木枣'、襄汾'官滩枣'、保德'油枣'、运城'屯屯枣'。其中，交城'骏枣'、稷山'板枣'、运城'相枣'和太谷'壶瓶枣'列为"山西四大名枣"，其共同的特点是个大、肉厚、色泽红、价值高、市场竞争力强，这些优良品种分布区域相对集中，形成了具有地方特色的红枣生产基地，有的已经申请了地理标志保护产品。

（1）交城'骏枣' 是山西省四大名枣之一，誉为"枣后"，其形态独特，呈瓶形或上细下粗的圆柱形。色泽深红，皮薄肉厚，核小果大，脆甜味香，果肉重量占总重量的95%以上，故有"八个一尺，十个一斤"之说。此枣味甜质脆，生食制干均优。据历史记载，交城'骏枣'已有两千多年的栽培历史，古代曾是皇家贡品，1962年曾参加过西欧十二国果品博览盛展，在国际上享有很高的盛誉。交城'骏枣'1987年上过国宴，1990年又被指定为十一届亚运会特供果品。交城"维高牌"'骏枣'在首届国际医药、营养、保健产品博览会上获"国际最高金奖"，并在"1997""1999""2001"年中国国际农业博览会上连续三届被认定为"名牌产品"。交城'骏枣'还在2000年全国杨凌红枣交易会上被评为"金奖"。

交城'骏枣'分布于山西省交城县中南部，吕梁山东侧，晋中盆地西部边缘，介于东经111°17'～111°24'和北纬37°28'～37°54'之间。分布面积1822.11km²，海拔高度800～1200m；分布于交城县天宁镇、夏家营镇、西营镇、洪相乡、岭底乡、西社镇等地。地域保护范围面积3500hm²，总生产面积600hm²，年总产量3000t。

交城'骏枣'分布范围属黄土高原大陆性气候，多旱少雨，年降水量400～680mm，主要集中在7、8、9三个月。全年日照时数2741.8小时，年生理辐射量达280kJ/cm²，年均日照百分率62%。热量资源由东南向西北递降，山区温差较大，昼夜气温变化明显，平川气候较温和，冬季气温变化幅度相对较小，平川及边山区年均温度略高于10℃，无霜期165天，≥10℃积温3700℃，山区平均温度在4～10℃，无霜期120～150天。

改革开放以来，山西省委、省政府特别重视交城'骏枣'的良种开发，党和国家多位领导人数次亲临交城视察，都为开发'骏枣'作过批示。列入国家级、省级星火项目予以支持。由于种植'骏枣'已经给农民带来了实实在在的经济效益，所以枣树"早密丰"栽培技术已经在全国各地枣区广泛推广应用并取得了显著的经济效益。目前，'骏枣'产业已成为交城县振兴农村经济、实现小康目标的支柱产业。

（2）稷山'板枣' 稷山县是中华民族的发祥地之一，也是农耕始祖后稷的故里，后稷曾在此地教民稼穑，这里开启了数千年农耕文明的先河。稷山'板枣'栽培历史悠久，始于春秋战国时期，该县稷峰镇作为'板枣'原产地和主产区，已有近3000年的栽培历史。

稷山'板枣'形状大而肥硕，色泽红艳，肉厚核小，味道甘甜，富有韧性，质地细腻无渣，含糖较多，同时富含丰富的微生物和矿物质，且久储不坏，享誉海内外，堪称"枣中之王"。适宜制干、鲜食和作醉枣，制干率57%，干枣含糖74.5%。制干后十分耐贮藏和运输。

稷山县位于运城市北部，东经110°48'18"～

111°05'41"、北纬35°22'48"～35°48'32"。全县最高海拔1716m，最低海拔为373m，属温带季风气候，年平均气温13℃，无霜期约220天，年均降水量500mm，年＞0℃积温4910℃，年平均日照时数2382小时，年平均降水量483.3mm，年平均蒸发量1759.4mm，是年降水量的3.6倍；稷山地处汾河下游，汾河谷地地形平坦，土质深厚肥沃，适宜于枣树生长和果内糖分的积累，适合耐旱的红枣生长，号称华夏'板枣'之源、中国名枣之乡。

'板枣'是稷山县农业最具特色的品牌。主要分布在稷峰镇、化峪镇、蔡村乡3个乡镇，其中稷峰镇有"中国板枣第一镇"之美誉，2014年全镇'板枣'栽培面积4400hm²，覆盖全镇31个村，6万农民，人均增收7000余元，核心区人均增收过万元。目前，稷峰镇还有蜜枣加工企业30余家，56个红枣加工厂家，并建立了村级红枣协会16个，'板枣'专业合作社56个。

（3）太谷'壶瓶枣'　皮薄、肉厚、味甜、核小，是鲜食的良种，制成干枣和酒枣更佳。单果重19g，长倒卵形，皮薄，深红色，肉厚，质脆，汁中多，味甜。'壶瓶枣'制干后，肉质细腻，久贮不干，制干率57.2%，干枣含糖量71.4%。太谷县里美庄为主产区，榆次、平遥、交城、清徐也有栽培。'壶瓶枣'传说在春秋战国时期就有栽培，果实大，以形似"壶"状而得名。

太谷'壶瓶枣'地理标志产品保护范围为山西省太谷县明星镇、侯城乡、北汪乡、水秀乡、胡村镇、阳邑乡、小白乡、任村乡、范村镇等9个乡镇现辖行政区域。该品种位于山西省晋中盆地东北部的太谷县。东北与榆次区相依，东南与榆社县交界，西南与祁县毗邻，西北与清徐县接壤。地理坐标为东经112°28'～113°01'、北纬37°12'～37°32'，'壶瓶枣'种植面积10000hm²，年产量约4万t。

（4）运城'相枣'　主要产于运城北相镇、泓芝驿镇、席张乡沿涑水河一带。《汉书》中即有"汉文帝召群臣曰，枣味美者莫若安邑御枣"之语，安邑即今运城市。2000多年前即已驰名京师。'相枣'优质丰产，最高单株产量能达75kg。果实大，近圆形，色深红，外观非常亮丽。肉厚、核小、甘甜，含糖量73.46%，含酸量0.84%，并含有大量维生素C，营养丰富，是很好的滋补品。'相枣'极耐贮运，果实富含弹性，压扁后能恢复原状，深受市场和消费者的欢迎，在省内外享有很高声誉。由于品质极佳，在封建帝王时代曾进过贡，因而又叫'贡枣'。

2. 河北枣地方品种分布区

河北省是我国红枣主产地之一，是我国重要的红枣产区。截至2010年，河北红枣总产量经历了2个不同的发展阶段。第一阶段（1973—1996年）为河北省红枣总产量缓慢增长阶段，此期总产量很低，维持在6.5万～21.5万t；第2阶段（1997—2010年）为河北省红枣总产量快速增长阶段，此期红枣总产量在28.4万～103.1万t。2010年河北省红枣总产量高达103.1万t，占全国总产量446.8万t的23.1%，居全国之首。目前除北部少数县、市外，河北全省均有枣树分布，已初步形成6个栽培区，即太行山低山丘陵栽培区、冀东南平原子牙河流域栽培区、冀南漳河流域栽培区、冀南滏阳河流域栽培区、冀中南滹沱河流域栽培区和燕山低山丘陵栽培区。其中，大枣面积120000hm²，主要分布在太行山区的行唐、赞皇、阜平、曲阳、唐县等地；小枣面积114000hm²，主要分布在黑龙港地区的沧县、献县、泊头、盐山、海兴、黄骅、青县、大城等县（市）；'冬枣'面积37400hm²，主要集中在黄骅、献县、海兴、沧县等县（市）。全省红枣面积超过6666hm²的县有14个，其中沧县面积达到34666hm²。

全省80%以上的红枣结果树已通过了无公害产地认定。河北省共有7个县被国家林业局命名为中国大枣之乡，黄骅'冬枣'、沧州'金丝小枣''赞皇大枣'分别获得原产地域保护或地理标志产品称号。'赞皇大枣''金丝小枣''冬枣''马莲小枣''阜平大枣'等在昆明世博会、中国红枣交易会等多个大会上获奖。

（1）'赞皇大枣'　又称'赞皇金丝大枣'。作为唯一一个枣品种中的"自然三倍体"，'赞皇大枣'凭借营养丰富、个大、含糖量高达62%的特色而闻名。'赞皇大枣'的果实呈紫红色，用手掰开能拉出尺把长的蜜丝而不断，核小、肉细而脆、肉厚、味甜、方便贮运，是河北省赞皇县的著名特产。'赞皇大枣'产于本区赞皇县，集中于阳泽、院头、严华寺、马峪、清河、胡家庵一带。

太行山脉地质破碎带土壤富含硒、锶等微量元素，属暖温带半湿润季风型大陆性气候，一年四季分明，特殊品种和特殊的地质环境造就了'赞皇大枣'的上佳品质。'赞皇大枣'含糖量62%~70%，每百克鲜枣含维生素C300~600mg，维生素C的含量是苹果、桃的100倍，猕猴桃的15倍，有"天然维生素王"之称。

赞皇县大枣种植面积达到30000hm²，占全县国土面积的1/4，枣产量11万t，并涌现出了阳泽十万亩大枣科技示范园区、南壕科技示范区等精品工程，园区群众年人均收入5000多元，科技示范园区带动了全县群众种植大枣的积极性，形成了以点带面，全面开花的喜人局面。全县形成了回车、赵峪、行乐、吕庄等青枣市场和三阵、县城、延康等苗木交易市场。2010年，全县大枣产业总计年收入2.3亿元，人均增收1000元，占人均纯收入的1/3，年增县财政收入1800多万元，占全县财政收入的22.6%，大枣业已逐步发展成为赞皇经济发展和农民增收的支柱产业。'金丝大枣'树已成为名副其实的"县树"。

（2）黄骅'冬枣' 已有3000年的栽培历史，可以上溯至秦汉之前，史载"燕赵千树枣""自古有鱼盐枣之饶""柳县章武（秦汉时黄骅域内置柳县、章武）皆植枣，以此物当食，家酿半斛，殷实富足"。元世祖时，黄骅'冬枣'形成规模化种植，河北省黄骅市齐家务乡聚馆村的'冬枣'林即由此时种植发展形成。如今，这里仍存有全世界面积最大、年代最古老的原始'冬枣'林，林中百年以上'冬枣'古树1067株，其中树龄600年以上者198株，这些古'冬枣'树虽饱经风霜，仍枝繁叶茂，果实累累。

黄骅'冬枣'为皇家、贵族所推崇、喜爱，故而在历史上有着高贵品质和传奇色彩。"秦始皇闻之以为长生之果，久寻未得"。汉武帝太初三年东巡得之，谓之"枣中极品"，封为"仙枣"。弘治三年，明孝宗朱佑樘得之，以为神果，谓之"百果之王"，封为"贡枣"。此制沿袭至清，上下500年。黄骅'冬枣'皮薄、肉厚、核小，肉质细嫩而酥脆，酸甜适口，口感极佳，"食之若夏朝雨露，得回肠荡气之益；含之似攀月撷霞，有梦绕魂牵之诱"，为果中珍品。国内众多专家实地考察分析认为：黄骅靠海，气候条件上光热充足，昼夜温差大，有利于'冬枣'果实的糖分积累，使其糖分含量较高；黄骅周边土层较厚，耕性良好，土壤中含有丰富的氯、钾离子，这些离子能够使果实增加维生素含量和其他微量元素及多种营养成分的含量，并能使果实增加脆度和硬度。故而黄骅'冬枣'品质独特，清甜酥脆，营养丰富，"内润六合肝肠，外通八极清气"。

（3）沧州'金丝小枣' 沧州是'金丝小枣'的原产地，沧州'金丝小枣'又名'河西红枣'，入口甜香适口，风味独特，因成熟干枣时有金黄丝相连，故称'金丝小枣'。是沧州的传统优势产品，在沧州有3000多年的栽培历史。'金丝小枣'在沧州经过了漫长的栽培驯化和良种选育形成了独具特色的地方名优特产。截至2011年，全市红枣种植面积达到123333hm²，其中'金丝小枣'面积93333hm²，'冬枣'面积21300hm²，全市红枣产量达到68万t，其中'金丝小枣'产量55万t，'冬枣'产量10万t，全市红枣产值35亿元。2009年6月，"沧州金丝小枣"被国家工商行政管理总局商标局授予地理标志产品。在2009年10月，沧州市被中国果品流通协会授予"中国枣都"的称号。沧县是沧州'金丝小枣'的集中产区和最大的原产地。

沧县位于河北省东南部，冀中平原东部，北接京津，东邻渤海，地理坐标为东经116°27′~117°9′、北纬38°3′~38°5′。沧县属暖温带半湿润大陆季风气候，四季分明，温度适中。春旱、夏涝、秋爽、冬干燥已成规律。常年降水量550~700mm。

目前沧县运河以西8个乡镇有35000hm²枣林，形成了"数乡一园的"资源格局；县委、县政府实施了"小枣东扩"的战略，使运河以东11个乡镇枣树生产也得到了迅速发展，沧县县委、县政府多年来把'金丝小枣'作为强县富民的支柱产业重点培植，按照规模、效益同步提高的产业发展思路，重点抓了小枣东扩、标准化管理和产业化建设，取得了显著的成效。沧县现有枣粮间作面积32000hm²，小枣常年产量17万t，产值3.8亿元，是著名的'金丝小枣'基地县。1996年，沧县被中国特产之乡评委会命名为"中国金丝小枣之乡"。2000年，被国家林业局命名为"中国金丝小枣之乡"。2001年，被国家林业局评为"全国经济林建设先进县"，被省林业局评为"河北省优质红枣基地"。2003年，在国家工商总局完成"沧县金丝小枣"商标注册。2004年8月4日，国家质检总局发布公告，对沧州'金丝小枣'实施原产地保护。同时，国家标准化管理委员会将沧县3万hm²'金丝小枣'标准化生产示范区列为第4批全国农业标准化示范项目。

目前，全县共有小枣加工企业530多家，年加工量1000t，产值1.8亿元。主要产品有蜜枣、乌枣、枣汁、枣酱、枣蓉等。红枣主要销往广东、福建、江苏、上海等地，并出口到东南亚、韩国等国家。枣香村果食品有限公司、巨龙枣业有限公司、绿宝食品有限公司，年加工原枣2500t，产值3000万元，分别注册了枣香村、高川、绿凯等品牌，在全国知名度很高。

3. 山东枣地方品种分布区

山东省是中国最早利用枣资源的省份之一，早在2500年前，齐鲁大地已广泛栽培枣树，在漫长的发展过程中，形成了一大批优良地方品种，种植面积和产量均居全国第二位，在鲁西北盐碱地和鲁南瘠薄山区林业建设中具有不可替代的作用（王中堂等，2013）。截至2015年年底，全省红枣园面积64000hm²，产量60万t，产值50亿元。红枣产业已成为山东省经济林优势产区和主产区农村的重要经济支柱。

经过多年的规划、调整与发展，基本形成了鲁北'金丝小枣''冬枣'栽培区，鲁西北'圆铃大枣'栽培区和鲁中南'长红枣'栽培区三大优势产区。三大产区红枣栽培面积54700hm²，占全省红枣栽培面积的85.4%，产量55万t，占全省红枣总产量的91.7%，红枣产业已成为当地的支柱产业和农民致富增收的重要途径。枣树栽培面积在6700hm²以上的县（市、区）有：乐陵市、庆云县、无棣县、沾化县、河口区、宁阳县、茌平县等。其中乐陵市年产'金丝小枣'19.9万t，产值20亿元，庆云县年产'金丝小枣'6万t，产值6亿元，农民户均年增收7000多元。

乐陵是'金丝小枣'的原产地，其栽培始于商周，兴于魏晋，盛于明清，已有3000多年的栽培历史，是国家命名的"中国金丝小枣之乡""中国金丝小枣产业城"。乐陵'金丝小枣'皮薄肌丰，核小肉厚，清香甘甜，营养丰富，掰开半干的红枣可清晰地看到由果胶质和糖组成的缕缕金丝粘连于果肉之间，在阳光下闪闪发光，'金丝小枣'因此而得名。乐陵'金丝小枣'产区位于乐陵市朱集镇、云红街道办事处、西段乡、胡家街道办事处、郭家街道办事处、丁坞镇、黄夹镇7个乡镇街道办事处458个行政村，地理坐标为东经116°58'02"～117°20'41.6"、北纬37°41'29.2"～37°51'43"，地域保护种植面积33333hm²，年产80000t。

据中国营养协会专家检测，每百克乐陵'金丝小枣'含蛋白质1.5g，是苹果的5倍，维生素C含量700mg，是苹果的100倍，并富含维生素A、B、C、

P及人体所必需的19种氨基酸和丰富的铁、硒、钾、钠、钙等多种微量元素，不仅营养丰富，而且对舒筋活络、促进血液循环、增强机体免疫力、平衡新陈代谢具有神奇的作用，被誉为"枣中之王""果中之冠""天然维生素丸"，历代为朝廷贡品，现仍为国家特需。当地有"一日食三枣，终年不见老；五谷加小枣，赛过灵芝草"的说法，其丰富的营养保健价值是由乐陵独特的地质结构、水土特征和气候条件所决定的，是其他任何地方无法比拟的。

4. 河南枣地方品种分布区

河南省地处黄河中下游，是我国枣树的重要起源地和栽培地，枣在全省18个地市均有分布。从1990年至今，全省大枣生产呈快速发展的趋势，目前全省枣树栽培面积达87000hm²，年产量28万t。形成以新郑'灰枣'、灵宝'圆铃枣''桐柏大枣'、淇县'无核枣''西华大枣'、镇平'广洋大枣'及引进的'冬枣''梨枣'等优良品种为主，年产量逾2.7亿kg，年产值30多亿元的枣生产基地。内黄县、新郑市被国家林业局命名为"中国大枣之乡"。

据1982年全国枣树资源调查，河南省共有枣树品种97个，其中属于国家级名、优、特、新品种的有新郑'灰枣'和'鸡心枣''桐柏大枣''灵宝大枣''广洋大枣''永城长枣'等也属枣中精品，新郑的'六月鲜'和'九月青'、淇县'无核枣'、新蔡'羊角枣'、内黄'大叶无核枣'、镇平'胎里红'等均为珍贵稀有品种（王家军，2004）。

枣种植业的发展促进了加工业的发展。目前，全省已形成大型枣业集团公司8个，小型加工厂600多家，年加工能力6000万t，产值10多亿元，年出口量超1000万t，创汇2亿多元的大枣经济。枣产品已形成枣片、枣精、枣酒、枣饮料、焦枣、蜜枣、贡枣、瘦枣、乌枣等12大类100多个品种，枣产业已形成多样化的发展格局。随着市场经济的发展和农村产业结构的不断调整，逐步形成了以内黄、新郑、西华、灵宝当地为主的干食枣生产基地，以濮阳县、淇县、桐柏县为主的鲜食枣生产基地，以新郑、内黄为主的干枣加工业基地，以新郑奥星实业有限公司"好想你"品牌连锁销售为主的服务业。河南省枣产业的发展在市场经济条件下已形成种植业、加工业和销售服务业为一体的完整的产业链，为河南省枣产业的持续健康发展打下了良好基础。

新郑市位于河南省中部，北靠郑州，南连长

葛，东邻中牟、尉氏，西接新密，属郑州市。东经113°30'~113°54'、北纬34°16'~34°39'，新郑市属暖温带大陆性季风气候，上半年受冬季风控制，多刮北风，下半年受夏季风控制，多刮南风，全年平均风速为2.1m/s。冷暖适中，四季分明。春暖、夏热、秋爽、冬寒。年平均气温14.3℃，极端最高气温为42.5℃，极端最低气温为-17.9℃，年均日照时数为2114.2小时。1971—2000年年平均降水量为676.1mm，年均霜期为152天。

新郑是大枣的故乡，大枣是新郑的象征。新郑种枣的历史最早可以追溯到8000多年的裴李岗文化时期。1978年，在发掘裴李岗文化遗址时，发现了8000年前的碳化枣核，说明当时在新郑一带，先民们就已开始种植大枣。春秋名相子产执政时，郑国都城内外街道两旁已是枣树成行。在汉代，人们已经认识到大枣的药用价值，新郑民间发现的汉代铜镜上就刻有"上有仙人不知老，渴饮礼泉饥食枣"的诗句。到了明代，新郑枣树种植已形成相当规模，明代十大才子之一的高启留下了"霜天有枣收几斛，剥食可当江南粳"的诗句。新中国成立以来，特别是改革开放以来，新郑市委、市政府对发展大枣产业尤为重视，发展更趋区域化、规模化、科学化，枣树栽培面积已发展到10000hm²，品种达30余个，除'灰枣'和'鸡心枣'这两个优良品种外，还有'六月鲜''九月青''酥枣'以及反季节的'雪枣''冬枣'等优良品种，年产红枣30000t，被国家林业局命名为"中国红枣之乡"，是财政部扶持的"大枣保护基地"。

新郑大枣以其皮薄、肉厚、核小、味甜备受人们青睐；驰名中外，在新疆举办的全国枣类评比中，新郑枣品质名列鲜枣类第一名。全市年产鲜枣15000t（历史最高年产达21000t），产值6000余万元，占八个枣区乡镇农业总产值的10%以上，重点产区孟庄镇则达60%以上。大枣产业的产前、产中、产后服务体系比较健全，枣加工企业众多。1994年，林业部，财政部将新郑定为"全国大枣基地县（市）"，1998年，成功策划举办了"98首届枣乡风情游"，开发了"古枣园""玉皇观枣台"等著名景点，制订了新郑大枣产业五年发展规划，全国最大的枣产品集散地"中华红枣商贸城"和集一流的红枣新技术示范园区"红枣大观园"也正在建设中，所有这些都将有力推动新郑红枣产业健康、快速、持续的发展。

新郑市委、市政府对新郑大枣产业非常重视，一直把大枣产业作为农业产业化的重点丰碑，并将枣树定为市树。

新郑大枣的早熟品种有'六月鲜枣''奶头枣''落花红'等。这些品种，皮薄肉脆，甜蜜多汁，宜鲜食。中熟品种有'灰枣''鸡心枣''齐头白枣''铃枣''新郑红枣''麦核枣''黑头羊枣''木枣'等。其中'灰枣'和'鸡心枣'为主栽品种，其面积和产量均占枣树总面积和总产量的99%，为枣中之珍品。晚熟品种有'九月青枣''马牙枣'等，产量高，甜蜜多汁，鲜食最佳。'新郑红枣'又名'鸡心大枣''鸡心枣'，是河南省郑州市新郑的特产，素有"灵宝苹果潼关梨，新郑大枣甜似蜜"的盛赞。现今的新郑大枣主要分布在新郑市孟庄镇一带，为原生态枣树种植区。

5. 陕西枣地方品种分布区

据考古表明，陕北黄河沿岸与山西省交界的河谷地带是中国枣的起源中心，栽培历史已有两三千年，佳县、绥德、薄城一带至今仍保存有800~1000年的枣树。至今全省枣树栽培面积18万hm²，年产60万t。

枣树在陕西省广泛分布于境内黄河、渭河沿岸的榆林市佳县、清涧，延安市延川，渭河市大荔，咸阳市泾阳，西安市阎良等约20个县区。主要品种有'木枣''油枣''团圆枣''狗头枣''骏枣''冬枣''梨枣''水枣'等近20个品种。

榆林黄河沿岸土石山区是全国五大集中连片优质红枣产区之一，已有逾3000年的栽培史，现存最古老的枣树已有1300多年的历史，被誉为"活化石"。

（1）阎良'相枣' 又名'贡枣'，是地方名优特制干枣良种。阎良枣树栽培历史悠久，可以追溯到明、宋时期，相传在明朝初年，关中遭受饥荒，当地农民以枣充饥，安度灾荒。为此，明宰相发诏：广种枣树。当地民众为了纪念明宰相"体察民情，为民办事"，特称此枣为'相枣'以作纪念。'相枣'一名便流传至今，为了与山西省的相枣区别，特称'阎良相枣'。至今在石川河流域的阎良（武屯、康桥）和临潼（相桥）等地，还保存有200年以上的古老树群。'相枣'是该区独特的干鲜兼用的含糖量高、品质佳的优良品种。1995年获杨凌农博会后稷金像奖，1999年被评为陕西省优质制干品种，2001年通过陕西省林木良种审定委员会品种审定。

阎良区位于关中平原中部，距西安市城区约70km。地势属于北部偏高，南部偏低，地理坐标介于东经109°08'54"～109°25'37"、北纬34°35'00"～34°44'37"之间，平均海拔351.7～483.2m，东接渭南市，西连三原县，北靠富平县，南邻临潼区，石川河、清河横贯区境，红荆横亘于北。阎良区属暖温带半湿润季风气候，四季冷、暖、干、湿分明，年太阳总辐射量673kJ/cm²，年平均日照时数2026.8小时，年平均气温13.6℃，大于或等于10℃的活动积温4449℃，年平均降水量548.8mm，全年无霜期215天。'阎良相枣'生产范围在关山镇东丁村、北冯村、康村等；武屯镇任张村、沟王村、炮张村等；振兴街办红荆村、坡底村等村。总生产面积1000hm²，年总产量18000t。

（2）佳县油枣 佳县是中国红枣起源地，有着悠久的红枣栽培历史。据史料记载，佳县从北魏起就栽植枣树，已有1500余年的历史。佳县泥河沟村有一棵"枣树王"，经现代科学考证，它已有1300多年的树龄，至今仍果实累累。目前，全县红枣栽植面积达40000hm²，正常年景年产红枣近1.5亿kg，产值3亿元，无论面积、产量、产值都居全省首位，所以佳县被誉为"陕西红枣第一大县"。红枣是佳县县域经济的支柱产业，全县农民年人均红枣收入1200余元，红枣收入已成为佳县农民收入的第一大来源。

佳县位于陕西省东北、榆林市东南、黄河中游一峡谷中段西岸。地处东经110°01'～110°45'、北纬37°23'34"～37°41'47"之间，海拔675～1339.5m。地势西北高，东南低。佳县属典型的大陆性半干旱季风气候。冬季漫长寒冷，夏季短促温差较大。日照时间长，光热资源丰富。多年平均辐射总量为596kJ/cm²/年，平均日照总时数2710.7小时，气温大于0℃的日照时数2046.8小时，占年总日照时数的74%，气温大于或等于10℃日照时数1607.5小时，占年总日照时数的58%。年平均温度10.02℃，日温差较大。佳县红枣集中分布在黄河、秃尾河沿岸，相对集中分布在上高寨、刘国具、朱家、通镇、佳芦镇、峪口、木头峪、店镇、坑镇、螅镇、康家港等11个乡镇。生产面积35426hm²，年总产量10万t。

目前，在国内、国际的红枣产品中，只有佳县有机红枣拥有国家颁发的有机产品认证书，佳县红枣在种植、生产、加工、包装、运输等过程中按高品质要求开展控制，在种植和生产过程中绝对禁止使用农药、化肥、激素等人工合成物质，使佳县大红枣一直保持着无污染、纯天然的特性。业界一直给予佳县红枣"天然极品、百果之王"的美誉。佳县油枣为较抗裂果，一般在成熟期能抗2～3天的阴雨，此期多于50mm的降雨可造成裂果烂果。佳县油枣也较耐寒。

据史料记载，北魏孝文帝于太和九年（485）曾诰令，男夫一人给田二十亩，课莳余，种桑五十株、枣五株、榆三株。限三年种毕。不毕，夺其不毕之地。该县泥河沟现保存有2.4hm²成片的千年枣树群落，共生长着老龄枣树1100余株。其中干周在3m以上的有3株（最大干周3.41m）、干周在2m以上的有30株、干周在1.5m以上的有106株。这些都是目前全国保存面积最大、树龄最高的千年枣树群落。被众多学者称之为活化石、枣树王。由此再次证明栽植红枣之悠久的历史。

（3）大荔冬枣 大荔枣的栽培历史悠久，西汉时，大荔县沙苑一带就栽植有枣树。清乾隆时，凿井灌田，已具规模。现今沙苑一带，桃、李、枣、杏等各类果树遍地，且红枣的原生珍贵品种就达42个，这在全国枣区十分罕见，加之近年间引进的多个品种，大荔已然成为中国的"红枣种质天然资源库"。

大荔'冬枣'生产区域位于关中平原东部，地理位置东经109°43'～110°19'、北纬34°36'～35°02'，主要涉及大荔县高明、两宜、范家、双泉、许庄、安仁、朝邑、埝桥、冯村、城关、平民、赵渡、下寨、羌白、官池、苏村、韦林等17个镇，生产面积10000hm²，年产量8万t。该区域属暖温带半湿润、半干旱季风气候，年平均气温13.4℃，年光照时数2385.2小时，全年≥10℃有效积温4312℃，光热资源丰富，昼夜温差大，年降水量514mm，无霜期212天，区域内地势平坦，土壤类型以黏质壤土为主，有机质丰富，保墒性能好，独特的自然条件非常有利于冬枣的种植。

大荔'冬枣'栽培模式多样，有温室、大棚、露地三种。温室栽培1月上旬扣棚，7月下旬成熟；大棚栽培2月下旬扣棚，8月上旬成熟；露地'冬枣'成熟期为9月下旬。每年7月下旬到12月都有'冬枣'上市，延长了货架期，规避了'冬枣'集中上市的风险，提高了经济效益。

6.新疆产区

新疆是中国陆地面积最大的省级行政区，拥有超过160万km²的面积，具有非常丰富的农业资源。

新疆独特的地理、气候条件孕育了许多具有新疆特色的名优特果品，而被人们称为"瓜果之乡"。枣在新疆的栽培历史悠久，最早可追溯到2000年前，新疆不是枣的原产地，最早由内地传入，传播的途径是"古丝绸之路"，虽然栽培历史悠久，但各地也只是零星栽培，多数集中分布于"古丝绸之路"沿线的一些重镇。在长期的栽培驯化过程中，逐步形成了现今的'哈密大枣'（即'五堡大枣'）'新疆小枣''赞新大枣''阿拉尔圆脆枣''喀什噶尔小枣'和'新疆长圆枣'等，这些品种已经适应当地的气候和水土条件，成为当地的乡土品种。

近代大规模的种植始于20世纪六七十年代，特别是近十多年，凭借国家实施西部大开发战略和新疆产业结构调整的政策导向，加之新疆得天独厚的光热资源优势造就的无与伦比的果实品质，新疆特色林果种植面积每年以六七万公顷的速度增长，呈现飞速发展的态势，正由特色林果业大区向特色林果业强区转变。截至2014年，新疆枣种植面积和产量已达48.36万hm²和257.46万t，分别较2004年的4.15万hm²和1.58万t增加11.65倍和162.95倍。枣种植面积的快速增长期在2007—2011年，平均年增幅43.22%，2012年后基本处于稳中略升的状态，平均年增幅仅为1.99%。枣产量持续大幅度增加，10年来平均年增幅69.07%，2007—2011年枣产量每年翻一番左右，2012年产量已跃居全国第一，之后每年以50余万吨的速度增加。截至2014年，新疆枣产量已占全国总产量的35.05%。新疆已成为我国优质枣栽培中心，对全国红枣产业的发展起着积极的推动作用。新疆枣产业现在正处于稳定面积、提升产量、提高品质的发展阶段（吴翠云等，2016）。

新疆红枣主要分布在南疆的阿克苏市、喀什市、和田市、巴州和东疆的吐鲁番市、哈密市等地，种植面积和产量分别占到全区的97.14%和99.02%，其中南疆已成为新疆维吾尔自治区乃至全国枣生产主栽区，也是枣栽培的最适宜区。各产区之间，枣的种植面积和产量差异较大，种植面积排名从大到小依次为喀什市、阿克苏市、和田市、巴州、哈密市，产量顺序为阿克苏市、喀什市、巴州、和田市、哈密市。其中喀什市和阿克苏市枣栽培面积和产量占绝对优势，种植面积占全疆的67.37%（阿克苏市占34.34%、喀什市占33.03%），枣产量占全疆的77.13%（阿克苏市占54.70%、喀什市占22.43%）。

新疆南疆地处塔克拉玛干沙漠的周边，北有天山，南有昆仑山，属暖温带大陆性干旱荒漠气候，该地区光热资源丰富，年日照时数达2550～3500小时，特别是每年4～9月累计日照时数高达2027小时，平均每天的日照时数达到10小时以上，且光照强度、空气透明度高，十分有利于枣树和枣果生长；有效积温3800～5271℃，无霜期168～304天，6～9月份平均日较差在13.4～17.4℃，最大日较差可达27.8℃，特别有利于枣果可溶性固形物和糖分的积累，对提高红枣的产量和品质起着非常重要的作用，这也是造就新疆地区红枣品质极优的根本原因。另外该地区降雨少、气候干燥等独特的自然条件，有利于红枣自然成熟和制干；再有该地区冬季严寒形成平均80cm的冻土层，使许多病原菌和害虫无法繁殖和越冬，平衡生态，有利于控制病虫害的发生和危害。因此日照丰富增强了果树的光合作用，温差大有利于碳水化合物的积累，使水果含糖量高，空气干燥，病虫害发生少，很少使用农药防治，使生产的水果属典型的绿色食品（王志霞，2013）。

由于南疆地区特殊的地理位置和气候条件，生产出的红枣干物质含量高，品质优良。

目前，新疆维吾尔自治区有100多种红枣品种，多为20世纪80年代初从河北、山东、山西、陕西、河南等传统枣区引入，主栽品种为'灰枣''骏枣'及'赞皇大枣'；搭配品种有'冬枣''金丝小枣''鸡心枣''梨枣'等。其中，'灰枣'和'骏枣'栽培面积占总面积的95%以上。近年来，新疆红枣科研和技术推广单位开始重视红枣品种选育工作。新疆维吾尔自治区林业科学院从'赞皇大枣'中选育出'赞新大枣'；巴州林业科学技术推广中心、若羌县羌枣科学技术研究所从'灰枣'中选育出'羌灰1号''羌灰2号''羌灰3号'等红枣优良新品种，极大地丰富了新疆红枣品种资源。

第四节
枣品种资源的研究现状

数千年的栽培过程中，由于分离、突变、迁移、自然选择、人工选择，枣树群体产生了大量的遗传变异，形成区域性品种和品种群，约900个品种（刘孟军和汪民，2009；曲泽洲和王永蕙，1993）。枣品种在果实形状、风味、品质、丰产性、抗裂果、抗病性等重要农艺性状上存在很大差异，为品种选育提供了丰富的遗传背景与基因库。同时，优越的自然环境和地理资源形成了繁多的地方品种或类型，加上枣种质的广泛交流，不仅为生产提供优良的品种或类型，也造成某些产区枣品种遗传关系复杂、地理演化关系不明确。枣的起源演化、品种分类及亲缘关系等方面一直是枣研究领域的热点问题，经历了形态学、细胞学、孢粉学、生物化学和分子生物学水平的探索历程。

一 枣种质资源的收集保存

世界各国对果树种质资源工作十分重视，把收集研究重点由栽培种逐渐扩展到野生种和野生近缘种，特别对具有特异性状种质材料，更是研究利用的重点。为了充分收集利用世界植物种质资源，1974年联合国粮农组织在罗马总部成立了"植物遗传资源委员会"（IBPGR）的世界性组织，其中设有果树专业部门。美国早在19世纪末，已逐步进行了调查、收集、保存和研究利用工作，设立了"国家植物遗传资源局"（PGRB），建立了国家植物种质管理系统；在国家农业研究中心的统一领导下，于1981年起相继创建了8个国家果树无性系种质库，分设在不同地点，担负着46种主要果树的野生资源和品种、类型材料的保存和研究利用任务，共收集27335份材料。日本也建立了10个果树种质保存场所，收集保存了13种主要果树和其他果树的6960份材料。为了鉴定和利用野生果树抗逆性和抗病虫能力，国际园艺学会已成立了一个温热带野生果树资源工作组，以开展专题研究。

种质（Germplasm）是指决定生物"种性"（遗传性）的遗传物质的总体，即与生物性状相关的各种基因。果树种质资源包括古老的地方品种，新育成的品种、品系和变异材料、野生种、半野生种、半栽培类型以及野生的近缘植物，它们具有自然进化过程中形成的各种基因。果树种质资源不仅为生产提供优良品种，又是果树育种的物质基础，为培育优质、高产、抗病虫、抗逆果树新品种提供生物多样性丰富的遗传材料。随着遗传多样性的不断丢失，种质资源重要性认识的加深，对种质资源的保护越来越受到重视，众多产业实例已经使世界各国认识到，一个基因可以决定一个产业的成败，一粒种子可以改变世界，一个物种可以影响到国家的兴衰，世界各国也相继建立了不少的植物种质资源库。

我国枣种质资源丰富，在漫长的栽培驯化和选育过程中，优越的自然环境和地理资源形成了数量繁多的地方品种。枣树种质资源的调查、收集和利用始于20世纪50年代，后由于"文革"中断，80年代枣树遗传资源的调查进入了全面恢复和发展阶段，大规模地开展了资源的补充征集和重点考察收集，经过普查和历年补查，发现了许多优良的品种和类型。搜集并调查了全国700多个品种和类型，基本摸清了我国枣树种质资源的分布和构成，1993年出版的《中国果树志·枣卷》记载了枣品种700多个，成为《中国果树志》的首卷。此后通过传统杂交育种与芽变育种等方法，每年都有多数新品种被选出。《中国枣树种质资源》增加到了944个枣品种和品系以及65个酸枣品种类型。《中国枣品种资源图鉴》则以彩色图片的形式记载了364个枣品种的树形、结果状、果实特写以及核形等性状。

为了对我国丰富的枣树种质资源进行收集、保存、整理和利用（图68～图70），山西省农业科学院果树研究所承担建立了国家枣种质资源圃，保存品种和类型800多个；江苏省植物研究所枣品种资源圃保存品种近100个；河北沧县红枣良繁基地也建立了枣品种收集圃，保存枣种质材料200多个；陕西对全省的枣品种资源进行了调查收集，并引进了我国主产省份的主要枣树品种，建立品种园，保存品种170多个；山东省果树研究所枣资源圃也保存了50个左右的枣品种和类型；河北农业大学中国枣研究中心保存了近700个品种和类型的枣果实标本。此外，河北农业大学中国枣研究中心在对河北省、河南省、山东省、山西省、陕西省、辽宁省、北京市等主要酸枣产区的酸枣资源进行系统调查基础上，收集了有代表性的130个酸枣类型，建立了国内第一个酸枣种质资源圃。

由于社会历史的原因，我国果树生产大都以农户生产方式存在，果园面积小，经济效益低。这种农户型的生产方式有着种种弊端，但同时也为自然突变所产生的优良品种提供了可以生存的空间。农户对于自家所生产的品种比较熟悉，通过自然实生、芽变或自然变异所产生的优良性状的果树品种能够被保留下来，在不经意间被选育出来，成为地方品种。但由于这种方式所产生的品种没有经过任何形式的鉴定评价，每种品种的数量稀少，很容易随着时间的流逝而灭绝。目前，枣树种质资源丰富且有些杂乱，各地域品种间的交流与组合出现了多种同物异名或同名异物的现象，给枣品种资源调

查、收集、保存带来诸多不便和混乱。

我国枣分布范围广，虽然拥有复杂多样的基因库，而近几年由于名优品种的大力推广，造成地方代表性品种或原生品种消失，如位于关中东部洛河流域沙苑枣区的大荔县，近年大量栽培鲜食品种'冬枣'，许多原生品种分布密度越来越少，如西营'笨枣'、大荔'铃铃枣'、大荔'圆枣'、大荔'鸡蛋枣'、大荔'面枣'、大荔'稚枣''羊奶枣'和'干尾巴枣'等。位于关中西部泾河流域的彬县枣区，盛产'晋枣'，曾被选为向帝王宫廷进献的贡品，故又称"觐枣"。但目前枣疯病猖獗，大片枣树被砍伐。陕北枣区地处黄土高原丘陵枣区，由于产业开发水平有限，整体效益不高，加上近年气候变化，裂果严重，大片枣园荒废。全面了解现有种质资源的遗传多样性，对保护和利用资源、提高育种效率都具有非常重要的作用。此外大规模开垦荒地、兴建工矿企业以及自然灾害，特别是随着全球生态环境的日益恶化，也使得许多地方品种资源日渐稀少，种质资源遗失的速度日益加快，如不采取有效的保护措施，许多珍贵的种质资源将一去不复

图68 新疆伊吾下马崖调查（曹秋芬 供图）

图69 新疆轮台调查（曹尚银 供图）

图70 现场记载、制作标本（孟玉平 摄影）

返。而这些植物品种资源以及一些近缘野生种在近代育种工作中发挥了极大的作用。

二　枣地方品种资源遗传多样性分析

在长期驯化过程中，由于分离、突变、迁移、自然选择、人工选择等作用，枣树群体产生了大量的遗传变异，形成区域性品种和品种群。加强对种质资源的收集和保护，既是对优良基因的一种保护，又是种质资源创新的前提。通常农家品种对自然生境有着较强的适应性，含有更多优良基因。对收集来的地方品种进行甄别鉴定和分类保存，进而进行遗传多样性分析，为地方品种资源的利用提供科学依据。

1. 形态学研究

对枣种质资源进行形态学评价，是枣树种质资源研究的重要基础，《中国果树志·枣卷》记载了700多个枣及酸枣品种的形态学性状和生物学性状，通过对枣树品种的表观评价，推断枣树种质资源的生物学特性，为枣树种质资源评价奠定了基础。陈贻金等（1991）将枣品种归类为枣原栽培品种群、无刺枣品种群、曲枝枣品种群、缢痕枣品种群、宿萼枣品种群和无核枣品种群。冯建灿等（1994）以果实形态特征和生长特征等8个指标为基础，运用主成分分析和系统聚类的方法，对取自河南的31个枣品种进行数量分类研究，将供试品种分为大枣类群、扁枣类群、长枣类群和小枣类群。常经武（1985）认为枣核是鉴定品种的重要特征。

2. 细胞学研究

枣花发育的细胞学研究方面，Sun等（2009a）和孟玉平等（2009a）以'壶瓶枣'（*Ziziphus jujuba* Mill. 'Hupingzao'）为试材，从枣股刚萌动到落性枝停止生长止，观察了落性枝的分化、单花分化、花序分化的形态学特征，并分析了花芽分化与落性枝生长之间的关系。发现落性枝锥形分化主要在发芽前完成，在芽体中可分化完成7～10个叶片（图71），发芽后根据树体营养状况可继续分化。刚发芽后即开始花芽分化（图72、图73），单花分化需经过花原基、萼片、花瓣、雄蕊、雌蕊5个分化时期，需1周左右，花芽分化有其顺序性和不可逆性。花序分化先顶花再一级花（图74）、二级花（图75）、三级花（图76）的顺序进行。花芽分化随着落性枝的生长进行，落性枝基部1～2节和顶部1～5节的花芽分化不完全，中部花多而质好，开花后落性枝生长停止，到最后一片叶展开后先端部分逐渐枯萎脱落。王丽红等（2009）以'壶瓶枣'为试材，通过组织学制片，运用PAS-苏木精复染和汞-溴酚蓝法对材料进行染色，用显微镜观察了花芽形态分化过程及其花器官中的糖类物质分布。发现从枣吊萌动到花开，淀粉粒在各个分生组织分裂最旺盛的细胞中逐渐积累，随着花器官的发育，在萼片中形成囊状特化大细胞，到花粉粒成熟时布满萼片、花瓣和花托，标志着糖类物质积累达到高峰；但是当花开时，这些囊状特化大细胞中的糖类物质消失变成空腔。

核型分析是研究物种演化、分类及染色体结构与功能关系不可缺少的手段；多倍体已公认是一种进化的趋势。Morinaga（1929）最早报道枣染色体数为24，之后Bowden（1945）的报道与其一致。曲泽洲（1990b）、陈永利（1988）、杨云贞（1991）、彭建营等（2005）研究也表明，除在'赞皇大枣'存在自然三倍体（2n=3x=36）外，枣和酸枣细胞核内染色体数目都是2n=2x=24，说明染色体基数具有一致性，而枣品种中的三倍体说明枣较酸枣进化；刘学生等（2013）对"苹果枣"核型通过花粉母细胞分裂观察、RAPD分析及植株形态观察，确认另一种自然三倍体品种。但目前调查发现酸枣中也可能存在自然三倍体（待发表），这也再次说明酸枣到枣的多演化路径。整个植物界的核型进化基本趋势是由对称向不对称发展（Stebbins，1971），枣的核型对称性要比酸枣的强（杨云贞，1991），这也是枣较酸枣进化的一个标志。葛喜珍等（1997）对'赞皇酸枣'与'小绿豆酸枣'进行核型分析首次发现酸枣的核型中存在高等植物中少见的1B核型，说明其进化水平低。

3. 孢粉学研究

由于花粉的形态特征受植物基因型控制，不受外界条件影响，所以花粉是一个探讨植物起源、演化及亲缘关系的重要特征。李树林等（1987）根据花粉上脊的粗细将供试枣品种归成了5类，并指出依花粉形态及其外壁纹饰可将供试的40个枣品种全部分开。彭建营等（2000a）用光学显微镜、扫描电镜对67个枣品种和酸枣类型进行花粉形态研究，根据花粉外壁纹饰将供试品种分为复合网状、交织网状、条网—脑纹状、网眼不规则网状、网状具穿

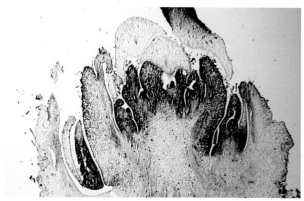

图71 萌动初期芽体内的分化状况（曹秋芬 摄影）

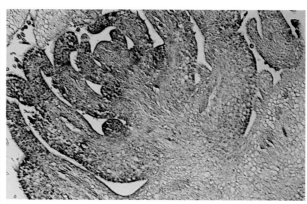

图72 发芽后开始花分化（曹秋芬 摄影）

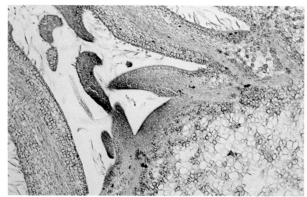

图73 花开始分化（曹秋芬 摄影）

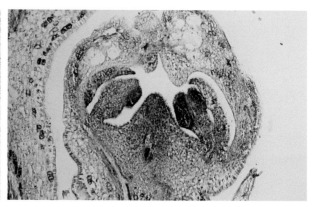

图74 一级花分化完成（曹秋芬 摄影）

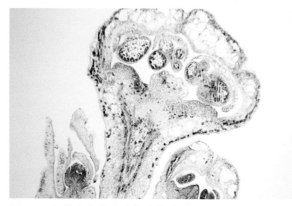

图75 二级花分化完成（曹秋芬 摄影）

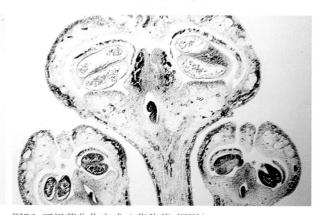

图76 三级花分化完成（曹秋芬 摄影）

孔、小沟穴状和片块状等7类。同时，利用花粉的外壁纹饰、巨型花粉的有无、4孔沟和2孔沟花粉的有无、萌发孔加厚的类型、极面观花粉类型、萌发沟延伸程度和H型明显与否等特征绘制了枣品种的花粉检索表。

"我国优势产区落叶果树农家品种资源调查与收集"项目利用扫描电镜观察了36个枣地方品种的花粉形态，结果大多数品种的花粉形态均为长椭圆形（图77）或椭圆形（图78）。不同品种间花粉形状存在差异。36个品种花粉粒均为三沟孔（图79）的

萌发孔类型，个别品种的孔沟中央部扩大（图80），大多数发芽孔在极端不汇合。供试品种的花粉外壁表面有明显的网状纹脊。

4. 组织培养

高效的组织培养体系是进行细胞工程、基因工程等多种生物技术应用的基础。木本植物组织培养再生途径有3种：无菌短枝扦插（Sterile shoot cutting）、器官发生（Organogenesis）、体细胞胚发生（Embryogenesis）。无菌短枝扦插途径是离体繁殖中应用最广泛的方法，一般选用茎尖、带腋芽茎

段、幼嫩的枣头芽，也可选用休眠枝或根蘖条，这些器官或组织中存在活跃的顶端或侧生分生组织，经灭菌后由原来的顶芽、腋芽继续萌发出新芽，或分生组织快速生长、分化形成新的植株。目前枣树多个品种通过这种途径建立了组培快繁无性系（赵宁等，2015）。器官发生途径是指离体植物组织（外植体）或细胞（悬浮培养的细胞和原生质体）在组织培养的条件下形成完整植株的过程。枣的幼叶、嫩枝、芽、花蕾和胚等器官均可作为外植体进行愈伤组织诱导，胚所产生的愈伤组织最多，其次是嫩枝顶部和芽，而花蕾和幼叶愈伤组织形成则较少；坐果后20~40天，幼胚易形成愈伤组织；随胚逐渐接近成熟，形成愈伤组织的概率降低，而易直接萌发出幼苗（赵宁等，2015；祁业凤，2002）。体细胞胚发生途径已经获得体细胞胚仅有少数几个品种，如'六月鲜'（李登科等，2004）、陇东'马牙枣'（张存智等，2006）、'冬枣'（王娜，2007）和'临泽小枣'（程佑发等，2001）。花药培养再生单倍体植株，然后经加倍获得纯合二倍体是果树染色体倍性

创新的重要途径。花药的采接时期十分重要，适宜外植体采取时期为花药的小孢子处于单核靠边期，不同品种此时期的花蕾外部形态有所差异，一般为绿色到黄绿色的转色期。

5. 同工酶研究

曲泽洲等（1990a）用过氧化物酶同工酶结合酯酶或淀粉酶同工酶分开了全部41个供试枣品种，并指出酶谱相似性在一定程度上反映了品种间的亲缘关系。李国方和韩英兰（1995）利用过氧化物酶同工酶谱分析法对23个'金丝小枣'样品测定，酶谱呈现出异同，说明金丝小枣不是单一品种，而是复合品种群，按特征性谱带及果实态特征，将'金丝小枣'划分为果实圆柱形、果实扁球形或球形、果实倒卵形或心形以及小球形4个类型。王秀伶等（1999）分析来自不同产地的82个酸枣类型及36个枣品种的叶片过氧化物酶同工酶，依据酶带的有无，将全部供试枣品种叶片过氧化物酶同工酶合并为5种谱型，全部酸枣类型合并为22种谱型。苏冬梅等（2001）分析了酸枣和17个枣品种叶片过氧化

图77 长椭圆形花粉粒（张春芬 摄影）

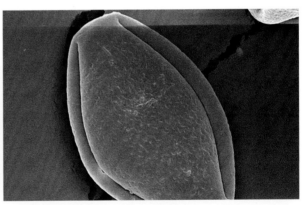

图78 椭圆形花粉粒（张春芬 摄影）

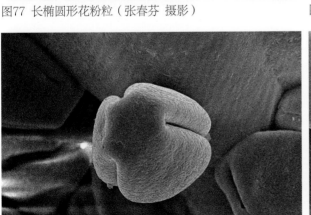

图79 三孔沟花粉粒（张春芬 摄影）

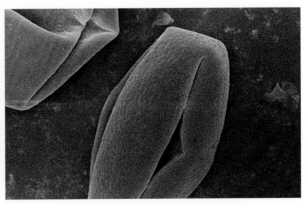

图80 孔沟中央部扩大花粉粒（张春芬 摄影）

物酶同工酶，从分子水平的表型证实了酸枣是栽培枣的原生种。高梅秀和张金海（2004）分析了10个枣品种POD、SOD、PPO以及酸性磷酸酶同工酶，发现亲缘关系近的品种既有由相同的遗传因子所控制，又有由不同的遗传因子所控制。

6. 分子标记研究

分子标记技术是在形态标记、细胞标记和生化标记后出现的一种新技术手段，以DNA多态性为基础，与上述其他标记手段相比，它具有很好的优越性。分子标记技术主要有以下几个优点：①直接以DNA的形式表现，不受季节和环境的影响，在生物体的各个组织和发育阶段都可以检测到；②数量极其丰富，遍布于整个基因组；③多态性高，自然界中存在大量的变异；④表现为中性，不会影响到目标性状的表达；⑤有些标记表现为共显性，能区分出纯合体与杂合体。在果树的育种工作中，分子标记可用于研究果树种质资源的亲缘关系鉴定、遗传多样性分析和分子标记辅助育种等。目前常用的分子标记有RFLP、RAPD、AFLP、SSR等。其中，

SSR也称为微卫星（Microsatellite），是一类以1~6个碱基为重复单位串联组成的重复序列。SSR标记基于重复单位的次数不同或者重复程度不完全相同，造成了SSR长度的高度变异性，从而产生SSR标记。

分子标记在果树种质资源研究、遗传图谱构建、基因标记等多方面正得到广泛的应用。20世纪90年代，在枣上较早开展了RAPD分子标记应用研究（刘孟军和诚静容，1994；刘孟军，1995），之后相继开展了枣AFLP、SSR、SRAP等分子标记体系的建立和应用（彭建营等，2000b；鹿金颖等，2005；李莉等，2009；Ma et al.，2011；马秋月等，2013；Wang et al.，2014；Xiao et al.，2015），但大多局限于对数十个品种类型的分析。在SSR标记开发方面，北京林业大学（Wang et al.，2014）利用SSR文库和3引物PCR技术开发了301个多态性枣SSR标记，利用转录组数据筛选出71个3核苷酸重复的多态性枣SSR标记；南京农业大学（马秋月等，2013）利用454高通量测序技术对枣基因组进行部分测序，获得约8.4Mb的序列，找出15036个微卫星重复序列，并对其特征进行了初步分析；河北农业大学（Xiao et al.，2015）利用全基因组数据并与近缘物种进行比较，全面分析了枣基因组SSR特征，共设计出30565个SSR引物，公布了725对多态性SSR引物。目前分子标记已广泛应用于枣的品种鉴定、亲缘关系分析和核心种质构建等（彭建营等，2000b；白瑞霞，2008；李莉等，2009；Ma et al.，2011）。此外，申连英（2005）利用AFLP标记，构建了冬枣×临猗梨枣F1代群体的遗传连锁图谱，标记间平均距离3.9cm。Zhao等（2014）利用第二代测序技术，构建了枣和酸枣（JMS2×邢台16）杂交群体的高密度遗传图谱，包含2748个RAD标记，标记间平均距离0.34cm。

"我国优势产区落叶果树农家品种资源调查与收集"项目在枣农家品种资源调查收集的基础上，基于已发表的NCBI公共数据库中枣属的EST（Expressed Sequence Tag，表达序列标签）开发的SSR（Simple Sequence Repeat，简单重复序列）分子标记，对包含地方品种在内的48份枣资源（表3）进行遗传多样性分析。采用的SSR标记信息见表4。

基于SSR标记的48份枣地方资源品种遗传多样性分析结果表明（图81），所用标记可以有效地将48份枣资源区分开。遗传相似系数为0.68时，该群体

表3　48份枣地方品种资源汇总

品种编号	品种名称	品种编号	品种名称
Z01	'龙爪枣'	Z25	'伏脆蜜枣'
Z02	'长虹早熟'	Z26	'王会头绵枣'
Z03	'南城枣1号'	Z27	'七月鲜枣'
Z04	'大枣'	Z28	'庆阳枣'
Z05	'大荔灰枣'	Z29	'南城枣5号'
Z06	'铃枣'	Z30	'南平旺枣'
Z07	'洽川铃铃枣'	Z31	'大河道枣'
Z08	'直社大枣'	Z32	'高田枣'
Z09	'五堡哈密大枣'	Z33	'位昌赞皇枣'
Z10	'米枣'	Z34	'牛心枣'
Z11	'大荔水枣'	Z35	'南城枣8号'
Z12	'小蜜枣'	Z36	'灵枣2号'
Z13	'香山大枣'	Z37	'清江枣1号'
Z14	'北京大枣'	Z38	'沈家岗大枣'
Z15	'小葫芦枣'	Z39	'长寿枣'
Z16	'苏子峪骏枣'	Z40	'瓜枣'
Z17	'克井镇枣'	Z41	'蜜蜂枣'
Z18	'皖枣3号'	Z42	'梨枣'
Z19	'京西小枣'	Z43	'木枣'
Z20	'小果灰枣'	Z44	'子弹头枣'
Z21	'大果灰枣'	Z45	'枣某种1'
Z22	'南城金溪枣'	Z46	'枣某种2'
Z23	'制干枣'	Z47	'枣某种3'
Z24	'磨盘枣'	Z48	'枣某种4'

表4　SSR标记引物信息

引物名称	正向引物	反向引物
M01	GCACTACCCTGTGGAACTCAA	AGTGTTGACCTGGCAAGAAGA
M02	TTTTCCAACCCTCCCTCCA	CCTCATAACTGCGACGGCTT
M03	GAAGGTTGAAGATGCTCTCTCT	CCTGACATCCATTTGAAGGAA
M04	TGTTGCTGGTTCAATTCCAG	CTTATGGCTTTTTCATTTTGTGA
M05	TTTGTGAGGTATAATGGCTTTCA	GCCTCTGTTGAAGCAAGGAA
M06	TCCCTAAATTACCCTTCCCAAT	AAAGCGACAGCGAAAACTGT
M07	TGAGAAGGTTGAAGATGCTCTC	CCTGACATCCATTTGAAGGAA
M08	TCCCACCACTTTCCTCTCAT	TTTTTCAAGACCTCCACGATG
M09	CCAGCTGGTATCCAATTGCT	ACGACGATGCCATGAAAGAT
M10	CCAGATGTGTCTCGATGCTT	TGCTCCATGCTTCTGGTATG
M11	TGTTGCTGGTTCAATTCCAG	CTTATGGCTTTTTCATTTTGTGA
M12	TTTCCACCCCAAAATACCAA	AGACGCTGGATGAGGATGAT

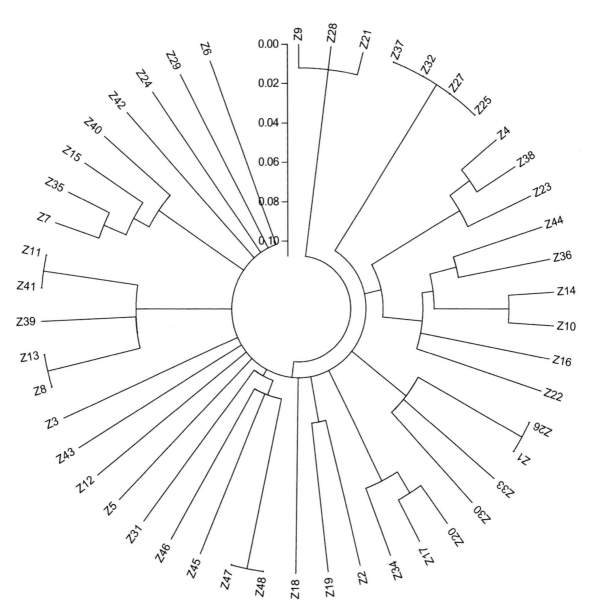

图81　48份枣地方品种资源遗传多样性分析

可以分为2个亚群，分别记作Q1和Q2。其中，Q1包含40个品种，Q2包含8个品种；Q1中的Z1和Z26，Z6、Z9和Z28，Z25、Z27、Z32和Z37、Z8和Z13、Z11和Z41，以及Q2中的Z47和Z48不能被有效地区分开。表明大多数材料之间存在着显著的遗传差异。成对材料不能被区分的原因可能是因为标记数目较少、覆盖精度不够。想要深入研究枣地方品种资源遗传变异，揭示更多的遗传信息就需要开发高通量的分子标记。总之，地方品种资源材料是对现有枣资源品种的有效补充。本研究首次采用分子标记技术对枣地方品种资源进行了遗传多样性分析，该研究表明枣地方品种资源有较高的利用价值，有可能成为枣新品种选育及遗传研究的可利用资源。

7. 枣功能基因克隆与功能鉴定

孟玉平等（2009b）用定向克隆法构建了枣生长初期结果枝的部分cDNA文库。用反转录RT-PCR的方法分离了枣树营养生长与花发育的关键调节基因ZjLFY，DDBJ/ EMBL/GenBank的注册号为AB531503（孟玉平等，2010a）；通过逆转录聚合酶链式反应从枣花萼片组织中分离出SQUAMOSA/APETALA1同源基因ZjAP1（GenBank的注册号为EU916199）（Sun et al.，2009b；孟玉平等，2010b）。利用PCR技术得到了一个478bp的肌动蛋白基因在枣树中的同源cDNA片段ZjAT1，GenBank注册号为EU251882（孟玉平等，2009c）；克隆获

得两个扩展蛋白基因cDNA全序列，分别为ZjEXP1（GenBank注册号FJ449891）和ZjEXP2（GenBank注册号FJ449892）（孟玉平等，2010c）。为了克隆和筛选适合于枣树基因表达研究用的内参基因，利用枣结果枝cDNA文库ESTs序列，克隆获得4条其他物种常用内参基因的同源基因：组蛋白H3的同源基因全长序列ZjH3，GenBank注册号EU916201；肌动蛋白的同源基因片段ZjAT1，GenBank注册号EU251882；泛素延伸蛋白同源基因全长序列ZjUBQ，GenBank登录号EU916200；翻译延伸因子的同源基因片段ZjEF1，GenBank注册号EU916202；其中ZjH3基因在不同发育阶段的结果枝及其茎尖、根、茎、叶、芽、花蕾、花、幼果、膨大果实和种子中均表达稳定，适合于用作枣树的内参基因（孟玉平等，2010d）。裴艳梅（2015，2016）通过基因克隆得到'金丝小枣'4CL基因（注册号为KP893564）。

肖蓉等（2015）发现枣树谷胱甘肽过氧化物酶基因（ZjGPX）表达于细胞质（图82），在植物的干旱和盐胁迫应答反应机制中起重要作用，过量表达ZjGPX可提高转基因拟南芥的耐旱和耐盐能力。Yang等（2015）发现枣树ZjMT基因主要在细胞膜和细胞核表达（图83），ZjMT表达受NaCl，CdCl$_2$和聚乙二醇（PEG）处理的上调。认为ZjMT可能在根系Cd^{2+}扩展中起作用，从而降低了Cd^{2+}的毒性。Li等

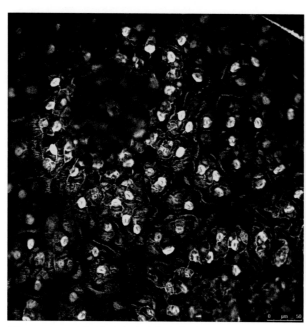

图82 ZjGPX在细胞质表达（曹秋芬 摄影）

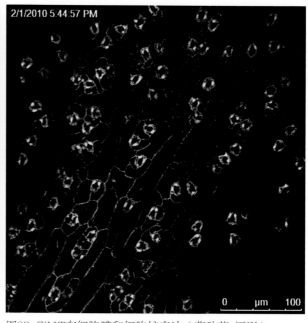

图83 ZjMT在细胞膜和细胞核表达（曹秋芬 摄影）

（2016）发现ZjMT有助于金属离子的解毒，并提供了显著的金属应力耐受性，认为ZjMT可能是脆弱植物对重金属胁迫耐性增强的潜在候选者，含有ZjMT基因的大肠杆菌可用于吸附污染废水中的重金属。郝子琪等（2011）利用生物信息学软件对已获得的枣树抗坏血酸过氧化物酶基因cDNA序列进行了同源性及功能位点等多项参数分析。该序列具有典型的铁氧化还原蛋白结合区域，属于一个典型的植物亚铁血红素过氧化物酶家族蛋白，与已知的其他植物抗坏血酸过氧化物酶APX具有极高的同源性，与可可树APX和陆地棉APX同源性均为93%，命名为ZjAPX（DDBJ/EMBL/GenBank注册号AB608053）。孟玉平等（2013）发现ZjAPX基因受NaCl和PEG6000诱导时表达，而且在一定浓度和时间范围内，随着浓度的增大和胁迫时间的延长表达量增高，认为ZjAPX基因参与了植株抵抗盐和干旱带来的伤害。张洁等（2010）利用生物信息学软件对已获得的枣树水通道蛋白基因cDNA序列ZjPIP2（GenBank注册号AB530493）进行了同源性及功能位点等参数分析，发现其与菠菜（Spinacia oleracea）水通道蛋白有相似的三维结构。罗慧珍等（2015）对枣树2-半胱氨酸氧化还原酶基因Zj2-CP（GenBank登录号AB812086）的cDNA序列进行了生物信息学分析，发现Zj2-CP基因编码的氨基酸序列与豇豆、玉米氨基酸序列的同源性最高。

8. 枣的基因组学研究进展

全基因组测序有望从基因组层面上突破传统分子生物学的研究瓶颈，可以根据全基因组序列，利用分子生物学及生物工程技术手段研究基因的功能，为进一步解析重要农艺性状提供良好的基因组数据平台，同时也将为培育高产、优质和抗病的果树新品种奠定坚实基础，推动果树基因组学研究进入一个新时代。

吴丽萍等（2013）利用流式细胞仪测定发现，枣不同基因型的基因组大小有一定差异，平均为418.56Mb。2014年，河北农业大学以冬枣为试材，完成了枣全基因组测序，枣成为中国干果和鼠李科首个完成全基因组测序的物种；估测基因组大小约444Mb，组装出437.65Mb，达到枣估测基因组大小

的98.6%，并且将其中的80%碱基锚定到枣的12条假染色体上，注释出32808个基因，并把其中23996个基因定位到12条假染色体上，从中发现了大量的枣特色基因，特别是在第一号染色体上，发现了一段与枣树独特生物学性状密切相关的高度保守区域。揭示出枣基因组具有复杂度高和片段重组频繁等特征；通过比较基因组和转录组等分析，发现枣果实富含维生素C是因其维生素C合成和再生通路双重加强，含糖量高则与其糖合成和韧皮部糖卸载关键基因显著扩张及上调表达有关，还初步揭示了枣抗旱和果枝脱落等独特性状的分子机制（Liu et al., 2014）。

沈慧等（2016）采用流式细胞技术发现，枣品种间基因组大小无显著差异，而酸枣类型间差异显著，推断酸枣具有更高的基因组变异，且酸枣到枣的进化中可能伴随着基因组的缩减。转座子是基因组演化的重要因素，郭向萌等（2017）采用生物信息学工具对枣树基因组中的转座元件进行分析，发现所有转座元件占枣树基因组的23.38%，其中DNA转座子占8.60%（包括0.34%的MITEs）、LTR反转录转座子占12.23%、Non-LTR反转录转座子占2.30%、内源性反转录病毒占0.25%。MITEs和LTR反转录转座子在演化过程中进行过复制和扩增，推断转座子的活动和枣树基因组的进化是相关的。这为研究枣树基因组的遗传多样性及进行相关种质资源的鉴定提供了参考。微型反向重复转座基因（Minialure inverted repeat transposable elements，MITEs）的演化可能是造成枣树基因组及品种多样性的重要原因。戎宏立（2013）应用生物信息学的方法对枣生长初期结果枝的cDNA文库ESTs进行了功能注释，构建了24个核糖体蛋白的进化树。李勇慧等（2015）使用MITE预测软件（MITE-Digger）识别枣树全基因组中的MITEs序列，在植物MITEs数据库中进行分类注释，并用MEGA6.0构建枣树基因组中MITEs的系统进化树。研究了MITEs在枣树全基因组中的分布、种类及演化，发现枣树基因组中MITEs来源于少数几个共同祖先，在长期的进化中有明显的扩增和突变，推断这可能导致与枣树品种多样性的一个重要因素。

各论

中国枣地方品种图志

黑石圆铃枣

Ziziphus jujuba Mill.'Heishiyuanlingzao'

调查编号： YINYLFLJ055

所属树种： 枣 *Ziziphus jujuba* Mill.

提 供 人： 许强
电　　话： 13884766578
住　　址： 山东省泰安市宁阳县葛石镇黑石村

调 查 人： 尹燕雷、冯立娟、杨雪梅
电　　话： 0538－8334070
单　　位： 山东省果树研究所

调查地点： 山东省泰安市宁阳县葛石镇黑石村

地理数据： GPS数据（海拔：130m，经度：E116°57'52.56"，纬度：N35°46'17.68"）

生境信息

来源于当地，影响因子为耕作；可在平地上生长；土壤质地为砂壤土；种植年限1600年，现存1株。

植物学信息

1. 植株情况

乔木；树体高大，树姿直立，干性较强，树冠呈自然圆头形；树势适中，树高5.5m，冠幅东西6.5m、南北6.4m，干高1.5m，干周60cm；主干褐色，树皮块状裂，枝条密集。

2. 植物学特性

1年生枝褐色，长度中等，25～50cm，节间平均长2～3.2cm；粗度中，平均粗0.54cm；多年生枝灰褐色；叶片长卵圆形，浓绿色，长5～6.2cm，宽2.7～3.0cm，叶柄长0.6cm，叶尖微尖，叶缘锯齿粗钝。

3. 果实性状

果实长圆形，两端平圆，果皮紫红色，有光泽，果实中等大小，果形和大小整齐，纵径3.45cm，横径2.89cm；平均果重10.5g，最大果重13g；果肉质地致密，较硬，细，绿白色，汁液少，糖分高，风味甜，品质极上；核小，多数无种仁；抗裂果，适宜制干枣。

4. 生物学特性

生长势强，萌芽力强，发枝力较强；结果较早，坐果力强、稳定，生理落果少，采前落果少，丰产，大小年不显著，单株产量55kg；4月中旬萌芽，5月底开花，果实9月上旬开始着色，落叶期11月中旬。

品种评价

适应性强，产量高而稳定，果实抗裂果，糖分高，品质极上。

植株

树干

果实

黑石长虹枣
1号

Ziziphus jujuba Mill. 'Heishichanghongzao 1'

🔘 调查编号：YINYLFLJ056

🏷 所属树种：枣 *Ziziphus jujuba* Mill.

📄 提供人：许强
　　电　话：13884766578
　　住　址：山东省泰安市宁阳县葛石
　　　　　　镇黑石村

📋 调查人：尹燕雷、冯立娟、杨雪梅
　　电　话：0538 - 8334070
　　单　位：山东省果树研究所

📍 调查地点：山东省泰安市宁阳县葛石
　　　　　　镇黑石村

🌐 地理数据：GPS数据（海拔：131m，
　　　　经度：E116°57'33.63"，纬度：N35°46'29.93"）

📋 生境信息

来源于当地，影响因子为耕作；可在平地上生长，可以利用耕地进行栽培；现存100株，面积0.67hm²。

📰 植物学信息

1. 植株情况

乔木；树势强，树姿开张，树形圆锥形；树高4.2m，冠幅东西3.5m、南北3.4m，干高1.5m，干周44.6cm；主干褐色，树皮块状裂，枝条密。

2. 植物学特性

1年生枝褐色，长度适中，40~50cm，节间平均长2~3.2cm，粗度适中，平均粗0.54cm；多年生枝灰褐色；枣股长圆柱形，抽生枣吊2~4个，枣吊叶片8~10片；叶片长卵圆形，浓绿色，长4~6.4cm，宽1.7~2.6cm，叶柄长0.5cm，叶尖微尖，叶缘锯齿粗。

3. 果实性状

果实长圆形，果皮红色，果实中大，大小整齐，纵径3.03cm，横径2.67cm；平均果重6.92g，最大果重8.7g；果肉质地致密、脆、细，汁液少，风味甜，不易裂果，品质极上；核小。

4. 生物学特性

生长势强，萌芽力强，发枝力强；第2年开始结果，5~6年进入盛果期；坐果力强，生理落果少，采前落果少；丰产，大小年显著，单株产量20kg；果实采收期9月上旬，落叶期11月中旬。

📖 品种评价

高产、优质、广适性，果实鲜食和制作蜜枣。

生境

植株

果实

黑石长虹枣 2号

Ziziphus jujuba Mill. 'Heishichanghongzao 2'

⊙ 调查编号：YINYLFLJ057

🔑 所属树种：枣 *Ziziphus jujuba* Mill.

📄 提 供 人：许强
电　　话：13884766578
住　　址：山东省泰安市宁阳县葛石镇黑石村

📋 调 查 人：尹燕雷、冯立娟、杨雪梅
电　　话：0538-8334070
单　　位：山东省果树研究所

📍 调查地点：山东省泰安市宁阳县葛石镇黑石村

🌐 地理数据：GPS数据（海拔：139m，经度：E116°58'2.36"，纬度：N35°46'29.83"）

🔋 生境信息

来源于当地，影响因子为耕作，可在平地上生长，可以利用耕地进行栽培；土壤质地为砂壤土；现存100株，面积0.67hm²。

📋 植物学信息

1. 植株情况

乔木；树势强，树姿开张，树形圆锥形；树高3.5m，冠幅东西6.3m、南北5.8m，干高1.63m，干周44cm；主干褐色，树皮块状裂，枝条密。

2. 植物学特性

1年生枝褐色，长度适中，30～48cm，节间平均长2～3.1cm，粗度适中，平均粗0.54cm；多年生枝灰褐色；叶片长卵圆形，浓绿色，长5.4～6.8cm，宽2～2.5cm，叶柄长0.5cm，叶尖微尖，叶缘锯齿粗。

3. 果实性状

果实长圆形，果皮红色；果实中等大小，纵径3.33cm，横径2.83cm；平均果重6.86g，最大果重8.5g；果肉厚度1.25cm，果肉质地致密、脆、细，汁液少，风味甜，成熟一致，很少落果和裂果，品质极上；核小；可溶性固形物含量25%。

4. 生物学特性

生长势强，萌芽力强，发枝力中等；第2年开始结果，5～6年进入盛果期；坐果力强，生理落果少，采前落果少；产量丰产，大小年显著，单株平均产量（盛果期）20kg；果实采收期9月上旬，落叶期11月中旬。

📋 品种评价

结果早，丰产，优质，适应性强；果实适宜鲜食和制作蜜枣。

植株

叶片

花

果实

黑石长虹枣3号

Ziziphus jujuba Mill. 'Heishichanghongzao 3'

调查编号： YINYLFLJ058

所属树种： 枣 *Ziziphus jujuba* Mill.

提 供 人： 许强
电　　话： 13884766578
住　　址： 山东省泰安市宁阳县葛石镇黑石村

调 查 人： 尹燕雷、冯立娟、杨雪梅
电　　话： 0538 – 8334070
单　　位： 山东省果树研究所

调查地点： 山东省泰安市宁阳县葛石镇黑石村

地理数据： GPS数据（海拔：138m，经度：E116°58'9.94"，纬度：N35°46'30.81"）

生境信息

来源于当地，影响因子为耕作；可在平地上生长，可以利用耕地进行栽培；土壤质地为砂壤土；现存100株，面积0.67hm²。

植物学信息

1. 植株情况

乔木；树势强，树姿开张，树形圆锥形；树高2.5m，冠幅东西5.4m、南北3.6m，干高0.89m，干周20.84cm；主干褐色，树皮块状裂，枝条密。

2. 植物学特性

1年生枝褐色，长度适中，17～21cm，节间平均长2～3.0cm，粗度适中，平均粗0.54cm，嫩梢上无茸毛，无皮目，多年生枝灰褐色；叶长卵圆形，浓绿色，长6～6.5cm，宽1.7～2.5cm，叶柄长0.5cm，叶尖微尖，叶缘粗锯。

3. 果实性状

果实小，长椭圆形，纵径3.05cm，横径1.72cm；平均果重6.80g，最大果重8.2g；果面底色红色，彩色呈紫红色，部分有晕，缝合线不显著；果顶短圆，顶洼浅，梗洼广、深、皱；果肉乳黄色，近核处同肉色，果肉质地致密，脆度脆，纤维多、细，汁液少，风味甜，香味淡；品质极上；核小，粘核；可溶性固形物含量20%。

4. 生物学特性

萌芽力强，发枝力强，生长势强；第2年开始结果，5～6年进入盛果期；坐果力强，生理落果少，采前落果少；产量丰产，大小年显著，单株平均产量（盛果期）10kg；果实采收期9月上旬，落叶期11月中旬。

品种评价

果实大小整齐，丰产，优质，适应性强；果实鲜食和制作蜜枣。

植株

叶片

花

果实

黑石圆铃枣
1号

Ziziphus jujuba Mill. 'Heishiyuanlingzao 1'

◉ 调查编号： YINYLFLJ059

▤ 所属树种： 枣 *Ziziphus jujuba* Mill.

▤ 提 供 人： 许强
　　电　　话： 13884766578
　　住　　址： 山东省泰安市宁阳县葛石
　　　　　　镇黑石村

▤ 调 查 人： 尹燕雷、冯立娟、杨雪梅
　　电　　话： 0538－8334070
　　单　　位： 山东省果树研究所

◉ 调查地点： 山东省泰安市宁阳县葛石
　　　　　　镇黑石村

🌐 地理数据： GPS数据（海拔：132m，
　　　　　　经度：E116°57′34.23″，纬度：N35°46′29.98″）

📋 生境信息

来源于当地，影响因子为耕作；可在平地上生长，可以利用耕地进行栽培；土壤质地为砂壤土；现存多株。

📰 植物学信息

1. 植株情况

乔木；树势强，树姿开张，树形半圆形；树高4.1m，冠幅东西2.2m、南北2.5m，干高1.6m，干周22cm；主干褐色，树皮条状裂，枝条密。

2. 植物学特性

1年生枝褐色，长度适中，42～50cm，节间平均长2.2～3.2cm，粗度适中，平均粗0.54cm；多年生枝灰褐色；叶长4.1～5.4cm，宽2.1～3.6cm，叶柄长0.5cm，叶片长卵圆形和阔披针，浓绿色，叶尖微尖，叶缘锯齿浅。

3. 果实性状

果实圆形或近圆形，果皮深红色，光亮，果点圆，红褐色；果个大，纵径4.15cm，横径3.7cm；平均果重12.5g，最大果重16g；果顶平齐，顶洼浅、广，梗洼广；果肉厚2cm，绿白色，质地致密，有韧度，汁液少，风味甜，品质中下；核小，可溶性固形物含量31%，适宜制干。

4. 生物学特性

树体强健，萌芽力强，发枝力强，生长势强；第2年开始结果，5～6年进入盛果期；坐果力强，生理落果少，采前落果少；产量丰产，大小年不显著，单株平均产量（盛果期）25kg；萌芽期4月中旬，开花期5月上旬，果实采收期9月下旬，落叶期11月下旬。

📖 品种评价

耐旱，耐瘠薄，对土壤、气候适应性强；树体强健，高产；果实适宜制干。

生境及植林

叶片

果实

黑石圆铃枣2号

Ziziphus jujuba Mill. 'Heishiyuanlingzao 2'

⊙ 调查编号：YINYLFLJ060

◉ 所属树种：枣 *Ziziphus jujuba* Mill.

▤ 提 供 人：许强
　　电　　话：13884766578
　　住　　址：山东省泰安市宁阳县葛石镇黑石村

▨ 调 查 人：尹燕雷、冯立娟、杨雪梅
　　电　　话：0538－8334070
　　单　　位：山东省果树研究所

◉ 调查地点：山东省泰安市宁阳县葛石镇黑石村

⊕ 地理数据：GPS数据（海拔：132m，经度：E116°57′34.23″，纬度：N35°46′29.98″）

📋 生境信息

来源于当地，影响因子为耕作；可在平地上生长，可以利用耕地进行栽培；土壤质地为砂壤土；现存数株。

📄 植物学信息

1. 植株情况

乔木；树势强，树姿开张，树形自然半圆形或乱头形；树高5.2m，冠幅东西4.6m、南北3.7m，干高1.5m，干周42cm；主干褐色，树皮条状裂，枝条密。

2. 植物学特性

1年生枝褐色，长度适中，35～50cm，节间平均长2.5～3.2cm，粗度适中，平均粗0.56cm；多年生枝灰褐色；枣股短柱形，抽生枣吊3～4个，着生叶片8～12片；叶片长卵圆形、阔披针形，浓绿色，长4.2～5.4cm，宽2.2～3.6cm；叶柄长0.5cm，叶尖微尖，叶缘锯齿浅。

3. 果实性状

果实圆形或扁圆形，果皮深红色，果实大；纵径4.05cm，横径3.67cm；平均果重12.5g，最大果重16g；果肩宽，果顶平齐；果肉绿白色，质地致密、韧、较粗，汁液少，风味甜，品质中下；核小，可溶性固形物含量33%，裂果少，适宜制干。

4. 生物学特性

生长势强，萌芽力强，发枝力强，枝叶密；开始结果年龄2年，盛果期年龄5～6年；坐果力强，但生理落果较多，采前落果少；产量大小年不显著，单株平均产量（盛果期）35kg；萌芽期4月中旬，开花期5月上旬，果实采收期9月下旬，落叶期11月下旬。

📄 品种评价

树势强健，适应性强；果实较大，肉质紧密，适宜制干。

生境及植株

叶片

果实

黑石圆铃枣 3号

Ziziphus jujuba Mill. 'Heishiyuanlingzao 3'

调查编号： YINYLFLJ061

所属树种： 枣 *Ziziphus jujuba* Mill.

提供人： 许强
电 话： 13884766578
住 址： 山东省泰安市宁阳县葛石
镇黑石村

调查人： 尹燕雷、冯立娟、杨雪梅
电 话： 0538－8334070
单 位： 山东省果树研究所

调查地点： 山东省泰安市宁阳县葛石
镇黑石村

地理数据： GPS数据（海拔：132m，
经度：E116°57'34.23"，纬度：N35°46'29.98"）

生境信息

来源于当地，影响因子为耕作；可在平地上生长，可以利用耕地进行栽培；土壤质地为砂壤土；种植年限50年以上，现存多株。

植物学信息

1. 植株情况

乔木；树势强，树姿开张，树形自然圆头或乱头形；树高4.8m，冠幅东西4.2m、南北3.6m，干高1.5m，干周52cm；主干褐色，树皮条块状裂，枝条密。

2. 植物学特性

1年生枝褐色，长度适中，20～40cm，节间平均长2.3～3.2cm，粗度适中，平均粗0.54cm；多年生枝灰褐色；枣股圆柱形，抽生2～4个枣吊，枣吊长12～18cm，着生10～14片叶；叶片长卵圆形或卵圆形，浓绿色，长3.6～5.2cm，宽2.7～3.6cm；叶柄长0.5cm，叶尖微尖，叶缘锯齿密。

3. 果实性状

果实长圆形，果皮深红色，果面较平滑，果点圆形，褐黄色；果实个大，大小整齐，纵径4.1cm，横径3.2cm；平均果重14.6g，最大果重18g；果顶圆形，顶洼浅；果肉厚，绿白色，果肉质地致密，韧，较粗，汁液少，风味甜，品质中；核小，可溶性固形物含量34%，适宜制干。

4. 生物学特性

生长势强，萌芽力强，发枝力强；坐果力强，生理落果少，采前落果少；丰产，大小年不显著，单株平均产量（盛果期）25kg；萌芽期4月中旬，开花期5月上旬，果实采收期9月下旬，落叶期11月下旬。

品种评价

该品种适应性强，坐果稳定，产量较高；果实个大，肉厚，裂果少，适宜制干。

树干

叶片

果实

龙爪枣

Ziziphus jujuba Mill.'Longzhaozao'

🔍 调查编号：YINYLFLJ062

📋 所属树种：枣 *Ziziphus jujuba* Mill.

📄 提 供 人：史凡
电　　话：0538-8513512
住　　址：山东省泰安市泰山区泰前街道白马石村

🔍 调 查 人：尹燕雷、冯立娟、杨雪梅
电　　话：0538－8334070
单　　位：山东省果树研究所

📍 调查地点：山东省泰安市泰山区上高街道小井村

🌐 地理数据：GPS数据（海拔：131m，经度：E117°10'39"，纬度：N36°11'38"）

🗒 生境信息

来源于当地；土壤质地为砂壤土；有80年以上大树，现存数株。

📋 植物学信息

1. 植株情况

乔木；树势弱，树姿开张或下垂，树形自然圆头形或半圆形；树高3.5m，冠幅东西2.5m、南北2.8m，干高1m，干周35cm；主干灰褐色，树皮宽条状裂较浅。

2. 植物学特性

1年生枣头枝紫褐色或褐色，有光泽，长度15～50cm；枝条弯曲不定，曲折前伸，节间长7～8cm；枝面有高低不平的条纹，皮孔较小，圆形，凸起；枣股圆柱形，较小，抽生枣吊3～4个，枣吊亦弯曲生长；叶片卵圆形或长卵圆形，长18～23cm，着生12～14片叶，叶长4.2～4.5cm，宽2.1～2.4cm；叶深绿色，厚，有光泽，叶尖渐尖，叶缘锯齿浅细。

3. 果实性状

果实椭圆形，果皮红色，果顶尖圆，大小整齐；纵径2.6cm，横径1.3cm；平均果重3.42g，最大果重6g；果皮厚，果肉绿白色，质地较粗硬，汁液少，味甜淡，鲜食品质差，干枣品质中下；果核细小，无种仁。

4. 生物学特性

适应性强，在各地均能正常生长。生长势较弱，嫁接繁殖；结果早，嫁接后一般当年能结果，结果能力中等，不稳定，产量较低。4月中旬萌芽，6月初开花，果实9月下旬成熟，11月上中旬落叶期。

📋 品种评价

适应性强，果实小，品质差；树体矮小，枝条弯曲，嫁接繁殖，具有较高观赏价值，可庭院栽植或制作盆景。

生境及植株

花

叶片

果实

瓜枣

Ziziphus jujuba Mill.'Guazao'

调查编号： YINYLFLJ116

所属树种： 枣 *Ziziphus jujuba* Mill.

提 供 人： 董孟迎
电　　话： 15069020365
住　　址： 山东省济南市长清区万德
　　　　　镇大马村

调 查 人： 尹燕雷、冯立娟、杨雪梅
电　　话： 0538－8334070
单　　位： 山东省果树研究所

调查地点： 山东省济南市长清区万德
　　　　　镇大马村

地理数据： GPS数据（海拔：355.5m，
经度：E116°53'46.41"，纬度：N36°17'55.85"）

生境信息

来源于当地，影响因子为耕作；可在平地上生长，可以利用耕地进行栽培；土壤质地为砂壤土；现存数株，种植农户1户。

植物学信息

1. 植株情况

乔木；树势中等，树姿较直立，树形自然圆头形；树高2.2m，冠幅东西1.5m、南北2.4m，干高1.5m，干周12cm；主干褐色，树皮条块状裂，枝条密。

2. 植物学特性

1年生枝灰褐色，长度适中，25～50cm，节间平均长2～3.2cm，粗度适中，平均粗0.56cm；多年生枝灰褐色；枣股圆锥形，抽生2、3个枣吊，枣吊长15～20cm，着生12～14片叶；叶片长卵圆形或椭圆形，浓绿色，长5～6.2cm，宽2.7～3.0cm，叶基楔形，叶柄长0.6cm，叶尖微尖，叶缘粗锯。

3. 果实性状

果实圆形，果个大，果皮深红色，果面较平；果顶平，顶洼广、较深，梗洼广、浅；果实纵径4.25cm，横径4.6cm；平均果重40g，最大果重55g；果肉质地致密、脆，汁液少，风味甜；品质极上，核中大；可溶性固形物含量28%，每百克果肉中含有维生素C500～700mg。适宜制干。

4. 生物学特性

生长势强，树干直立；萌芽力强，发枝力强；开始结果年龄2年，盛果期年龄5～6年；坐果力强，生理落果少，采前落果少，丰产性好；萌芽期4月中下旬，开花期5月下旬；果实采收期9月上旬，落叶期11月中旬。

品种评价

树势强，丰产，适应性强；果实大，适宜制干枣。

果实

花

叶片

菱头枣

Ziziphus jujuba Mill.'Lingtouzao'

调查编号：　YINYLFLJ117

所属树种：　枣 *Ziziphus jujuba* Mill.

提 供 人：　董孟迎
电　　话：　15069020365
住　　址：　山东省济南市长清区万德
　　　　　　镇大马村

调 查 人：　尹燕雷、冯立娟、杨雪梅
电　　话：　0538－8334070
单　　位：　山东省果树研究所

调查地点：　山东省济南市长清区万德
　　　　　　镇大马村

地理数据：　GPS数据（海拔：355.5m，
　　　　　　经度：E116°53'46.41"，纬度：N36°17'55.85"）

生境信息

来源于当地，影响因子为耕作；可在平地上生长，可以利用耕地进行栽培；土壤质地为砂壤土；现存10株，种植农户1户。

植物学信息

1. 植株情况

乔木；树势中等，树姿半开张，树形圆锥形；树高2.3m，冠幅东西1.5m、南北2.2m，干高0.75m，干周12cm；主干褐色，树皮状裂，枝条密。

2. 植物学特性

1年生枝红褐色，长30～50cm，节间平均长2～3.2cm，粗度适中；多年生枝灰褐色，枣股圆锥形，抽生枣吊1～3个，枣吊长12～14cm，着生叶片8～10片；叶片长卵圆形或卵圆形，黄绿色，长4.5～5.2cm，宽2.4～3.0cm，叶柄长0.6cm，叶尖渐尖，叶缘锯齿较粗。

3. 果实性状

果实长椭圆形，像菱形；果皮橙红色，完熟后变深色，大小整齐；果面有光泽，果个中等大小；纵径3.7cm，横径3cm；平均果重12g，最大果重15g；果肉绿白色，质地较松，汁液少，风味甜，品质上；果核小；可溶性固形物含量28%，每百克果肉中含有维生素C500～700mg。适宜制干。

4. 生物学特性

萌芽力强，发枝力强，生长势强；第2年开始结果，5～6年进入盛果期；坐果力强，生理落果少，采前落果少；产量丰产，大小年显著，单株平均产量（盛果期）12.5kg；萌芽期4月上中旬，开花期5月下旬，果实成熟期9月中旬，落叶期11月下旬。

品种评价

高产、优质、广适性，对土壤、地势、栽培条件要求不严；树体强，结果早，果实适宜制干。

植株

叶片

果实

果实

枕头枣

Ziziphus jujuba Mill.'Zhentouzao'

调查编号： YINYLFLJ118

所属树种： 枣 *Ziziphus jujuba* Mill.

提 供 人： 董孟迎
电　　话： 15069020365
住　　址： 山东省济南市长清区万德
镇大马村

调 查 人： 尹燕雷、冯立娟、杨雪梅
电　　话： 0538 – 8334070
单　　位： 山东省果树研究所

调查地点： 山东省济南市长清区万德
镇大马村

地理数据： GPS数据（海拔：355.5m，
经度：E116°53′46.41″，纬度：N36°17′55.85″）

生境信息

来源于当地，影响因子为耕作，可在平地上生长，可以利用耕地进行栽培；土壤质地为砂壤土；现存10株，种植农户1户。

植物学信息

1. 植株情况

乔木；树势中等，树姿开张，树形圆锥形；树高2.2m，冠幅东西1.5m、南北2.4m，干高1.5m，干周12cm；主干褐色，树皮块状裂，枝条密。

2. 植物学特性

1年生枝褐色，长度适中，25～50cm，节间平均长2～3.2cm，粗度适中，平均粗0.54cm；多年生枝灰褐色；叶片长卵圆形，浓绿色，叶长5～6.2cm，宽2.7～3.0cm，叶柄长0.6cm，叶尖微尖，叶缘粗锯。

3. 果实性状

果实圆形，中间略扁，两头略膨大，形似枕头；果皮朱红色，果个中等，纵径4.25cm，横径4.6cm；平均果重13g，最大果重15g；果肉厚，质地致密、脆，汁液少，风味甜，品质中上；核小，可溶性固形物含量28%，每百克果肉中含有维生素C500～700mg。适宜制干。

4. 生物学特性

萌芽力强，发枝力中等，新梢一年长30～50cm；栽植第2年开始结果，5～6年进入盛果期；坐果力强，生理落果少，采前落果少，丰产，大小年显著，单株平均产量（盛果期）12.5kg；萌芽期4月中旬，开花期5月下旬，果实成熟期9月上中旬，落叶期11月中旬。

品种评价

高产、广适性，对土壤、地势、栽培条件的要求不严；果实适宜制干；嫁接繁殖。

生境及植株

果实

花

大个长红枣

Ziziphus jujuba Mill.'Dagechanghongzao'

🔢 调查编号：YINYLYXM119

📑 所属树种：枣 *Ziziphus jujuba* Mill.

📄 提 供 人：徐成礼
电　话：0538 - 5405866
住　址：山东省泰安市宁阳县葛石
镇黑石村

📋 调 查 人：杨雪梅、武冲
电　话：0538 - 8334077
单　位：山东省果树研究所

📍 调查地点：山东省泰安市宁阳县葛石
镇黑石村

🌐 地理数据：GPS数据（海拔：129m，
经度：E116°57'57.47"，纬度：N35°46'25.21"）

🗂 生境信息

来源于当地，田间小生境；影响因子为耕作，可在平地上生长，也可以利用耕地进行栽培；土壤质地为砂壤土；有小面积栽培。

📖 植物学信息

1. 植株情况

乔木；树体较小，树姿开张，树形多自然圆头形或圆锥形；树高5.2m，冠幅东西4.5m、南北3.9m，干高1.6m，干周64.6cm；主干灰褐色，树皮丝状裂，容易剥离；枝条密度适中。

2. 植物学特性

1年生枝褐色，长度40～60cm，节间较长，4～6cm；枣股圆锥形，结果年龄长，抽生枣吊3～5个，枣吊叶片8～10片；叶片长卵圆形或披针形，浓绿色，长6～6.5cm，宽1.9～2.5cm，叶尖微尖，叶缘锯齿粗。

3. 果实性状

果实长圆形或长椭圆形，中间略扁，果皮暗红，果个中等；纵径5.23cm，横径2.67cm；平均果重12.34g，最大果重14g；果顶短圆，顶洼浅，梗洼广；果肉厚度1.3cm，乳黄色，果肉质地致密、脆，纤维多、细，汁液少，风味甜，品质极上等，核小。

4. 生物学特性

萌芽力强，发枝力强，新梢一年平均长50cm，生长势强；第2年开始结果，5～6年进入盛果期；全树坐果，坐果力强，生理落果少，采前落果少；产量丰产，单株平均产量（盛果期）20kg；萌芽期4月中旬，开花期5月上旬，果实采收期9月下旬，落叶期11月下旬。

📋 品种评价

适应性强，对土壤、地势、栽培条件的要求不严；果实肉质致密，味甜，适宜制干。

植株

果实

打禾枣

Zizip husjujuba Mill.'Dahezao'

调查编号：YINYLZB060

所属树种：枣 *Ziziphus jujuba* Mill.

提供人：朱志良
电　话：13907041166
住　址：江西省抚州市南城县金山
　　　　口工业园区

调查人：朱博
电　话：13979424166
单　位：江西博君生态农业开发有
　　　　限公司

调查地点：江西省抚州市南城县天井
　　　　　源乡河垄村

地理数据：GPS数据（海拔：67m，
　　　　　经度：E116°38'50.81"，纬度：N27°31'51.36"）

生境信息

来源于当地，最大树龄30年；亚热带丘陵地区，小生境是村旁庭院，伴生物种有枇杷、桃、橘子等；影响因子为村庄建筑物；可在平地上生长，也可以利用村旁空地进行栽培；土壤质地是砂壤土，pH6.5；种植年限30年以上，该村现存30株以上。

植物学信息

1. 植株情况

乔木，树势强，树姿较开张，树形乱头形；树高5.5m，冠幅东西5.8m、南北4.3m，干高1.3m，干周50.5cm；主干暗灰色，枝条密度较疏。

2. 植物学特性

1年生枝红色，有光泽，长度适中；叶片小，长3~4cm，宽2~2.5cm，叶片薄，淡绿色，叶柄长0.45cm；花普通形，花冠直径0.2cm，花量大，色泽浓，花瓣褶皱程度少，形状圆形，雄蕊花丝长2.1mm，无茸毛，蜜盘黄绿色（谢花后5日），萼片毛茸少，圆形，萼筒小。

3. 果实性状

果实圆形，果皮底色浅绿色，成熟后朱红色；果实中，纵径3.1cm，横径2.8cm；平均果重9.5g，最大果重11.3g；果顶短圆状；顶洼浅；梗洼广度中，深度浅；果皮薄，果肉乳黄色，质地致密、韧，汁液较少，风味甜，核中等大。

4. 生物学特性

中心主干生长势中等；萌芽力中，发枝力强，生长势强；新梢一年平均长40cm，二次枝长17cm；2年开始结果，10年达到盛果期；全树坐果，坐果力强，生理落果少，采前落果中；单株平均产量（盛果期）35kg；萌芽期4月上旬，开花期5月中旬，果实采收期8月下旬。

品种评价

高产、耐贫瘠、广适性，口感一般，果实可鲜食，当地老百姓将其加工成蜜枣；对土壤、气候适应性强，抗风沙、耐瘠薄、耐盐碱、广适性；修剪反应不敏感，对土壤、地势、栽培条件的要求不严；一般采用根蘖分株的方式繁殖，房前屋后可栽植。

生境

花

叶片

果实

水塘枣

Ziziphus jujuba Mill.Shuitangzao'

调查编号：YINYLZB013

所属树种：枣 *Ziziphus jujuba* Mill.

提 供 人：章永兰
电　　话：13879409369
住　　址：江西省抚州市南城县第一
　　　　　中学

调 查 人：朱博
电　　话：13979424166
单　　位：江西博君生态农业开发有
　　　　　限公司

调查地点：江西省抚州市南城县株良
　　　　　镇长安村水塘旁

地理数据：GPS数据（海拔：95m，
　　　　　经度：E116°26'47"，纬度：N27°26'59"）

生境信息

来源于当地，最大树龄10年；亚热带丘陵地区，小生境是农村小院旁，伴生物种是橘子；影响因子为山坡地，可在平地或山坡上生长，也可以利用村旁空地进行栽培；土壤质地是砂壤土，pH6.5；种植年限10年以上，该村现存10株以上。

植物学信息

1. 植株情况

乔木；树势中上，树姿较直立，树形乱头形；树高4m，冠幅东西3m、南北3m，干高1.5m，干周31.5cm；主干暗灰色，枝条密度较疏。

2. 植物学特性

1年生枝暗红色，有光泽，长度适中；叶片小，有齿，叶长3.5cm，宽2.5cm，叶片薄，叶色淡绿，叶柄长0.5cm；花普通形，花冠直径0.4cm，色泽浓，花瓣圆形，雄蕊花丝长2mm，无茸毛，蜜盘淡黄色（谢花后5日），萼片毛茸少，圆形，萼筒小。

3. 果实性状

果实短圆形，果皮底色浅绿，成熟红色；果实中，纵径3.2cm，横径2.9cm；平均果重9.1g，最大果重12.3g；果顶短圆，梗洼中、浅，果皮薄，蜡质层少，果肉厚1cm，浅绿色，果肉质地中等，不脆，纤维量适中、粗，汁液量中等，风味甜，品质中；核中等大，无种仁。

4. 生物学特性

中心主干生长势中上，骨干枝分枝角度45°；徒长枝数目少；萌蘖力中，发枝力中；新梢一年平均长25cm，二次枝长15cm；2年开始结果，10年达到盛果期；全树坐果，自然坐果力强，生理落果少，采前落果中，成熟后期容易灼伤；单株平均产量（盛果期）15kg；萌芽期4月上旬，开花期5月上旬，果实采收期8月中旬。

品种评价

丰产、耐贫瘠、广适性，口感甜，果实可鲜食；一般为根蘖繁殖。

生境及植株

叶片

枝条

花

果实

古竹枣 1 号

Ziziphus jujuba Mill.'Guzhuzao 1'

调查编号：YINYLZB014

所属树种：枣 *Ziziphus jujuba* Mill.

提 供 人：章永兰
电 话：13879409369
住 址：江西省抚州市南城县第一
中学

调 查 人：朱博
电 话：13979424166
单 位：江西博君生态农业开发有
限公司

调查地点：江西省抚州市南城县株良
镇古竹村

地理数据：GPS数据（海拔：95m，
经度：E116°35'08"，纬度：N27°27'17"）

生境信息

来源于当地，最大树龄20年；亚热带丘陵地区，小生境是农村小院旁，伴生物种有橘子树、蔬菜等；可在平地或山坡上生长，也可以利用村旁空地进行栽培；土壤质地是砂壤土，pH6.5，种植年限20年以上，该村现存10株以上。

植物学信息

1. 植株情况

乔木；树势中上，树姿较直立，树形乱头形；树高5m，冠幅东西3.5m、南北3.5m，干高1.6m，干周36.5cm；主干暗灰色，枝条较疏。

2. 植物学特性

1年生枝红色，有光泽，长度适中；叶片小，有齿，叶长3.3cm，宽1.5cm，淡绿色；叶柄长0.6cm；花普通形，花冠直径0.45cm，色泽浓，花瓣圆形，雄蕊花丝长1.8mm，无茸毛，蜜盘淡黄色（谢花后5日），萼片毛茸少，圆形，萼筒小。

3. 果实性状

果实短椭圆形，果皮浅绿，成熟后红色，果实中；纵径3.1cm，横径2.8cm；平均果重9.0g，最大果重12.4g；果顶短圆；梗洼中、浅；果皮薄，蜡质层少；果肉厚1.1cm，浅绿色，果肉质地中等，不脆，纤维量适中、粗，汁液量中等，风味甜，无香味，品质中；核中大，无种仁。

4. 生物学特性

中心主干生长情况中等，骨干枝分枝角度45°；萌芽力中，发枝力中；新梢一年平均长20cm，二次枝生长量13cm，生长势中；2年开始结果，10年达到盛果期；坐果部位全树，自然坐果力强，生理落果少，采前落果中，成熟后期容易灼伤；单株平均产量（盛果期）16kg；萌芽期4月上旬，开花期5月上中旬，果实采收期8月中下旬。

品种评价

丰产、耐贫瘠、广适性，口感甜，果实可鲜食；修剪反应不敏感，适当弱剪能促进生长和结果，繁殖方法为嫁接、分株，适时环割有利于提高产量。

生境

植林

果实

花

古竹枣2号

Ziziphus jujuba Mill.'Guzhuzao 2'

调查编号： YINYLZB015

所属树种： 枣 *Ziziphus jujuba* Mill.

提 供 人： 章永兰
电　　话： 13879409369
住　　址： 江西省抚州市南城县第一
　　　　　中学

调 查 人： 朱博
电　　话： 13979424166
单　　位： 江西博君生态农业开发有
　　　　　限公司

调查地点： 江西省抚州市南城县株良
　　　　　镇古竹村

地理数据： GPS数据（海拔： 95m，
　　　　　经度： E116°35'08"，纬度： N27°27'17"）

生境信息

来源于当地，最大树龄30年；亚热带丘陵地区，小生境是农家小院内；影响因子为砍伐；可在平地或山坡上生长，可以利用村旁空地进行栽培；土壤质地是砂壤土，pH6.5，种植年限30年以上，该地现存1株。

植物学信息

1. 植株情况

乔木；树势中，树姿较直立，树形乱头形；树高3.3m，冠幅东西3.6m、南北3.4m，干高1.5m，干周32.5cm；主干暗灰色，枝条密度较疏。

2. 植物学特性

1年生枝红色，有光泽，长度适中；叶片小，有齿，叶长3.2cm，宽1.7cm；叶片薄，淡绿色；叶柄长0.4cm；花普通形，花冠直径0.35cm，雄蕊花丝长2.1mm，无茸毛，蜜盘淡黄色（谢花后5日），萼片毛茸少，圆形，萼筒小。

3. 果实性状

果实短椭圆形，果皮浅绿，成熟后红色；纵径3.3cm，横径3.1cm；平均果重10.1g，最大果重13.3g；果顶短圆；梗洼中、浅；果皮薄，蜡质层少，果肉厚1.3cm，浅绿色，果肉质地中等，不脆，纤维量适中、粗，汁液量中等，风味甜，品质中；核中大，无种仁。

4. 生物学特性

中心主干生长情况中等，骨干枝分枝角度45°；萌芽力中，发枝力中；新梢一年平均长17cm，二次枝生长量12cm，生长势中；栽植2年开始结果，10年达到盛果期；全树坐果，自然坐果力强，生理落果少，采前落果中，易裂果；单株平均产量（盛果期）20kg；萌芽期4月上旬，开花期5月上中旬，果实采收期8月中下旬。

品种评价

高产、耐贫瘠、广适性，口感酸甜，果实鲜食；繁殖方法为嫁接、根蘖分株，适时环割有利于提高产量；对土壤、地势、栽培条件的要求不严。

生境

植株

叶片

花

果实

古竹枣 3 号

Ziziphus jujuba Mill.'Guzhuzao 3'

调查编号：YINYLZB016

所属树种：枣 *Ziziphus jujuba* Mill.

提 供 人：章永兰
电　　话：13879409369
住　　址：江西省抚州市南城县第一中学

调 查 人：朱博
电　　话：13979424166
单　　位：江西博君生态农业开发有限公司

调查地点：江西省抚州市南城县株良镇古竹村

地理数据：GPS数据（海拔：95m，经度：E116°35'08"，纬度：N27°27'17"）

生境信息

来源于当地，最大树龄30年；亚热带丘陵地区，小生境是城镇居民小院内，伴生物种有花卉等；可在平地或山坡上生长，可以利用村旁空地进行栽培；土壤质地是砂壤土，土壤pH6.5，种植年限30年以上，该地现存1株。

植物学信息

1. 植株情况

乔木；树势强，树姿较开张，树形乱头形；树高6m，冠幅东西4m、南北4m，干高2.5m，干周42.5cm；主干暗灰色，枝条密度较疏。

2. 植物学特性

1年生枝暗红色，有光泽，长度适中；叶片大，有齿，叶长4.5cm，宽3.5cm，叶片厚，深绿色；叶柄长0.45cm；花普通形，花冠直径0.44cm，圆形，雄蕊花丝长2.2mm，无茸毛，蜜盘淡黄色（谢花后5日），萼片毛茸少，圆形，萼筒小。

3. 果实性状

果实短圆形，果皮浅绿，成熟后红色；果实大，纵径3.8cm，横径3.6cm；平均果重17.1g，最大果重23.3g；果顶短圆形；梗洼中、浅；果皮薄，蜡质层少，果肉厚1.5cm，浅绿色，果肉质地中等，不脆，纤维量适中、粗，汁液量中等，风味甜，品质上；核中大，无种仁。

4. 生物学特性

中心主干生长势中等，骨干枝分枝角度45°；萌芽力强，发枝力中；新梢一年平均长25cm，二次枝生长量20cm；2年开始结果，10年达到盛果期；全树坐果，自然坐果力强，生理落果中等，采前落果中，不裂果；单株平均产量（盛果期）122.5kg；萌芽期4月上旬，开花期5月上中旬，果实采收期8月中下旬。

品种评价

高产、耐贫瘠、广适性，口感甜，果实鲜食；繁殖方法为嫁接、分株，适时环割有利于提高产量，对土壤、地势、栽培条件的要求不严。

植株

花

叶片

果实

株良甜枣

Ziziphus jujuba Mill.'Zhuliangtianzao'

调查编号： YINYLZB017

所属树种： 枣 *Ziziphus jujuba* Mill.

提 供 人： 章永兰
电　　话： 13879409369
住　　址： 江西省抚州市南城县第一中学

调 查 人： 朱博
电　　话： 13979424166
单　　位： 江西博君生态农业开发有限公司

调查地点： 江西省抚顺市南城县株良镇路东村

地理数据： GPS数据（海拔：95m，经度：E116°34'40.38"，纬度：N27°26'4.33"）

生境信息

来源于当地，最大树龄20年；亚热带丘陵地区，小生境是城镇居民小院内；可在平地或山坡上生长，也可以利用村旁空地进行栽培；土壤质地是砂壤土，pH6.5，种植年限20年以上，该地现存100株以上。

植物学信息

1. 植株情况

乔木；树势中等，树姿较开张，树形乱头形；树高3m，冠幅东西2m、南北2m，干高1m，干周22.5cm；主干暗灰色，枝条密度较疏。

2. 植物学特性

1年生枝白灰色，有光泽，长度适中；叶片大，有齿，叶长4.5cm，宽2.3cm；叶片厚，深绿色，叶柄长0.55cm；花普通形，花冠直径0.3cm，雄蕊花丝长2.3mm，无茸毛，蜜盘淡黄色（谢花后5日），萼片毛茸少，圆形，萼筒小。

3. 果实性状

果实短圆形，果皮成熟后红色；果实大，纵径3.5cm，横径3.0cm；平均果重12.1g，最大果重16.1g；果顶短圆形；梗洼中、浅，果皮薄，蜡质层少，果肉厚1.1cm，淡绿色，果肉质地脆，纤维量适中、细，汁液量较多，风味甜，无香味，品质上；核中大，有种仁。

4. 生物学特性

中心主干生长势中等，骨干枝分枝角度45°；萌芽力强，发枝力中；新梢一年平均长27cm，二次枝生长量18cm；1年开始结果，6年达到盛果期；全树坐果，自然坐果力强，生理落果中等，采前落果中，不裂果；单株平均产量（盛果期）25kg；萌芽期4月上旬，开花期5月上中旬，果实采收期8月上旬。

品种评价

高产，口感甜，果实鲜食，比较有推广价值；对寒、旱、涝、瘠、盐、风、日灼等恶劣环境的抵抗能力较强；繁殖方法为嫁接；对土壤、地势、栽培条件的要求不严。

植株

花

果实

枝条

付前小枣

Ziziphus jujuba Mill.'Fuqianxiaozao'

调查编号：YINYLZB020

所属树种：枣 *Ziziphus jujuba* Mill.

提 供 人：朱志良
电　　话：13907041166
住　　址：江西省抚州市南城县金山口工业园区

调 查 人：朱博
电　　话：13979424166
单　　位：江西博君生态农业开发有限公司

调查地点：江西省抚州市南城县洪门镇付前村

地理数据：GPS数据（海拔：68m，经度：E116°39'48.37"，纬度：N27°32'07.76"）

生境信息

来源于当地，最大树龄30年；亚热带丘陵地区，小生境是村旁庭院，伴生物种有枇杷、桃、柿、石榴、李等；可在平地上、山坡上生长，也可以利用村旁空地进行栽培；土壤质地是红砂壤土，pH6.5，种植年限30年以上，该村现存10株以上。

植物学信息

1. 植株情况

乔木；树势强，树姿较直立，树形乱头形；树高6m，冠幅东西3.7m、南北3.8m，干高1.2m，干周33.5cm；主干暗灰色，枝条密度较疏。

2. 植物学特性

1年生枝暗红色，有光泽，长度适中；叶片小，叶长3~4cm，宽2~2.5cm，叶片薄，淡绿色，叶柄长0.35cm；花普通形，花冠直径0.42cm，雄蕊花丝长1.9mm，无茸毛，蜜盘黄绿色（谢花后5日），萼片毛茸少，圆形，萼筒小。

3. 果实性状

果实圆形，果皮底色淡绿色，成熟后暗红色；果实中等大小，纵径2.4cm，横径2.0cm；平均果重9.5g，最大果重12.1g；果顶短圆形；梗洼中、浅；果皮薄，果点少，蜡质层少，果肉厚1.4cm，浅绿色，果肉质地致密，不脆，纤维量适中、粗，汁液量中等，风味甜，易裂果，品质中；核中大，无种仁。

4. 生物学特性

中心主干生长势中等，骨干枝分枝角度45°；萌芽力中，发枝力中；新梢一年平均长28cm，二次枝生长量22cm，生长势中；2年开始结果，9年达到盛果期；全树坐果，坐果力强，生理落果少，采前落果中；单株平均产量（盛果期）22kg；萌芽期4月上旬，开花期5月中旬，果实采收期8月下旬。

品种评价

高产、耐贫瘠、广适性，口感一般，果实可鲜食；对土壤、地势、栽培条件的要求不严。

生境

植株

花

果实

潭头甜枣

Ziziphus jujuba Mill.'Tantoutianzao'

调查编号： YINYLZB030

所属树种： 枣 *Ziziphus jujuba* Mill.

提 供 人： 朱志良
电　话： 13907041166
住　址： 江西省抚州市南城县金山口工业园区

调 查 人： 朱博
电　话： 13979424166
单　位： 江西博君生态农业开发有限公司

调查地点： 江西省抚州市南城县上唐镇潭头村

地理数据： GPS数据（海拔：95m，经度：E116°38'00.75"，纬度：N27°23'27.84"）

生境信息

来源于当地，最大树龄30年；亚热带丘陵地区，小生境是农村小院旁，伴生物种有橘子等；可在平地上生长，可以利用村旁空地进行栽培；土壤质地是砂壤土，pH6.5，种植年限30年以上，该村现存30株以上。

植物学信息

1. 植株情况

乔木；树势强，树姿较直立，树形乱头形；树高7m，冠幅东西4.5m、南北4.5m，干高1.5m，干周40.5cm；主干暗灰色，枝条密度较疏。

2. 植物学特性

1年生枝暗红色，有光泽，长度适中；叶片小，有齿，叶长3.8cm，宽2.7cm，叶片薄，淡绿色；叶柄长0.55cm；花普通形，花冠直径0.35cm，雄蕊花丝长1.9mm，蜜盘淡黄色（谢花后5日），萼片毛茸少，圆形，萼筒小。

3. 果实性状

果实短圆形，果皮浅绿色，成熟后大红色；果实中等大小，纵径3.5cm，横径2.8cm；平均果重11.3g，最大果重15.1g；果顶短圆形；梗洼中、浅；果点少，果皮薄，蜡质层少，果肉厚1.2cm，浅绿色，果肉质地中等，不脆，纤维量适中、粗，汁液量中等，风味甜酸，品质中；核中大，无种仁。

4. 生物学特性

中心主干生长势中等，骨干枝分枝角度45°；萌芽力中，发枝力弱；新梢一年平均长28cm，二次枝生长量18cm；栽植2年开始结果，10年达到盛果期；全树坐果，自然坐果力强，生理落果少，采前落果中，成熟后期容易灼伤；单株平均产量（盛果期）21kg；萌芽期4月上旬，开花期5月中旬，果实采收期8月下旬。

品种评价

高产、耐贫瘠、广适性，口感甜，果实可鲜食或制干；对寒、旱、涝、瘠、盐、风、日灼等恶劣环境的抵抗能力较强；繁殖方法为嫁接，对土壤、地势、栽培条件的要求不严。

生境及植株

叶片

花

果实

黄家糠枣

Ziziphus jujuba Mill.'Huangjiakangzao'

調査編号：YINYLZB033

所属树种：枣 *Ziziphus jujuba* Mill.

提 供 人：朱志良
电　　话：13907041166
住　　址：江西省抚州市南城县金山
　　　　　口工业园区

调 查 人：朱博
电　　话：13979424166
单　　位：江西博君生态农业开发有
　　　　　限公司

调查地点：江西省抚州市南城县上唐
　　　　　镇黄家村

地理数据：GPS数据（海拔：108m,
　　　　　经度：E116°41'16.61",纬度：N27°23'17.16"）

生境信息

来源于当地，最大树龄30年；亚热带丘陵地区，小生境是庭院边，伴生物种有橘子等；可在平地上和山坡地生长，也可以利用村旁空地进行栽培；土壤质地是砂壤土，pH6.5，种植年限30年以上，该村现存10株以上。

植物学信息

1. 植株情况

乔木；树势中，树姿较直立，树形乱头形；树高2.6m，冠幅东西3.7m、南北2.7m，干高1.5m，干周38.5cm；主干暗灰色，枝条密度较疏。

2. 植物学特性

1年生枝红色，有光泽，长度适中；叶片小，长3cm，宽2cm，叶片薄，淡绿色；叶柄长0.57cm；花普通形，花冠直径0.48cm，雄蕊花丝长2.3mm，蜜盘淡黄色（谢花后5日），萼片毛茸少，圆形，萼筒小。

3. 果实性状

果实圆形，果皮浅绿色，成熟后红色；果实中等大小，纵径3.3cm，横径2.6cm；平均果重10.4g，最大果重13.1g；果顶短圆形；梗洼中、浅；果点少，果皮薄，蜡质层少；果肉厚1.4cm，浅绿色，果肉质地松软，不脆，纤维量适中、细，汁液量中，风味甜酸，品质中；核中大，无种仁。

4. 生物学特性

中心主干生长情况中等，骨干枝分枝角度45°；萌芽力中，发枝力弱；新梢一年平均长29cm，二次枝生长量16cm，生长势中；栽植2年开始结果，9年达到盛果期；全树坐果，自然坐果力强，生理落果少，采前落果中，成熟后期容易灼伤；单株平均产量（盛果期）25kg；萌芽期4月上中旬，开花期5月上中旬，果实采收期8月下旬。

品种评价

高产、耐贫瘠、广适性，口感酸甜，果实可鲜食；对土壤、地势、栽培条件的要求不严。

植株

花

果实

果实

百子亭枣

Ziziphus jujuba Mill.'Baizitingzao'

ⓘ 调查编号：YINYLZB034

🗂 所属树种：枣 *Ziziphus jujuba* Mill.

📄 提 供 人：朱志良
电　　话：13907041166
住　　址：江西省抚州市南城县金山口工业园区

📋 调 查 人：朱博
电　　话：13979424166
单　　位：江西博君生态农业开发有限公司

📍 调查地点：江西省抚州市南城县上唐镇黄家村百子亭

🌐 地理数据：GPS数据（海拔：105m，经度：E116°41'50.51"，纬度：N27°23'33.42"）

🔋 生境信息

来源于当地，最大树龄15年；亚热带丘陵地区，小生境是庭院边，伴生物种有橘子，长在橘子园旁边等；可在平地上和山坡地生长，也可以利用村旁空地进行栽培；土壤质地是砂壤土，pH6.5，种植年限30年以上，该村现存3株以上。

📋 植物学信息

1. 植株情况

乔木；树势中，树姿较直立，树形乱头形；树高2.8m，冠幅东西2.3m、南北3m，干高0.6m，干周20.5cm；主干暗灰色，枝条密度较疏。

2. 植物学特性

1年生枝红色，有光泽，长度适中；叶片大，长4cm，宽2.5cm；叶片薄，淡绿色；叶柄长0.8cm；花普通形，花冠直径0.47cm，圆形，雄蕊花丝长2.5mm，蜜盘淡黄色（谢花后5日），萼片毛茸少，圆形，萼筒小。

3. 果实性状

果实长圆柱形，果皮浅绿色，果点少，成熟后红色；果实中等大小，纵径3.8cm，横径3.1cm；平均果重13.2g，最大果重18.1g；果顶短圆形；梗洼中、浅；果皮薄，蜡质层少；果肉厚1.2cm，浅绿色，果肉质地致密、脆，纤维量适中、细，汁液量中等，风味浓甜，无香味，品质上；核中大，不易裂果。

4. 生物学特性

中心主干生长情况中等，骨干枝分枝角度45°；萌芽力中，发枝力弱；新梢一年平均长20cm，二次枝生长量12cm；生长势中；栽植2年开始结果，8年达到盛果期；全树坐果，自然坐果力强，生理落果少，采前落果中，成熟后期容易灼伤；单株平均产量（盛果期）17.5kg；萌芽期4月上中旬，开花期5月上中旬，果实采收期9月中下旬。

📋 品种评价

丰产、耐贫瘠、广适性，口感浓甜，果实可鲜食；对寒、旱、涝、瘠、盐、风、日灼等恶劣环境的抵抗能力较强；繁殖方法嫁接，对土壤、地势、栽培条件的要求不严。

生境

花

植株

果实

中田米枣

Ziziphus jujuba Mill.'Zhongtianmizao'

調查編號：YINYLZB038

所属树种：枣 *Ziziphus jujuba* Mill.

提供人：朱志良
电　话：13907041166
住　址：江西省抚州市南城县金山口工业园区

调查人：朱博
电　话：13979424166
单　位：江西博君生态农业开发有限公司

调查地点：江西省抚州市黎川县中田乡潢源村

地理数据：GPS数据（海拔：95m，经度：E116°43'49.64"，纬度：N27°22'59.86"）

生境信息

来源于当地，最大树龄20年；可在平地或山坡上生长，可以利用村旁空地进行栽培；土壤质地是砂壤土，pH6.5，种植年限20年以上，该村现存30株以上。

植物学信息

1. 植株情况

乔木；树势强，树姿较直立，树形乱头形；树高2.9m，冠幅东西3.0m、南北3.7m，干高1.4m，干周35.5cm；主干暗灰色，枝条密度较疏。

2. 植物学特性

1年生枝暗红色，有光泽，长度适中；叶片小，有齿，叶长3.5cm，宽2.5cm；叶片薄，淡绿色；叶柄长0.35cm；花普通形，花冠直径0.41cm，雄蕊花丝长2.1mm，无茸毛，蜜盘淡黄色（谢花后5日），萼片毛茸少，圆形，萼筒小。

3. 果实性状

果实短圆形，果皮浅绿色，果点少，成熟后大红；果实中等大小，纵径3.2cm，横径2.7cm；平均果重9.3g，最大果重12.1g；果顶短圆形；梗洼中、浅；果皮薄，蜡质层少；果肉厚1.1cm，浅绿色，果肉质地中等，不脆，纤维量适中、粗，汁液量中，风味甜酸，品质中；核中，无种仁。

4. 生物学特性

中心主干生长情况中等，骨干枝分枝角度45°；萌芽力中，发枝力弱；新梢一年平均长26cm，二次枝生长量13cm；2年开始结果，10年达到盛果期；全树坐果，自然坐果力强，生理落果少，采前落果中，成熟后期容易灼伤；单株平均产量（盛果期）15kg；萌芽期4月上旬，开花期5月上中旬，果实采收期8月中下旬。

品种评价

丰产、耐贫瘠、广适性，口感甜，果实可鲜食或晒成干枣；对寒、旱、涝、瘠、盐、风、日灼等恶劣环境的抵抗能力较强；繁殖方法为嫁接，对土壤、地势、栽培条件的要求不严。

生境

植株

叶片

花

果实

伏牛枣

Ziziphus jujuba Mill.'Funiuzao'

调查编号：YINYLZB042

所属树种：枣 *Ziziphus jujuba* Mill.

提 供 人：章永兰
电　　话：13879409369
住　　址：江西省抚州市南城县第一
　　　　　中学

调 查 人：朱博
电　　话：13979424166
单　　位：江西博君生态农业开发有
　　　　　限公司

调查地点：江西省抚州市黎川县中田
　　　　　乡伏牛村

地理数据：GPS数据（海拔：95m，
　　　　　经度：E116°46'16.10"，纬度：N27°21'23.98"）

生境信息

来源于当地，最大树龄20年；亚热带丘陵地区，小生境是农村小院旁，伴生物种有橘子、板栗等；可在平地或山坡上生长，可以利用村旁空地进行栽培；土壤质地是砂壤土，pH6.5，种植年限20年以上，该村现存10株以上。

植物学信息

1. 植株情况

乔木；树势中，树姿较直立，树形乱头形；树高4.5m，冠幅东西3.6m、南北3.8m，干高1.65m，干周33.5cm；主干暗灰色，枝条密度较疏。

2. 植物学特性

1年生枝暗红色，有光泽，长度适中；叶片小，有齿，叶长3.4cm，宽2.3cm；叶片薄，淡绿色；叶柄长0.25cm；花普通形，花冠直径0.34cm，雄蕊花丝长1.9mm，无茸毛，蜜盘淡黄色（谢花后5日），萼片毛茸少，圆形，萼筒小。

3. 果实性状

果实短圆形，果皮浅绿色，成熟后红色；果实中等大小，纵径3.1cm，横径2.8cm；平均果重9.1g，最大果重11.1g；果顶短圆形；梗洼中、浅；果皮薄，蜡质层少；果肉厚1cm，浅绿色，果肉质地中，不脆，汁液量中，风味甜酸，品质中；核中大，无种仁。

4. 生物学特性

中心主干生长势中等，骨干枝分枝角度45°；萌芽力中，发枝力弱；新梢一年平均长30cm，二次枝生长量17cm，生长势中；栽植2年开始结果，10年达到盛果期；全树坐果，自然坐果力强，生理落果少，采前落果中，成熟后期容易灼伤；单株平均产量（盛果期）20kg；萌芽期4月上旬，开花期5月上中旬，果实采收期8月中下旬。

品种评价

高产、耐贫瘠、广适性，口感甜，果实可鲜食或晒成干枣；对寒、旱、涝、瘠、盐、风、日灼等恶劣环境的抵抗能力较强；对土壤、地势、栽培条件的要求不严；一般根蘖繁殖。

植株

花

果实

果实

公村小枣

Ziziphus jujuba Mill.'Gongcunxiaozao'

调查编号：　YINYLZB048

所属树种：　枣 *Ziziphus jujuba* Mill.

提 供 人：　章永兰
电　　话：　13879409369
住　　址：　江西省抚州市南城县第一
　　　　　　中学

调 查 人：　朱博
电　　话：　13979424166
单　　位：　江西博君生态农业开发有
　　　　　　限公司

调查地点：　江西省抚州市黎川县中田
　　　　　　乡公村

地理数据：　GPS数据（海拔：95m，
　　　　　　经度：E116°46'13.55"，纬度：N27°21'32.55"）

生境信息

来源于当地，最大树龄30年；亚热带丘陵地区，小生境是农村小院旁，伴生物种有橘子等；可在平地或山坡上生长，也可以利用村旁空地进行栽培；土壤质地是砂壤土，pH6.5，种植年限30年以上，该村现存10株以上。

植物学信息

1. 植株情况

乔木；树势中，树姿较直立，树形乱头形；树高4.4m，冠幅东西4.7m、南北4.2m，干高1.7m，干周43.5cm；主干暗灰色，枝条密度较疏。

2. 植物学特性

1年生枝暗红色，有光泽，长度适中；叶片小，有齿，叶长4cm，宽3cm；叶片薄，淡绿色；叶柄长0.45cm；花普通形，花冠直径0.4cm，雄蕊花丝长2.2mm，蜜盘淡黄色（谢花后5日），萼片毛茸少，圆形，萼筒小。

3. 果实性状

果实短圆形，果皮浅绿色，成熟后红色；果实中等大小，纵径3.3cm，横径3.1cm；平均果重11.1g，最大果重13.1g；果顶短圆形；梗洼中、浅；果皮薄，蜡质层少；果肉厚1.3cm，浅绿色，果肉质地中等，不脆，纤维量适中、粗，汁液量中等，风味甜酸，品质中；核中大，无种仁。

4. 生物学特性

中心主干生长情况中等，骨干枝分枝角度45°；萌芽力中，发枝力弱；新梢一年平均长29cm，二次枝生长量16cm，生长势中；栽植第2年开始结果，10年达到盛果期；全树坐果，自然坐果力强，生理落果少，采前落果中，成熟后期容易灼伤；单株平均产量（盛果期）20kg；萌芽期4月上旬，开花期5月上中旬，果实采收期8月中旬。

品种评价

高产、耐贫瘠、广适性，口感甜，果实可鲜食或晒成干枣；对寒、旱、涝、瘠、盐、风、日灼等恶劣环境的抵抗能力较强。对土壤、地势、栽培条件的要求不严；一般为根蘖繁殖。

生境及植株

花

叶片

果实

资溪枣

Ziziphus jujuba Mill.'Zixizao'

调查编号： YINYLZB054

所属树种： 枣 *Ziziphus jujuba* Mill.

提 供 人： 章永兰
电　　话： 13879409369
住　　址： 江西省抚州市南城县第一中学

调 查 人： 朱博
电　　话： 13979424166
单　　位： 江西博君生态农业开发有限公司

调查地点： 江西省抚州市资溪县高田乡许坊村东北方向的焦田村

地理数据： GPS数据（海拔：95m，经度：E116°51'24.24"，纬度：N27°46'07.09"）

生境信息

来源于当地，最大树龄30年；亚热带丘陵地区，小生境是农村小院旁，伴生物种有橘子等；可在平地或山坡上生长，也可以利用村旁空地进行栽培；土壤质地是砂壤土，pH6.5，种植年限30年以上，该村现存10株以上。

植物学信息

1. 植株情况

乔木；树势中，树姿较直立，树形乱头形；树高3.6m，冠幅东西3m、南北3m，干高1.5m，干周31.5cm；主干暗灰色，枝条密度较疏。

2. 植物学特性

1年生枝暗红色，有光泽，长度适中；叶片小，有齿，叶长3.2cm，宽2.2cm；叶片薄，淡绿色；叶柄长0.44cm；花普通形，花冠直径0.46cm，雄蕊花丝长2.0mm，蜜盘淡黄色（谢花后5日），萼片毛茸少，圆形，萼筒小。

3. 果实性状

果实短圆形，果皮浅绿色，成熟后红色；果实中等大小，纵径3.3cm，横径2.2cm；平均果重7.7g，最大果重12.1g；果顶短圆形；梗洼中、浅；果皮薄，蜡质层少，果肉厚1.2cm，浅绿色，果肉质地中等，不脆，汁液量中等，风味甜，品质中；核中大，无种仁。

4. 生物学特性

中心主干生长情况中等，骨干枝分枝角度45°；萌芽力中，发枝力中；新梢一年平均长22cm，二次枝生长量15cm，生长势中；栽植第2年开始结果，10年达到盛果期；全树坐果，自然坐果力强，生理落果少，采前落果中，成熟后期容易灼伤；单株平均产量（盛果期）23kg；萌芽期4月上旬，开花期5月上中旬，果实采收期8月中下旬。

品种评价

高产、耐贫瘠、广适性，口感甜，果实可鲜食或蒸熟晒成枣干；对寒、旱、涝、瘠、盐、风、日灼等恶劣环境的抵抗能力较强；对土壤、地势、栽培条件的要求不严；一般为根蘖繁殖。

生境

果实

叶片

花

果实

清江小枣

Ziziphus jujuba Mill.'Qingjiangxiaozao'

调查编号：YINYLZB067

所属树种：枣 *Ziziphus jujuba* Mill.

提供人：朱志良
电　话：13907041166
住　址：江西省抚州市南城县金山口工业园区

调查人：朱博
电　话：13979424166
单　位：江西博君生态农业开发有限公司

调查地点：江西省抚州市金溪县左坊镇清江村

地理数据：GPS数据（海拔：79m，经度：E116°45'03.52"，纬度：N27°45'42.78"）

生境信息

来源于当地，最大树龄20年；亚热带丘陵地区，小生境是村旁庭院，伴生物种有枇杷、桃、柿等；可在平地上生长，也可以利用村旁空地进行栽培；土壤质地是砂壤土，pH6.5，种植年限20年以上，该村现存20株以上。

植物学信息

1. 植株情况

乔木；树势中等，树姿较直立，树形乱头形；树高3.6m，冠幅东西3.4m、南北5.1m，干高0.8m，干周41.5cm；主干暗灰色，枝条密度较疏。

2. 植物学特性

1年生枝红色，有光泽，长度适中；叶片小，叶长2.3～3.8cm，宽1.7～2.7cm；叶片薄，淡绿色；叶柄长0.46cm；花普通形，花冠直径0.41cm，雄蕊花丝长2.1mm，无茸毛，蜜盘黄绿色（谢花后5日），萼片毛茸少，圆形，萼筒小。

3. 果实性状

果实圆柱形，果皮浅绿色，成熟后朱红色；果实中等大小，纵径2.5cm，横径2.1cm；平均果重10.3g，最大果重12.2g；果顶短圆形，梗洼中、浅；果点少，果皮薄，蜡质层少；果肉厚1.3cm，浅绿色，近核处淡黄色，果肉各部成熟度一致，质地致密、脆，纤维量适中、细，汁液量中等，风味甜酸，品质中；核中大，无种仁。

4. 生物学特性

中心主干生长情况中等，骨干枝分枝角度45°；萌芽力中，发枝力弱；新梢一年平均长15cm，二次枝生长量12cm，生长势中；栽植第2年开始结果，10年达到盛果期；全树坐果，坐果力强，生理落果少，采前落果中，单株平均产量（盛果期）20kg；萌芽期4月上旬，开花期5月中下旬，果实采收期8月下旬。

品种评价

丰产、耐贫瘠、广适性，口感一般，果实可鲜食，当地老百姓将其加工成蜜枣；对寒、旱、涝、瘠、盐、风、日灼等恶劣环境的抵抗能力较强；繁殖方式为嫁接；对土壤、地势、栽培条件的要求不严。

生境及植株

花

生境

果实

半边红枣

Ziziphus jujuba Mill.'Banbianhongzao'

调查编号：YINYLZB068

所属树种：枣 *Ziziphus jujuba* Mill.

提供人：朱志良
电话：13907041166
住址：江西省抚州市南城县金山口工业园区

调查人：朱博
电话：13979424166
单位：江西博君生态农业开发有限公司

调查地点：江西省抚州市南城县沙洲镇黄狮村

地理数据：GPS数据（海拔：79m，经度：E116°46'58.79"，纬度：N27°45'55.75"）

生境信息

来源于当地，最大树龄30年，《南城县志》有记载，亚热带丘陵地区，小生境是村旁庭院，伴生物种有枇杷、桃、柿等；可在平地上生长，可以利用村旁空地进行栽培；土壤质地是砂壤土，pH6.5，种植年限30年以上，该村现存30株以上。

植物学信息

1. 植株情况

乔木；树势中，树姿较直立，树形乱头形；树高4.3m，冠幅东西4.5m、南北4.9m，干高1.8m，干周43.5cm；主干暗灰色，枝条密度较疏。

2. 植物学特性

1年生枝红色，有光泽，长度适中；叶片小，叶长3～4cm，宽2～2.5cm；叶片薄，淡绿色；叶柄长0.35cm；花普通形，花冠直径0.44cm，雄蕊花丝长1.9mm，蜜盘黄绿色（谢花后5日），萼片毛茸少，圆形，萼筒小。

3. 果实性状

果实圆柱形，果皮浅绿色，成熟后红色；果实中等大小，纵径3.2cm，横径3.1cm；平均果重10.5g，最大果重14.6g；果顶短圆形，梗洼中、浅；果皮薄，蜡质层少；果肉厚1.1cm，浅绿色，果肉质地致密、脆，纤维量适中、细，汁液量中等，风味甜酸，品质中；核中大，无种仁。

4. 生物学特性

中心主干生长势中等，骨干枝分枝角度45°；萌芽力中，发枝力弱；新梢一年平均长25cm，二次枝生长量11cm，生长势中；栽植第2年开始结果，10年达到盛果期；全树坐果，坐果力强，生理落果少，采前落果中，单株平均产量（盛果期）50kg；萌芽期4月上旬，开花期5月上中旬，果实采收期8月中下旬。

品种评价

高产、耐贫瘠、广适性，口感一般，果实可鲜食，当地老百姓将其加工成蜜枣；一般采用根蘖分株的方式繁殖。

生境及植株

花

叶片

果实

长酸枣

Ziziphus spinosa（Bunge）Hu.
'Changsuanzao'

调查编号：YINYLZB071

所属树种：酸枣 *Ziziphus spinosa*
(Bunge) Hu.

提供人：朱志良
电　话：13907041166
住　址：江西省抚州市南城县金山
　　　　口工业园区

调查人：朱博
电　话：13979424166
单　位：江西博君生态农业开发有
　　　　限公司

调查地点：江西省抚州市南城县建昌
　　　　　镇黄波幼儿园边

地理数据：GPS数据（海拔：97m，
　　　　　经度：E116°38'14.21"，纬度：N27°34'26.41"）

生境信息

来源于当地，最大树龄20年；亚热带丘陵地区，小生境是县城庭院，伴生物种有桃、柿、橘子等；可在平地上生长，也可以利用村旁空地进行栽培；土壤质地是砂壤土，pH6.5，种植年限20年以上，该村现存1株。

植物学信息

1. 植株情况

乔木；树势中，树姿较直立，树形乱头形；树高3.2m，冠幅东西3.5m、南北3.0m，干周32.5cm；主干暗灰色，枝条密度较疏。

2. 植物学特性

1年生枝红色，有光泽，长度适中；叶片小，叶长3.2cm，宽2.2cm，叶片薄，淡绿色；叶柄长0.37cm；花普通形，花冠直径0.4cm，雄蕊花丝长2.2mm，蜜盘淡黄色（谢花后5日），萼片毛茸少，圆形，萼筒小。

3. 果实性状

果实长椭圆形，果皮浅绿色，成熟后大红色；果实中等大小；纵径3.4cm，横径1.8cm；平均果重11.5g，最大果重13.6g；果顶短圆形，梗洼中、浅；果皮薄，蜡质层少；果肉厚1cm，浅绿色，果肉质地致密、脆、细，汁液量中等，风味甜酸，品质中；核中大，无种仁。

4. 生物学特性

中心主干生长势中等，骨干枝分枝角度45°；萌芽力中，发枝力弱；新梢一年平均长27cm，二次枝生长量13cm，生长势中；栽植第2年开始结果，10年达到盛果期；全树坐果，自然坐果力强，生理落果少，采前落果中，成熟后期容易灼伤，单株平均产量（盛果期）20kg；萌芽期4月上旬，开花期5月中旬；果实采收期8月下旬。

品种评价

高产、耐贫瘠、广适性，口感酸甜，果实可鲜食；对寒、旱、涝、瘠、盐、风、日灼等恶劣环境的抵抗能力较强；繁殖方式为嫁接；对土壤、地势、栽培条件的要求不严。

生境及植株

叶片

花

果实

长枣

Ziziphus jujuba Mill.'Changzao'

调查编号：FANGJGLXL004

所属树种：枣 *Ziziphus jujuba* Mill.

提供人：廖基杰
电　话：15777374519
住　址：广西壮族自治区桂林市全州县两河乡鲁水村10队

调查人：李贤良
电　话：13978358920
单　位：广西特色作物研究院

调查地点：广西壮族自治区桂林市全州县两河乡鲁水村10队

地理数据：GPS数据（海拔：330m，经度：E111°07'37.36"，纬度：N25°41'59.31"）

生境信息

来源于当地，田间小生境，可在坡地上生长，可以利用耕地进行栽培；土壤质地为砂壤土；现存100株。

植物学信息

1. 植株情况

乔木；树冠自然乱头形，树势中等，树高5.2m，冠幅东西3.7m、南北4.2m，干高0.5m，干周35cm。主干灰褐色，皮部条块状裂，裂纹明显，裂片较大不易剥落。

2. 植物学特性

1年生枝红褐色，有光泽，长度适中；通常抽生枣吊2~4个，枣吊有叶9~13片；叶片长度中等，叶长4.2cm，宽2.1cm，淡绿色，叶柄长0.25cm；花普通形，花冠直径0.25cm，色泽浓，花瓣褶皱程度少，圆形，雄蕊花丝长1.8mm，无茸毛，蜜盘黄绿色（谢花后5日），萼片毛茸少，圆形，萼筒小。

3. 果实性状

果实长圆形或椭圆形，中间稍细，果皮底色浅绿色，成熟后红色，果实中；纵径3.0cm，横径1.9cm；平均果重7.8g，最大果重12.6g；果皮薄，果肉厚1.2cm，浅绿色，果肉质地致密、脆，纤维量适中、细，汁液量中等，风味甜酸，品质中；核中大。

4. 生物学特性

中心主干生长势中等，骨干枝分枝角度45°；萌芽力中，发枝力弱；新梢一年平均长30cm，生长势中；第2年开始结果，10年达到盛果期；全树坐果，坐果力强，生理落果少，采前落果中，单株平均产量（盛果期）35kg；萌芽期4月上旬，开花期5月中旬，果实采收期8月下旬。

品种评价

果实鲜食；对土壤、气候适应性强，抗风沙、耐瘠薄、耐盐碱、广适性；一般采用根蘖分株的方式繁殖。

生境

枝条

采集编号：Lix004
采集日期：2014-08-09
采集者：李昌良　梅正敬
采集地：中国广西省桂林市全州县两河乡愁水村100点
经纬度：N25°41′59.31″　NE111°07′37.36″
海拔高度：336m　坡度：　坡向：
生境：山地
伴生物种：
其他描述：乔木
地方名：长枣（廖基杰）
野外签定：接骨

果实及叶片

结果枝

花

圆枣

Ziziphus jujuba Mill.'Yuanzao'

调查编号：FANGJGLXL007

所属树种：枣 *Ziziphus jujuba* Mill.

提供人：廖基杰
电　话：15777374519
住　址：广西壮族自治区桂林市全州县两河乡鲁水村10队

调查人：李贤良
电　话：13978358920
单　位：广西特色作物研究院

调查地点：广西壮族自治区桂林市全州县两河乡鲁水村10队

地理数据：GPS数据（海拔：248m，经度：E111°07'35.10"，纬度：N25°42'12.13"）

生境信息

来源于当地，田间小生境，可在平地上生长，可以利用耕地进行栽培；土壤质地为砂壤土；现存100株。

植物学信息

1. 植株情况

乔木；树冠自然圆头形或乱头形，树势中等，树高3.2m，冠幅东西3.4m、南北2.7m，干高0.45m，干周54.5cm。主干灰褐色，皮部条块状裂，裂纹明显，裂片较大不易剥落。

2. 植物学特性

1年生枝红色，有光泽，长度适中；通常抽生枣吊2~4个，枣吊有叶9~13片；叶片小，长3.0cm，宽1.6cm，淡绿色，叶柄长0.25cm；花普通形，花冠直径0.30cm，色泽浓，花瓣褶皱程度少，圆形，雄蕊花丝长1.9mm，无茸毛，蜜盘黄绿色（谢花后5日），萼片毛茸少，圆形，萼筒小。

3. 果实性状

果实椭圆形，果皮底色浅绿色，成熟后红色，果实较小；纵径2.2cm，横径1.8cm；平均果重6.3g，最大果重11.5g；果皮薄，果肉厚0.95cm，浅绿色，果肉质地致密、脆，纤维量适中、细，汁液量中等，风味酸甜，品质中，核中大。

4. 生物学特性

中心主干生长势中等，干性强，骨干枝分枝角度40°；徒长枝数目少，萌芽力中，发枝力弱；新梢一年平均长35cm，二次枝生长量15cm，生长势中；2年开始结果，10年达到盛果期；全树坐果，坐果力强，生理落果少，采前落果中；单株平均产量（盛果期）25~45kg；萌芽期4月上旬，开花期5月上旬，果实采收期8月中下旬。

品种评价

果实鲜食；对土壤、气候适应性强，抗风沙、耐瘠薄、耐盐碱、广适性；一般采用根蘖分株的方式繁殖。

果实

叶片

植株

枝条

国家落叶果树农家品种资源库

采集编号：Lis:007
采集日期：2014-08-09
采集者：李贤饶，韦正焕
采集地：中国广西省桂林市全州县两河乡县水村10队
经纬度：N25°42′12.13″ NE111°07′55.10″
海拔高度：246m 坡度： 坡向：
生境：山地
伴生物种：
其他描述：乔木

地方名：圆枣（野生）
野外鉴定：核枣

花

生境

神沟鸡心枣

Ziziphus jujuba Mill.'Shengoujixinzao'

调查编号： CAOQFMYP131

所属树种： 枣 *Ziziphus jujuba* Mill.

提 供 人： 曹铭阳
电 话： 13513651989
住 址： 山西省临汾市翼城县里砦
镇神沟村

调 查 人： 孟玉平、曹秋芬、张春芬
邓 舒、肖 蓉、聂园军
董艳辉、王亦学
电 话： 13643696321
单 位： 山西省农业科学院生物技
术研究中心

调查地点： 山西省临汾市翼城县里砦
镇神沟村

地理数据： GPS数据〔海拔：859m，
经度：E111°38'44.8"，纬度：N35°49'15.8"〕

生境信息

来源于当地，最大树龄5年，影响因子为耕作，地形为平地，土地利用为耕地，现存数株。

植物学信息

1. 植株情况

乔木；树冠自然乱头形，树势中等，树高4m，冠幅东西1.5m、南北1.8m，干高0.5m，干周40cm。主干深褐色，皮部条块状裂，裂纹明显，裂片较大不易剥落。

2. 植物学特性

枣头枝灰褐色，年生长25~55cm，节间略直，皮孔灰褐色，小而多；枣股灰黑色，圆锥形；通常抽生枣吊2~4个，吊长21.8cm，着果较多部位3~7节；花量较多，每一花序有单花1~6朵；枣吊有叶8~10片，叶片中等薄厚，先端渐尖，叶缘钝齿，基部广楔形，绿色。

3. 果实性状

果皮底色黄绿，成熟枣红色；果实小，纵径2.9cm，横径2.36cm，侧径1.83cm；平均果重8g，最大果重15g；果顶尖圆，果肉厚0.6cm，绿白色，果肉质地致密、脆，汁液少，风味甜，品质上。适宜鲜食。

4. 生物学特性

树势中等，发枝力强，枣头多分布于树冠中部。一般在4月中旬芽萌动，5月下旬开花，果实9月下旬成熟，10月上中旬开始落叶。

品种评价

对土壤、气候的适应性强；果实酥脆，汁液多，鲜食优良品种。

生境及植株

果实

叶片

花

木枣

Ziziphus jujuba Mill.'Muzao'

调查编号：CAOQFMYP132

所属树种：枣 *Ziziphus jujuba* Mill.

提 供 人：曹铭阳
电　　话：13513651989
住　　址：山西省临汾市翼城县里砦
　　　　　镇神沟村

调 查 人：孟玉平、曹秋芬、张春芬
　　　　　邓　舒、肖　蓉、聂园军
　　　　　董艳辉、王亦学
电　　话：13643696321
单　　位：山西省农业科学院生物技
　　　　　术研究中心

调查地点：山西省临汾市翼城县里砦
　　　　　镇神沟村

地理数据：GPS数据（海拔：859m，
　　　　　经度：E111°38′44.8″，纬度：N35°49′15.8″）

生境信息

来源于当地，最大树龄100年以上，生长于黄土崖边，多年荒芜无人管理，土壤质地为黄壤土；现存数株，过去有较多零星分布，多数已被砍伐。

植物学信息

1. 植株情况

乔木；树冠呈自然圆头形，树高7m，冠幅东西6.4m、南北6m，干高2.3m，干周65cm；主干灰褐色，皮部纵横裂，裂纹多而深，易剥落。

2. 植物学特性

枣头枝灰褐色，年生长20～60cm，节间直，皮孔灰褐色，小而多；枣股灰黑色，圆锥形；通常抽生枣吊1～6个，吊长10～18cm，着果较多部位2～8节；花量较多，每一花序有单花1～9朵；枣吊有叶9～12片，叶片较厚，叶尖渐尖，叶缘钝齿，基部偏圆形，深绿色，叶长7.5cm，宽3.3cm。

3. 果实性状

果实椭圆形，纵径3.36cm，横径3.17cm，侧径2.89cm；平均果重12.3g，最大果重16g；果面底色黄绿色，成熟后深红色，有光泽；果点小，不明显；果顶部圆斜，中心下凹，顶洼浅，梗洼中广；果皮中厚，果肉乳白色，质地致密，果肉硬脆，汁液少，风味甜，制干品质好；核小。

4. 生物学特性

树势旺盛，树体高大，树姿开张，枝条较密，干性强，枣头萌发力中等，结实力强，枣吊着果1～4个，较丰产；在产地4月下旬萌芽，6月初开花，果实9月下旬成熟，10月中旬落叶。

品种评价

适应性强，耐瘠薄，耐盐碱，尤其抗干旱能力极强；树体高大，较丰产，果实适宜于制干。

生境及植株　　　果实　　　叶片

花

鸡蛋枣

Ziziphus jujuba Mill.'Jidanzao'

调查编号： CAOQFXSY028

所属树种： 枣 *Ziziphus jujuba* Mill.

提 供 人： 赵正民
电　　话： 18391430340
住　　址： 陕西省渭南市大荔县双泉镇蔡庄村

调 查 人： 徐世彦、赵正民
电　　话： 18391430340
单　　位： 陕西省果树良种苗木繁育中心

调查地点： 陕西省渭南市大荔县双泉镇蔡庄村

地理数据： GPS数据（海拔：448m，经度：E110°02′50.4″，纬度：N34°57′36.84″）

生境信息

来源于当地，树龄34年；生长于山地，土壤质地为黄壤土；田间小生境，伴生物种有杏、野生酸枣等；现存2株。

植物学信息

1. 植株情况

乔木；树势强健，树姿直立，树高6m，冠幅东西3.5m、南北3m，干高1.6m，干周35cm；主干灰色，树皮块状裂，枝条中密。

2. 植物学特性

1年生枝红褐色，枝长42~53cm，节间平均长8cm；皮孔中大，圆形或椭圆形，凸起；针刺发达，直刺长0.4~1.0cm；二次枝发育良好；2年生枝灰白色，多年生枝褐色；枣股圆柱形，长1~3cm，持续结果能力较强，可达10~12年；枣股可抽生4~6个枣吊，枣吊长15~20cm；叶片长卵圆形，长5.1cm，宽2.1cm；叶柄长0.3cm，浅绿色；叶尖渐尖，叶基部圆形，叶边锯齿圆钝；每花序2~8朵花，花瓣5枚，乳黄色；萼片5枚，绿色，三角形；蜜盘浅黄色，发达。

3. 果实性状

果实卵圆形，纵径3.8cm，横径3.6cm；平均果重9.6g，最大果重12g，大小不整齐；果面鲜红色，果点小，不明显；果肩平圆，果顶下凹，顶洼浅；梗洼中广，果柄长0.3cm；果肉绿白色，肉质松软，汁液中多，味甜，鲜食品质中等，制干率低，不适宜制干。

4. 生物学特性

树势直立，生长势中等；枣股结果寿命中等，枣吊结果率低；结果年龄早，盛果期树产量中等；易裂果；在产地4月中旬萌芽，5月上中旬开花，果实9月上旬成熟，10月中下旬落叶。

品种评价

适应性较强，抗逆性强，结果年龄早，产量中等；果实大，制干率低，干枣品质差；鲜食品质中等，成熟期易裂果。

生境及植株

花

脆甜枣

Ziziphus jujuba Mill.'Cuitianzao'

调查编号： CAOQFXSY029

所属树种： 枣 *Ziziphus jujuba* Mill.

提供人： 赵正民
电话： 18391430340
住址： 陕西省渭南市大荔县双泉镇蔡庄村

调查人： 徐世彦、赵正民
电话： 18391430340
单位： 陕西省果树良种苗木繁育中心

调查地点： 陕西省渭南市大荔县双泉镇蔡庄村

地理数据： GPS数据（海拔：455m，经度：E110°02'46.14"，纬度：N34°57'41.52"）

生境信息

来源于当地，树龄30年；主要零星分布在山坡、崖边，近年来有少量成片栽培。小生境是黄土丘陵山地。

植物学信息

1. 植株情况

乔木；树势强健，树姿开张，自然圆头形；树高6m，冠幅东西4.5m、南北4m，干高1.8m，干周45cm；主干灰色，树皮块状裂，枝条中密。

2. 植物学特性

枣头枝红褐色，年生长35cm，节间长6～7cm；皮孔椭圆形或圆形，灰白色，凸起明显；针刺发达，最长1.9cm；二次枝发育中等，3～6节；枣股圆柱形或馒头形，最长2.0cm，持续结果能力10～15年，枣股抽生枣吊2～7个，多者9个，吊长10～18cm，着叶10～18片；叶片卵状披针形，中等厚，深绿色；叶长5cm，宽2.5cm；叶尖渐尖，先端圆钝，叶缘锯齿钝圆，叶基部广楔形或圆形；花量较多，每一花序有单花2～8朵，花小，花瓣5枚，乳黄色；花萼5枚，绿色；雄蕊5枚。

3. 果实性状

果实椭圆形或卵圆形，中等大小，纵径3.8cm，横径2.6cm；平均果重8.6g，最大果重11g，大小整齐；果面鲜红色，果点小，不明显；果肩平圆，果顶下凹，顶洼浅；梗洼中广，果柄长0.3cm；果肉绿白色，肉质致密，酥脆，汁液多，味香甜，鲜食品质上等；果核小，重0.3～0.4g，可食率98%。制干率低。

4. 生物学特性

树体中等大，生长势中等，树姿开张；枣股结果寿命长，结果率高，大约50%左右；结果年龄早，盛果期树产量中等，较稳产，易裂果；在产地4月中旬萌芽，5月下旬开花，果实9月上旬成熟，10月中下旬落叶。

品种评价

适应性较强，抗逆性强，结果年龄早，丰产稳产，果实中大，鲜食品质上等；干枣品质差；成熟期易裂果。

生境及植株

花

北健木枣

Ziziphus jujuba Mill.'Beijianmuzao'

🔍 调查编号：CAOQFXSY030

📋 所属树种：枣 *Ziziphus jujuba* Mill.

📄 提 供 人：赵正民
电　　话：18391430340
住　　址：陕西省渭南市大荔县双泉镇蔡家庄

📋 调 查 人：徐世彦、赵正民
电　　话：18391430340
单　　位：陕西省果树良种苗木繁育中心

📍 调查地点：陕西省渭南市大荔县两宜镇北健村

🌐 地理数据：GPS数据（海拔：479m，经度：E110°04'42"，纬度：N34°58'12.6"）

🗂 生境信息

来源于当地，生长于荒坡崖边，土壤为黄壤土，树龄30年，现存4株，处于无人管理的半野生状态。

📋 植物学信息

1. 植株情况

乔木；树势强健，树姿半开张，自然圆头形；树高6.5m，冠幅东西5.5m、南北5.4m，干高1.6m，干周60cm；主干灰色，树皮块状裂，枝条中密。

2. 植物学特性

枣头枝红褐色，年生长40cm，节间长6～7cm；皮孔椭圆形，稍大，凸起，明显；针刺发达，最长2cm；二次枝发育中等，3～6节；枣股圆柱形，最长2.4cm，持续结果能力10～12年，枣股抽生枣吊2～5个，多者7个；枣吊长10～15cm，着叶7～16片；枣吊花量较多，每一花序有单花2～8朵；叶片卵状披针形，中等厚，叶长4～5cm，宽2.5cm；叶尖渐尖，先端圆钝，叶缘锯齿钝圆，叶基部广楔形或圆形，深绿色；花小，花瓣5枚，乳黄色，花萼5枚，绿色。

3. 果实性状

果实椭圆形或卵圆形，中等大小，纵径3.8cm，横径2.8cm；平均果重8.6g，最大果重14g，大不整齐；果面鲜红色，果点小，不明显；果肩平圆，果顶下凹，顶洼浅，花柱遗存；梗洼中广，果柄长0.3cm；果肉绿白色，肉质致密，硬脆，汁液少，味甘甜，适宜于制干，品质上等；果核小，纺锤形或尖卵形，重0.3～0.4g，可食率97%。

4. 生物学特性

树体中等大，生长势中等，发枝力中等；枣头结实力强，枣吊平均结果率30%；较稳产，裂果少；在产地4月中旬萌芽，5月中旬始花，果实9月上旬成熟，10月中旬落叶。

📖 品种评价

适应性较强，抗逆性强；结果年龄早，较丰产稳产，果实中大，适宜于制干，干枣品质上等，鲜食品质差，成熟期裂果轻。

生境及植株

叶片

花

洽川玲玲枣

Ziziphus jujuba Mill.'Qiachuanlinglingzao'

调查编号：CAOQFXSY089

所属树种：枣 *Ziziphus jujuba* Mill.

提供人：赵振国
电　话：0913－2109536
住　址：陕西省渭南市果业管理局

调查人：徐世彦、赵振国
电　话：0913－2109536
单　位：陕西省果树良种苗木繁育中心

调查地点：陕西省渭南市合阳县洽川镇南义庄村

地理数据：GPS数据（海拔：332m，经度：E110°19'48"，纬度：N35°07'57.36"）

生境信息

来源于当地，树龄46年，生长于庭院中，砂壤土，现存数量不多，只有房前屋后零星分布，没有成片栽植。

植物学信息

1. 植株情况

乔木；树势强，树姿直立，乱头形；树高6m，冠幅东西3.1m、南北4m，干高1.9m，干周42cm；主干灰色，树皮条片状裂，枝条密度稀。

2. 植物学特性

枣头枝褐色，年生长30～50cm，粗1.0cm，节间5～8cm；皮孔椭圆形或圆形，不凸起；针刺退化；二次枝发育中等，3～6节；枣股圆锥形，粗大，持续结果能力15～20年，通常抽生枣吊3～6个，枣吊长20～26cm，着叶10～18片；叶片卵状披针形，深绿色，中等厚，叶长5cm，宽3cm，叶尖渐尖，先端钝圆，叶缘锯齿钝圆，基部圆形；枣吊开花量大，每花序开花4～13朵。

3. 果实性状

果实椭圆形或短卵圆形，纵径3.2cm，横径2.8cm；平均果重7.6g，最大果重10g，大小整齐；果面光滑平整，底色白绿，成熟后着红色；果点小，圆形，明显；果肩平圆，果顶下凹，顶洼浅；梗洼中广，果柄长0.5cm；果肉绿白色，肉质细密，汁液中多，味香甜，品质上等；果核小，纺锤形或尖卵形，重0.4g。

4. 生物学特性

生长势较强，树姿半开张，发枝力中等，干性强。结果年龄早，产量不稳定，枣吊平均结果0.16个，成熟期遇雨易裂果；在产地4月中旬萌芽，6月上旬开花，果实9月上旬成熟，10月中下旬落叶。

品种评价

适应性较强，树体强健；果实中等大，鲜食品质上等，制干品质差；产量不稳定，成熟期遇雨极易裂果。

生境及植株

花

叶片

果实

直社大枣

Ziziphus jujuba Mill.'Zhishedazao'

⊙ 调查编号：CAOQFXSY093

🔑 所属树种：枣 *Ziziphus jujuba* Mill.

📄 提 供 人：赵振国
   电　　话：0913－2109536
   住　　址：陕西省渭南市果业管理局

📋 调 查 人：徐世彦、赵振国
   电　　话：0913－2109536
   单　　位：陕西省果树良种苗木繁育
　　　　　　中心

📍 调查地点：陕西省渭南市蒲城县孙镇
　　　　　　直社村

🌐 地理数据：GPS数据（海拔：394m，
   经度：E109°47'57.42"，纬度：N34°55'42.78"）

📋 生境信息

来源于当地，有成片栽植。树龄70年，田间小生境，枣园间作有小麦等作物，土壤为砂壤土。

📋 植物学信息

1. 植株情况

乔木；树势强，树姿开张，树形自然圆头形；树高6m，冠幅东西4.5m、南北4m，干高1.8m，干周65cm；主干灰色，树皮条片状裂，枝条中密。

2. 植物学特性

枣头枝红褐色，年生长50cm，节间5～7cm，皮孔椭圆形，小，凸起；针刺不发达；二次枝发育中等，3～6节；枣股圆柱形，长1～2.4cm，持续结果能力9～10年，通常抽生枣吊2～4个，多者8个；枣吊长10～25cm，着叶9～21片；枣吊花量较多，每一花序有单花1～9朵；叶片卵状披针形，深绿色，中等厚，叶长4～5cm，宽1.5～2.5cm，先端渐尖，叶缘钝齿，基部广楔形。

3. 果实性状

果实椭圆形或圆形，纵径3.8cm，横径3.6cm；平均果重17.6g，最大果重24g，大小整齐；果面鲜红色，果点大，圆形或椭圆形，明显；果肩平圆，果顶下凹，顶洼浅；梗洼中广，果柄长0.3cm；果肉白绿色，肉质致密，酥脆，汁液少，味甘甜，适宜制干，品质上等；果核小，纺锤形或尖卵形，重0.3～0.4g，可食率98%。

4. 生物学特性

树体中等大，生长势中等，发枝力较强；枣头萌发力、结实力强，枣吊平均结果率35%；结果年龄早，盛果期树产量中等，较稳产，裂果少；在产地4月中旬萌芽，5月中旬开花，果实9月上旬成熟，10月中旬落叶。

📋 品种评价

适应性较强，抗逆性强，结果年龄早，丰产稳产，果实较大，适宜制干，品质上等，成熟期裂果轻。

生境

植株

花

果实

果实

大荔水枣

Ziziphus jujuba Mill.'Dalishuizao'

调查编号：CAOQFXSY100

所属树种：枣 *Ziziphus jujuba* Mill.

提供人：赵振国
电　话：0913 – 2109536
住　址：陕西省渭南市果业管理局

调查人：徐世彦、赵振国
电　话：0913 – 2109536
单　位：陕西省果树良种苗木繁育中心

调查地点：陕西省渭南市大荔县官池镇北丁村五组

地理数据：GPS数据（海拔：352m，经度：E109°55'11.23"，纬度：N34°424.02"）

生境信息

来源于当地，有成片栽植和零星分布，是当地古老的地方品种，其中有很多优良变异。调查树龄约40年，生长于平地枣林，土壤为砂壤土，间作小麦、油菜等作物。

植物学信息

1. 植株情况

乔木；树势强，树姿半开张，自然圆头形，树高8m，冠幅东西6.6m、南北7.3m，干高1.6m，干周74cm；主干褐色，树皮条块状裂，枝条密度中等。

2. 植物学特性

枣头枝红褐色，年生长30～50cm，节间7～8cm，皮孔椭圆形，不凸起，针刺不发达；二次枝发育中等，3～6节；枣股圆柱形，长1～2cm，持续结果能力10～15年，通常抽生枣吊3～6个，枣吊长10～15cm，着叶9～11片，结果较多部位为2～6节；枣吊花量较多，每一花序有单花1～9朵；叶片卵状披针形，深绿色，中等厚，叶长4～5cm，宽1.5～2.5cm，先端渐尖，叶缘钝齿，基部广楔形。

3. 果实性状

果实椭圆形或卵圆形，中等大小，纵径3.8cm，横径2.8cm；平均果重11.6g，最大果重13g，大小整齐；果面底色白绿色，着色后鲜红色；果点小，圆形，密；果肩平圆，果顶顶端下凹，顶洼浅；梗洼中广，果柄长0.5cm；果肉绿白色，肉质细密，酥脆，汁液中多，味酸甜，易制干，品质中等；果核大，纺锤形或尖卵形，重0.7g。

4. 生物学特性

树体高大，生长势强，干性强，发枝力中等；枣头萌发力、结实力强，枣吊结果率40%；结果年龄早，盛果期树产量中等，较稳产，成熟期遇雨易裂果；在产地4月中旬萌芽，5月中旬开花，果实9月中旬成熟，10月中旬落叶。

品种评价

适应性较强，尤其是抗病、抗旱能力较强；对土壤、地势、栽培条件的要求不严；产量中等；果实中等大，鲜食糖分较低，果核大，易制干，品质中等。

生境及植株

花

庙尔沟
哈密大枣1号

Ziziphus jujuba Mill.
'Miaoergouhamidazao 1'

调查编号：CAOQFYZY012

所属树种：枣 *Ziziphus jujuba* Mill.

提供人：杨志颜
电　话：13031216780
住　址：新疆维吾尔自治区哈密市林果业技术推广中心

调查人：曹秋芬、孟玉平、李好先赵弟广、倪　勇
电　话：13753480017
单　位：山西省农业科学院生物技术研究中心

调查地点：新疆维吾尔自治区哈密市黄田农场庙尔沟

地理数据：GPS数据（海拔：1086m，经度：E93°56'43.2"，纬度：N42°53'47.2"）

生境信息

田间小生境，影响因子为耕作，可以在平地上生长，可以利用人工林进行栽培，土壤质地砂壤土，种植年限400年以上（生长于哈密王遗迹内），当地有较多栽培，但最古老的只此一株。

植物学信息

1. 植株情况

乔木；树势中，树姿开张；树形圆头形；树高8.5m，冠幅东西6.5m、南北6.6m，干高1.6m，干周162cm；主干褐色，树皮条块状裂。

2. 植物学特性

枣头枝灰褐色，年生长10～35cm，节间曲，皮孔灰褐色；枣股灰黑色，圆柱形，通常抽生枣吊2～5个，吊长12～16cm，着果较多部位2～6节；枣吊有叶7～11片，叶片卵圆形，中等厚，先端渐尖，叶缘锯齿钝，基部圆形或广楔形，深绿色，叶长4.1cm，宽2.84cm。花量较多，每一花序有单花1～9朵。

3. 果实性状

果实圆柱形，果个大，纵径5.25cm，横径3.71cm；平均果重20.4g，最大果重32.7g，大小均匀；果面平整、光滑，果皮底色黄绿，成熟后紫红色，外观好；果顶平，梗洼浅、广，果皮中厚，果点中大；果肉浅绿色，果肉质地酥脆，韧，汁液中多，风味极甜，可溶性固形物34.5%；果核小，纺锤形，无种仁，可食率极高，自然风干后基本保持原状，生食和制干兼用，品质极上。

4. 生物学特性

发枝力中等，枣头萌发力较强；结果早，早期丰产性好，成年大树株产30kg；一般在4月下旬萌芽，5月上中旬开花，果实8月底成熟，10月下旬开始落叶。

品种评价

对土壤、气候等条件要求不严，抗风沙、耐瘠薄、耐盐碱、适应性强；果实大，果肉厚，肉质致密，味甘甜，耐贮藏，生食制干兼用。

生境

植株

叶片

花

五堡哈密大枣 1号

Ziziphus jujuba Mill.'Wubuhamidazao 1'

○ 调查编号: CAOQFYZY014

○ 所属树种: 枣 *Ziziphus jujuba* Mill.

○ 提 供 人: 杨志颜
  电　　话: 13031216780
  住　　址: 新疆维吾尔自治区哈密市
　　　　　　林果业技术推广中心

○ 调 查 人: 曹秋芬、孟玉平、李好先
　　　　　　赵弟广、倪　勇
  电　　话: 13753480017
  单　　位: 山西省农业科学院生物技
　　　　　　术研究中心

○ 调查地点: 新疆维吾尔自治区哈密市
　　　　　　五堡镇四堡村

○ 地理数据: GPS数据（海拔: 586m,
　　　　　　经度: E92°53'03.8", 纬度: N42°54'46.9"）

生境信息

来源于当地，影响因子为耕作，可以在平地上生长，可以利用耕地进行栽培，土壤质地砂土，种植年限7年；现存数株。

植物学信息

1. 植株情况

乔木；树姿半开张，树形半圆形；树高1.6m，冠幅东西1.8m、南北2.2m，干高0.79m，干周14cm；主干红褐色，树皮丝状裂，枝条密度中等。

2. 植物学特性

枣头枝红褐色，有光泽，枝条平均长50cm，平均粗7cm，二次枝平均长26cm，枣吊长15cm；叶片大小中，长卵圆椭圆形，长4.3cm，宽2.8cm；叶片厚，浓绿色；近叶基偏斜形，叶边锯齿圆钝；叶柄长0.5cm，粗。

3. 果实性状

果实扁圆形，纵径4cm，横径3.8cm，中等大小，单果重15g左右，大小整齐，果顶平，梗洼中广，果面较平整，果皮中厚，成熟后紫红色；果肉浅绿，疏松，果肉厚，汁液中，味甜；可溶性固形物36%，可食率96%以上，干枣含糖70%以上；果核小，纺锤形；品质极上。

4. 生物学特性

中心主干生长势弱，骨干枝分枝角度65°以上；开始结果年龄1~2年，盛果期年龄5~6年；全树坐果，坐果力强；丰产，大小年不显著，单株产量（5~6年生）5~6kg；萌芽期4月中下旬，开花期5月中旬，果实采收期9月上旬，落叶期10月下旬。

品种评价

抗风沙、耐瘠薄、耐盐碱、适应性强；嫁接繁殖；果实肉厚，肉质致密，味甘甜，耐贮藏，生食制干兼用。

生境

植株

叶片

花

果实

五堡哈密大枣 2号

Ziziphus jujuba Mill.'Wubuhamidazao 2'

调查编号：CAOQFYZY017

所属树种：枣 *Ziziphus jujuba* Mill.

提供人：杨志颜
电　话：13031216780
住　址：新疆维吾尔自治区哈密市林果业技术推广中心

调查人：曹秋芬、孟玉平、李好先
　　　　赵弟广、倪　勇
电　话：13753480017
单　位：山西省农业科学院生物技术研究中心

调查地点：新疆维吾尔自治区哈密市五堡镇七村

地理数据：GPS数据（海拔：264m，经度：E92°50'00"，纬度：N42°52'11.1"）

生境信息

来源于当地，生长于农家庭院，可以在平地上生长，亦可以利用耕地进行栽培，土壤质地砂壤土，种植年限150年；现存1株。

植物学信息

1. 植株情况

乔木；树势中，树姿半开张；树冠乱头形，冠幅东西6m、南北6m，干高0.9m，干周126cm；树皮条丝状裂。

2. 植物学特性

枣头灰紫色，皮孔椭圆形、凸起；枣股圆锥形，一般抽生2~6个枣吊，枣吊长12~16cm，粗度中，平均粗0.5cm，节间平均长1.2~1.5cm；枣吊有叶10~12片，叶片卵圆形或长卵圆形，平均长4.3cm，宽3.0cm；叶片厚薄适中，深绿色，叶边锯齿圆钝；叶柄长0.2cm，每一花序有单花2~8朵。

3. 果实性状

果实圆柱形，纵径3.63cm，横径3.19cm，单果重14.3g，大小均匀；果面不平，成熟后紫红色，果皮中厚，果肉厚，汁液少，味甘甜，可溶性固形物35%，可食率96%以上，品质极上；果核小，纺锤形，无种仁。

4. 生物学特性

中心主干生长势中强，骨干枝分枝角度45°；开始结果年龄较早，全树坐果，坐果力强，采前落果少，丰产，大小年不显著，单株产量30kg；萌芽期4月下旬，开花期5月中旬，果实采收期9月上旬，落叶期10月下旬。

品种评价

果实肉质厚、味甜，生食制干兼用；对土壤、气候的适应性强，抗风沙、耐瘠薄、耐盐碱。

生境

植林

叶片

枝条

花

新疆酸枣 1 号

Ziziphus spinosa（Bunge）Hu.
'Xinjiangsuanzao 1'

调查编号：CAOQFZTJ004

所属树种：酸枣 *Ziziphus spinosa*
(Bunge) Hu.

提 供 人：张团结
电　　话：18999687316
住　　址：新疆维吾尔自治区哈密市
伊吾县下马崖乡

调 查 人：曹秋芬、孟玉平、李好先
赵弟广、倪　勇
电　　话：13753480017
单　　位：山西省农业科学院生物技
术研究中心

调查地点：新疆维吾尔自治区哈密市
伊吾县下马崖乡

地理数据：GPS数据（海拔：942m，
经度：E95°15'48.8"，纬度：N43°13'13"）

生境信息

原产当地，植被类型戈壁滩，庭院小生境，伴生物种是野山杏、杨树、柳树，可用于人工林进行栽培。

植物学信息

1. 植株情况

小乔木；树势中等，树姿半开张，树高2.5m，冠幅东西2m、南北2m，干高0.5m。

2. 植物学特性

1年生枝紫红色，中长，节间平均长1.2cm，粗度中，平均粗0.4cm；针刺发达；皮目小、少、凸，椭圆形；每一花序有单花2～3朵；枣吊有叶9～12片，叶片长4.0cm，宽2.0cm；叶片厚薄适中，绿色，近叶基部褶缩无，叶边锯齿圆钝。叶柄长0.3cm。

3. 果实性状

果实纵径1.2cm，横径1.1cm，圆形，成熟后紫红色，果肉薄，风味甜酸，品质下，果核大，圆形，种仁饱满。

4. 生物学特性

中心主干生长势中等，萌芽力强，发枝力强；开始结果年龄1年，盛果期年龄5～6年；全树坐果，坐果力强；生理落果少，采前落果少；丰产，大小年不显著，单株平均产量（5～6年生）5～8kg；萌芽期4月中上旬，开花期5月中旬；果实成熟期9月上旬，落叶期10月中下旬。

品种评价

抗旱、耐寒、耐贫瘠；果实可食用；对土壤、气候的适应性强，抗风沙、耐瘠薄、耐盐碱、广适性。可做枣的砧木。

叶片

果实

生境及植株

果实

新疆酸枣 2 号

Ziziphus spinosa (Bunge) Hu.
'Xinjiangsuanzao 2'

调查编号： CAOQFZTJ005

所属树种： 酸枣 *Ziziphus spinosa* (Bunge) Hu.

提供人： 张团结
电　话： 18999687316
住　址： 新疆维吾尔自治区哈密市伊吾县下马崖乡

调查人： 曹秋芬、孟玉平、李好先 赵弟广、倪　勇
电　话： 13753480017
单　位： 山西省农业科学院生物技术研究中心

调查地点： 新疆维吾尔自治区哈密市伊吾县下马崖乡

地理数据： GPS数据（海拔：942m，经度：E95°15'48.8"，纬度：N43°13'13"）

生境信息

原产当地，生长在改造后的戈壁滩，伴生物种是杨树、柳树，可在平地上生长，可以利用人工林进行栽培，土壤质地为砂土。

植物学信息

1. 植株情况

小乔木；树势中强，树姿直立，树形是圆头形；树高2.2m，冠幅东西2.3m、南北2.2m，干高0.3m，干周12.5cm；主干褐色，树皮条块状裂，枝条密。

2. 植物学特性

1年生枝紫红色，枝条中长，节间平均长1.1cm；粗度中，平均粗0.5cm；针刺发达，长1~2cm；皮目小、少、凸，椭圆形；每一花序有单花2~3朵；枣吊有叶9~13片，叶片长3.2cm，宽1.1cm，叶片厚薄适中，绿色，近叶基部褶缩无，叶边锯齿圆钝；叶柄长0.3cm，细。

3. 果实性状

果实纵径1.152cm，横径1.298cm，圆形，果顶平圆，果肉薄，味酸甜，品质下，核圆形，大，种仁饱满。

4. 生物学特性

中心主干生长势中等；开始结果年龄1年，盛果期年龄5~6年；坐果部位全树，坐果力强，生理落果少，采前落果少；丰产，大小年不显著，单株平均产量（5~6年生）4~8kg；萌芽期4月中上旬，开花期5月上旬；果实采收期9月上旬，落叶期10月中下旬。

品种评价

抗病、抗旱、耐寒；对土壤、气候的适应性强，抗风沙、耐瘠薄、耐盐碱、广适性；可做枣的砧木。

叶片

果实

生境及植株

果实

新疆酸枣3号

Ziziphus spinosa (Bunge) Hu.
'Xinjiangsuanzao 3'

調查编号: CAOQFZTJ006

所属树种: 酸枣 *Ziziphus spinosa* (Bunge) Hu.

提供人: 张团结
电 话: 18999687316
住 址: 新疆维吾尔自治区哈密市伊吾县下马崖乡

调查人: 曹秋芬、孟玉平、李好先
赵弟广、倪 勇
电 话: 13753480017
单 位: 山西省农业科学院生物技术研究中心

调查地点: 新疆维吾尔自治区哈密市伊吾县下马崖乡

地理数据: GPS数据（海拔: 942m, 经度: E95°15'48.8", 纬度: N43°13'13"）

生境信息

原产当地，生长于戈壁滩，庭院小生境，伴生物种是野山杏、杨树、柳树，可以利用人工林进行栽培。

植物学信息

1. 植株情况

灌木；树势中，树姿直立，树形是圆头形；树高2.0m，冠幅东西1.5m、南北1.8m，干高0.1m，干周10cm；主干褐色，树皮块状裂，枝条密。

2. 植物学特性

1年生枝紫红色，中长，节间平均长1.0cm；粗度中，平均粗0.55cm；皮目小、少、凸，椭圆形；每一花序有单花2~3朵；枣吊有叶9~12片，叶片长3.05cm，宽1.18cm；叶片厚薄适中，绿色；近叶基部褶缩无，叶边锯齿圆钝；叶柄长0.33cm，细。

3. 果实性状

果实纵径1.45cm，横径1.40cm，短圆柱形，成熟后朱红色，果顶平，果肉薄，味酸甜，品质下，果核大。

4. 生物学特性

中心主干生长势中等，萌芽力强，发枝力中等；开始结果年龄1年，盛果期年龄5~6年；全树坐果，坐果力强；生理落果少，采前落果少，丰产，大小年不显著，单株平均产量（5~6年生）5~8kg；萌芽期4月中上旬，开花期6月上旬；果实成熟期9月上中旬，落叶期10中下旬。

品种评价

抗病、抗旱、耐寒；对土壤、气候的适应性强，抗风沙、耐瘠薄、耐盐碱、广适性；可做枣的砧木。

植株

叶片

果实

枝条

哈密枣1号

Ziziphus jujuba Mill.'Hamizao 1'

调查编号：CAOQFZCF001

所属树种：枣 *Ziziphus jujuba* Mill.

提 供 人：李莉莉
电　　话：15146614380
住　　址：新疆维吾尔自治区哈密市
　　　　　林果业技术推广中心

调 查 人：孟玉平、李好先、赵弟广
　　　　　倪　勇、张春芬、曹秋芬
电　　话：13453451522
单　　位：山西省农业科学院生物技
　　　　　术研究中心

调查地点：新疆维吾尔自治区哈密市
　　　　　五堡镇四堡村

地理数据：GPS数据（海拔：586m，
　　　　　经度：E92°53'03.8"，纬度：N42°54'46.9"）

生境信息

来源于当地，生长在枣园内，田间小生境；可以在平地上生长，可以利用耕地进行栽培，土壤质地砂壤土，现存数株。

植物学信息

1. 植株情况

乔木；树姿半开张，树形半圆形；树高2.1m，冠幅东西1.5m、南北1.9m，干高60cm，干周14cm；主干褐色，树皮条丝状裂，密度中。

2. 植物学特性

枣头红褐色，长30～50cm；枣吊长12～18cm，节间平均长1.8cm；皮目小、少；叶片卵圆或椭圆形，长4.1cm，宽2.8cm，深绿色，叶基部偏斜型，叶尖钝尖，叶边锯齿圆钝；叶柄长0.5cm，粗。

3. 果实性状

果实扁圆形，个大，纵径3.5cm，横径3.35cm，单果重15.2g，大小一致；果面较平滑，紫红色，有光泽；果肉浅绿，较致密，果皮厚，汁液中多，味甜；果核小，无种仁；可食率96%以上，可溶性固形物35.6%；品质极上。

4. 生物学特性

中心主干生长势弱，骨干枝分枝角度65°以上，枝条较软，下垂；开始结果年龄1～2年，盛果期年龄5～6年；全树坐果，坐果力强；丰产，大小年不显著，单株产量（5～6年生）5～6kg；萌芽期4月中下旬，开花期5月中旬，果实采收期9月上旬，落叶期10月下旬。

品种评价

耐旱，适应性强，果实含糖量高，肉质厚，生食制干兼用。

生长

植株

果实

花

哈密枣 2 号

Ziziphus jujuba Mill.'Hamizao 2'

调查编号： CAOQFZCF002

所属树种： 枣 *Ziziphus jujuba* Mill.

提 供 人： 李莉莉
电 话： 新疆维吾尔自治区哈密市
林果业技术推广中心

调 查 人： 孟玉平、李好先、赵弟广
倪 勇、张春芬、曹秋芬
电 话： 13453451522
单 位： 山西省农业科学院生物技
术研究中心

调查地点： 新疆维吾尔自治区哈密市
五堡镇四堡村

地理数据： GPS数据（海拔：586m，
经度：E92°53'03.8"，纬度：N42°54'46.9"）

生境信息

来源于当地，生长在枣园内，可在平地上生长，亦可以利用耕地进行栽培；土壤质地为砂壤土。现存数株。

植物学信息

1. 植株情况

乔木；树势中等，树姿开张，树形圆头形；树高2.2m，冠幅东西1.8m、南北2.2m，干高50cm，干周16cm；主干褐色，树皮条状裂，枝条密。

2. 植物学特性

枣头红褐色，长度适中，24～46cm；二次枝5～6节，平均长22cm，节间平均长2～3.6cm；一般枣股抽生3～5个枣吊，枣吊长12cm左右，着生叶片10～12片，粗度适中，平均粗0.65cm；叶片长卵圆形或椭圆形，浓绿色，叶长3.5～4.3cm，叶宽2.8～3.2cm，叶尖钝尖，叶缘锯齿钝；叶柄长0.5cm，较粗。

3. 果实性状

果实圆形，个大，纵径3.56cm，横径3.1cm；平均果重15g，最大果重26g；成熟后朱红色，果肉浅绿色，质地致密，汁液中多，风味甜，品质极上；果核小，纺锤形，无种仁；可溶性固形物含量234.6%，可食率96%以上；品质极上。

4. 生物学特性

萌芽力强，发枝力强，生长势中等；开始结果年龄1～2年，盛果期年龄5～6年；全树坐果，坐果力强，生理落果少，采前落果少；丰产，大小年显著，单株产量（5～6年生）5kg；萌芽期4月中下旬，开花期5月中旬，果实采收期9月上旬，落叶期10月下旬。

品种评价

耐旱，适应性强，果实含糖量高，肉质厚，鲜食制干兼用。

生境

植株

花

果实

果实

哈密枣 3 号

Ziziphus jujuba Mill.'Hamizao 3'

调查编号： CAOQFZCF003

所属树种： 枣 *Ziziphus jujuba* Mill.

提 供 人： 李莉莉
电　　话： 15146614380
住　　址： 新疆维吾尔自治区哈密市
　　　　　林果业技术推广中心

调 查 人： 孟玉平、李好先、赵弟广
　　　　　倪　勇、张春芬、曹秋芬
电　　话： 13453451522
单　　位： 山西省农业科学院生物技
　　　　　术研究中心

调查地点： 新疆维吾尔自治区哈密市
　　　　　五堡镇四堡村

地理数据： GPS数据（海拔：942m，
　　　　　经度：E92°53'03.8"，纬度：N42°54'46.9"）

生境信息

来源于当地，生长在枣园内，可在平地上生长，亦可以利用耕地进行栽培；土壤质地为砂土；现存数株。

植物学信息

1. 植株情况

乔木；树势中等，树姿开张，树形圆头形；树高2.0m，冠幅东西1.6m、南北1.8m，干高40cm，干周14cm；主干褐色，树皮条状裂，枝条密。

2. 植物学特性

枣头红褐色，有光泽，长26～50cm；枣吊长12～14cm，节间平均长2.2cm，粗度适中，平均粗0.54cm；皮目小、少；叶片卵圆或椭圆形，长3.89cm，宽2.87cm，深绿色，叶基部偏斜型，叶尖钝尖，叶边锯齿圆钝；叶柄短，粗。

3. 果实性状

果实圆形，纵径3.6cm，横径3.5cm；平均果重16g，最大果重23g，大小一致；果面较平滑，紫红色，有光泽，漂亮；果肉浅绿，较致密，果皮厚，汁液中多，味甜；果核小，无种仁；可食率96%以上，可溶性固形物36.6%；品质极上。

4. 生物学特性

萌芽力强，发枝力强，生长势中等；开始结果年龄1～2年，盛果期年龄5～6年；全树坐果，坐果力强，生理落果少，采前落果少；单株产量（5～6年生）6kg；萌芽期4月中下旬，开花期5月中旬，果实采收期9月上旬，落叶期10月下旬。

品种评价

对寒、旱、涝、瘠、盐、风、日灼等恶劣环境的抵抗能力强，适应性广；嫁接繁殖；果实含糖量高，可食率高，鲜食制干兼用。

生境

植株

果实

果实

彬县枣1号

Ziziphus jujuba Mill.'Binxianzao 1'

调查编号：CAOQFZCF004

所属树种：枣 *Ziziphus jujuba* Mill.

提 供 人：赵爱思
电　　话：15146614380
住　　址：陕西省咸阳市彬县城关镇
　　　　　李家川村

调 查 人：孟玉平、曹秋芬、张春芬
　　　　　徐世彦
电　　话：13453451522
单　　位：山西省农业科学院生物技
　　　　　术研究中心

调查地点：陕西省咸阳市彬县城关镇
　　　　　李家川村

地理数据：GPS数据（海拔：1108m，
　　　　　经度：E107°59'32.63"，纬度：N35°01'25.84"）

生境信息

来源于当地，有百年以上大树，影响因子为耕作，可在平地上生长，可以利用耕地进行栽培；土壤质地为砂壤土；现存数株。

植物学信息

1. 植株情况

乔木；树势中等，树姿开张，树形自然圆头形；5年生树高2.2m，冠幅东西1.5m、南北2.4m，干高1.5m，干周12cm；大树主干灰褐色，树皮宽条状裂，裂纹深，容易剥落。

2. 植物学特性

枣头黄褐色，较细软，长25～48cm，节间平均长6.2cm，皮孔中大，灰褐色，椭圆形，凸起；枣股粗、大，圆锥形或圆柱形；一般枣股抽生枣吊2～6个，枣吊长19～24cm，节间长1.6～2.2cm，着生叶片12～15片；叶片较小，卵圆形，叶厚，叶面绿色或黄绿色，叶长3～4cm，宽1.7～2.3cm，叶尖钝尖，叶基宽楔形，叶缘锯齿粗钝；花量多，每吊7～9个花序，每花序6～10朵花；花较大，多数昼开型。

3. 果实性状

果实长圆形或近圆形，纵径4.3cm，横径3.7cm；平均果重18.4g，最大果重22.5g，大小较整齐；果柄中粗，果顶圆或平，果面平整，果皮厚，成熟后果皮紫红色，果点圆形，明显；果实白绿色，果肉质地致密、脆硬，汁液中多，风味甜，品质中上，可溶性固形物含量25%，果肉中含有维生素C300～500mg/100g，可食率96%以上，适宜制干；核较大，渐尖，部分有种仁。

4. 生物学特性

树体高大，骨干枝开张角度60°以上。枝条密，枝梢下垂，萌芽力强，发枝力较强，生长势中等；开始结果年龄2年，产量高而稳定；坐果力强，生理落果少，采前落果少，成年树单株平均产量（盛果期）20～30kg；萌芽期4月下旬，开花期5月下旬，果实成熟期10月上旬，落叶期10月下旬。

品种评价

适应性较强，树形大，强健，结果早，产量高而稳定。果实大、肉质硬，成熟晚，品质中上，适宜制干。

生境及植株

花

果实

叶片

彬县枣2号

Ziziphus jujuba Mill.'Binxianzao 2'

调查编号：CAOQFZCF005

所属树种：枣 *Ziziphus jujuba* Mill.

提 供 人：赵爱思
电　　话：15146614380
住　　址：陕西省咸阳市彬县城关镇
　　　　　李家川村

调 查 人：孟玉平、曹秋芬、张春芬
　　　　　徐世彦
电　　话：13453451522
单　　位：山西省农业科学院生物技术研究中心

调查地点：陕西省咸阳市彬县城关镇李家川村

地理数据：GPS数据（海拔：1108m，经度：E107°59'32.63"，纬度：N35°01'25.84"）

生境信息

来源于当地，栽培历史悠久；田间小生境，影响因子为耕作，可在平地上生长，可以利用耕地进行栽培；土壤质地为砂壤土；现存100株。

植物学信息

1. 植株情况

乔木；树势中强，树姿开张，树形圆锥形；成年大树高4.5m，冠幅东西4.8m、南北3.5m，干高1.8m，干周44.4cm；主干灰褐色，树皮条状裂，裂纹深，容易剥落，枝条密度适中。

2. 植物学特性

枣头黄褐色，长23～45cm，节间长2.1～3.4cm，粗度适中，平均粗0.56cm；皮孔中大，灰褐色，椭圆形，凸起；枣股粗、大，圆锥形或圆柱形，一般枣股抽生枣吊2～6个，枣吊长19～24cm，节间长1.6～2.2cm，着生叶片12～15片；叶片较小，卵圆形，叶厚，叶面绿色或黄绿色，叶长3.1～4.22cm，宽1.7～2.8cm，叶尖微尖，叶基宽楔形，叶缘锯齿粗钝；花量较多，每吊6～9个花序，每花序4～10朵花；花较大，多数昼开型。

3. 果实性状

果实长圆或近圆形，较大，纵径4.5cm，横径3.37cm；平均果重19.4g，最大果重23.5g，大小较整齐；果柄中粗，果顶圆或平，果面平整，果皮厚，成熟后果皮紫红色，果点圆形，明显；果实白绿色，果肉质地致密、脆硬，汁液中多，风味甜，品质中上，可溶性固形物含量25%，果肉中含有维生素C300～500mg/100g，可食率96%以上，适宜制干；核较大，渐尖，部分有种仁。

4. 生物学特性

生长势强健，开始结果年龄较早，盛果期年龄5～7年；全树坐果，坐果力强，生理落果少，采前落果少；单株平均产量（盛果期）25kg；萌芽期4月下旬，开花期5月下旬；果实采收期10月上旬，落叶期10月下旬。

品种评价

丰产稳产、广适性；果实肉质硬，适宜制干。

生境及植株

果实

花

叶片

彬县枣 3 号

Ziziphus jujuba Mill.'Binxianzao 3'

调查编号：CAOQFZCF006

所属树种：枣 *Ziziphus jujuba* Mill.

提 供 人：赵爱思
电　　话：15146614380
住　　址：陕西省咸阳市彬县城关镇
　　　　　李家川村

调 查 人：孟玉平、曹秋芬、张春芬
　　　　　徐世彦
电　　话：13453451522
单　　位：山西省农业科学院生物技
　　　　　术研究中心

调查地点：陕西省咸阳市彬县城关镇
　　　　　李家川村

地理数据：GPS数据（海拔：1108m，
　　　　　经度：E107°59'32.63"，纬度：N35°01'25.84"）

生境信息

源于当地，田间小生境，影响因子为耕作，可在平地上生长，亦可以利用耕地进行栽培；土壤质地为砂壤土；现存数株。

植物学信息

1. 植株情况

乔木；嫁接繁殖，5年生，植株姿态直立；树冠呈自然形，干性较强，树势弱；主干灰褐色，皮部条状纵裂，裂纹少而浅，不易剥落。

2. 植物学特性

枣头枝黄褐色，年生长15～55cm，节间略直，皮孔浅褐色，中大，凸起；幼树枣股圆锥形，成年大树枣股圆柱形，通常抽生枣吊2～7个，吊长15～27cm，粗0.15～0.2cm，节间长1.8～2.2cm，着生叶片9～15片；叶片小而厚，卵形，长3～4.4cm，宽1.8～2.4cm，先端钝尖，叶缘粗锯齿，基部广楔形，绿色或黄绿色；着果较多部位3～7节，花量较多，每一花序有单花1～8朵，花较大，多数昼开型。

3. 果实性状

果实中等大小，近圆形，纵径3.34cm，横径2.24cm，单果平均重6.88g，最大单果重7.5g；果皮脆而薄，易剥落；果肉蛋白绿色，质致密较脆，汁液多，风味酸甜；果面深红色，果面光滑，梗洼深而中广，果顶圆，果上部稍歪；可溶性固形物含量27.9%，可食部分占果重93%；核纺锤形，核面较粗糙，沟纹宽而深，先端具尖嘴，基部锐尖，种仁饱满。

4. 生物学特性

枣头萌发力较弱，当年结实力差。进入结果期较早，丰产，产量稳定，20年生单株产鲜枣15～17.5kg。在当地4月上旬萌芽，5月中下旬开花，6月上旬达盛花期，9月中旬果实成熟，10月下旬落叶。

品种评价

抗旱，耐贫瘠；结果早，丰产，果实肉质硬，适宜制干。耐修剪，嫁接繁殖。适宜在平原、丘陵及山地及排水良好的地区栽培。

植株

生境

叶片

果实

花

北丁枣 1 号

Ziziphus jujuba Mill.'Beidingzao 1'

🔲 调查编号： CAOQFZCF009

🔖 所属树种： 枣 *Ziziphus jujuba* Mill.

📄 提 供 人： 李少离
电　　话： 15146614380
住　　址： 陕西省渭南市大荔县管池镇北丁村

🔍 调 查 人： 孟玉平、曹秋芬、张春芬
　　　　　　 徐世彦
电　　话： 13453451522
单　　位： 山西省农业科学院生物技术研究中心

📍 调查地点： 陕西省渭南市大荔县管池镇北丁村

🌐 地理数据： GPS数据（海拔：533m，
经度：E109°54'3.42"，纬度：N34°41'56.41"）

🗒 生境信息

来源于当地，最大树龄50年以上，生长在城镇的庭院中，易受修路和城市扩建影响；适合于在平地生长，可利用耕地进行种植；土壤质地为壤土，pH7.3；现存数株。

📋 植物学信息

1. 植株情况

乔木；5年生，嫁接繁殖，砧木为酸枣；树冠呈自然形，树姿直立，干性较强；主干褐色或灰褐色，皮部条状纵裂，裂纹少而浅，不易剥落。

2. 植物学特性

枣头枝红褐色，较细，年生长10～55cm，节间略直，皮孔灰色，中等大，凸起；枣股圆柱形，1～2cm，通常抽生枣吊3～5个，吊长10～18cm，着果较多部位3～7节；叶片9～15片，长4.1cm，宽2.1cm，先端钝或锐，叶缘锯齿浅或锐，基部圆形或楔形，叶柄长0.7cm左右；花量较少，每一花序有单花1～6朵，花小。

3. 果实性状

果实中等大小，长圆形或卵圆形，纵径3.46cm，横径2.55cm，单果平均重6.86g，最大单果重7.7g，大小整齐；果面平滑光亮，果皮着色前呈白绿色，成熟后呈红色；果肉白绿色，肉质较松，汁液少，风味酸甜，可溶性固形物含量18%～24.2%，可食部分占果重92%以上；果核小，纺锤形，先端尖，无种仁；裂果较少，品质中等，适宜制干。

4. 生物学特性

树体中大，中心主干生长势强，树姿直立，萌芽力强，发枝力中等；进入结果期较早，丰产，产量稳定。在当地4月上中旬萌芽，5月中下旬开花，6月上旬达盛花期，9月中下旬果实成熟，10月下旬落叶。

📰 品种评价

对土壤、气候的适应性强，耐涝、耐瘠薄；嫁接繁殖。适宜在平原、丘陵及排水良好的砂壤土中栽培。

生境及植株

果实　　　　　　　　　　　　　叶片

北丁枣 2 号

Ziziphus jujuba Mill.'Beidingzao 2'

調查编号： CAOQFZCF010

所属树种： 枣 *Ziziphus jujuba* Mill.

提 供 人： 李少离
电　　话： 15146614380
住　　址： 陕西省渭南市大荔县管池
镇北丁村

调 查 人： 孟玉平、曹秋芬、张春芬
徐世彦
电　　话： 13453451522
单　　位： 山西省农业科学院生物技
术研究中心

调查地点： 陕西省渭南市大荔县管池
镇北丁村

地理数据： GPS数据（海拔：533m，
经度：E109°54'3.42"，纬度：N34°41'56.41"）

生境信息

来源于当地，最大树龄50年，生境是城镇的庭院中，易受修路和城市扩建影响；适合于在平地生长，可利用耕地进行种植；土壤质地为壤土，pH7.3；现存数株，种植农户为2户。

植物学信息

1. 植株情况

乔木；15年树龄，嫁接繁殖，植株直立；树冠圆头形，主干深褐色，皮部条块状裂，裂纹较深，裂片较易剥落。

2. 植物学特性

枣头枝红褐色，被白色蜡状物，年生长20~50cm，节间略直；皮孔灰色，中等大，凸起；枣股圆柱形，1~2cm，通常抽生枣吊2~5个，吊长10~18cm，着果较多部位3~7节；叶片8~14片，长4.22cm，宽2.23cm，先端钝或锐，叶缘锯齿浅或锐，基部圆形或楔形，叶柄长0.7cm左右；花量较少，每一花序有单花2~5朵，花小。

3. 果实性状

果实中等大小，长圆形，纵径3.56cm，横径2.7cm，单果平均重7.86g，最大单果重9g，大小整齐；果顶圆，梗洼浅而宽；果面平滑、光亮，果皮着色前呈白绿色，成熟后呈红色；果肉白绿色，质地较松，汁液中多，风味酸甜，可溶性固形物含量24%左右，可食部分占果重93%以上；果核小，纺锤形，先端尖，无种仁；裂果较少，品质中上等，适宜制干。

4. 生物学特性

树体中大，干性强，树姿直立，主枝开张角度40°左右；萌芽力强，发枝力中等；进入结果期较早，丰产，产量稳定。在当地4月上中旬萌芽，5月中下旬开花，6月上旬达盛花期，9月中下旬果实成熟，10月下旬落叶。

品种评价

对土壤、气候的适应性强，耐涝、耐瘠薄；嫁接繁殖。适宜在平原、丘陵及排水良好的砂壤土中栽培。

植株

枝条

花

叶片

果实

北丁枣 3 号

Ziziphus jujuba Mill.'Beidingzao 3'

调查编号: CAOQFZCF011

所属树种: 枣 *Ziziphus jujuba* Mill.

提 供 人: 李少离
电　　话: 15146614380
住　　址: 陕西省渭南市大荔县管池镇北丁村

调 查 人: 孟玉平、曹秋芬、张春芬徐世彦
电　　话: 13453451522
单　　位: 山西省农业科学院生物技术研究中心

调查地点: 陕西省渭南市大荔县管池镇北丁村

地理数据: GPS数据（海拔: 533m, 经度: E109°54'3.42", 纬度: N34°41'56.41"）

生境信息

来源于当地, 生境环境是城镇的庭院中, 易受修路和城市扩建影响; 适合于在平地生长, 可利用耕地进行种植; 土壤质地为壤土, pH7.3; 现存30株, 种植农户为2户。

植物学信息

1. 植株情况

乔木; 15年树龄, 嫁接繁殖, 植株直立; 树冠自然圆头形, 主干深褐色, 皮部条块状裂, 裂纹明显, 裂片较大, 易剥落。

2. 植物学特性

枣头枝红褐色, 年生长25～58cm, 节间略直; 皮孔中大, 椭圆形, 凸起; 枣股圆柱形, 通常抽生枣吊2～5个, 吊长18.8cm, 着果较多部位3～5节; 枣吊有叶9～15片, 叶片厚, 长卵形, 深绿色, 叶片平均长4.3cm, 宽2.3cm, 先端渐尖, 叶缘锯齿浅锐, 叶基部圆形或楔形; 叶柄长0.3～0.6cm。花量较少, 每一花序有单花1～6朵。

3. 果实性状

果实中大, 长圆柱形, 纵径3.5cm, 横径2.65cm, 平均果重7.5g, 果实大小整齐; 果顶圆, 顶洼浅而广, 梗洼浅而宽; 果面光、平滑, 果皮着色前呈白绿色, 成熟后呈红色; 果肉白绿色, 质地较松, 汁液中多, 风味酸甜, 可溶性固形物含量24%左右, 可食部分占果重93%以上; 果核小, 纺锤形, 先端尖, 无种仁。裂果较少, 品质中上等, 适宜制干。

4. 生物学特性

树势强健, 萌发力强, 树体中大, 枣头多分布于树冠中部, 树体自然圆头形; 一般在4月中旬芽萌动, 5月底开花, 果实9月中下旬成熟, 10月上中旬开始落叶。成熟期裂果较少。

品种评价

适应性强, 树体中大, 生长势中等, 产量高而稳定; 果实中大, 适宜制干。

果实

花

生境及植株

叶片

张家河枣 1 号

Ziziphus jujuba Mill.'Zhangjiahezao 1'

调查编号： CAOQFZCF013

所属树种： 枣 *Ziziphus jujuba* Mill.

提供人： 王胜
电　　话： 15146614380
住　　址： 陕西省延安市延川县延水关镇张家河村

调查人： 孟玉平、曹秋芬、张春芬 徐世彦
电　　话： 13453451522
单　　位： 山西省农业科学院生物技术研究中心

调查地点： 陕西省延安市延川县延水关镇张家河村

地理数据： GPS数据（海拔：912m，经度：E110°21'14"，纬度：N36°51'58"）

生境信息

来源于当地，最大树龄50年以上，伴生物种是枣，影响因子为修路和城市扩建，适合在平地生长，可以利用耕地进行栽培；土壤质地为壤土，pH7.5。

植物学信息

1. 植株情况

乔木，35年树龄，植株半开张，树冠呈自然半圆形，主干灰色或褐色，皮部纵裂，裂纹中深。树高7.5m，冠幅东西2.6m、南北2.4m，干高1.1m，干周36cm。

2. 植物学特性

枣头红褐色，年生长23～44cm，节间略直，皮孔灰褐色，小，圆形或椭圆形，凸起；枣股灰黑色，圆柱形，通常抽生枣吊1～5个，吊长15～18cm，花量多，每一花序有单花4～6朵；枣吊有叶7～13片，叶片卵状披针形，中等大小，平均长5.6cm，平均宽2.8cm，先端较锐，叶缘波状，基部圆形，叶面有光泽，深绿色。

3. 果实性状

果实中大，圆柱形，纵径4.27cm，横径2.89cm，单果平均重12.53g，最大单果重17g；果皮较厚，浓红色，着色均匀，果面光滑，果点小；果肉白绿色，质地硬，稍粗，汁液少，味甜，含可溶性固形物30%，可食部分占果重96%以上，可食率高；核较小，纺锤形，核沟纹浅，顶端锐尖，基部尖，核含仁率低，果实裂果较少，品质中上，适宜制干。

4. 生物学特性

树势较强，发枝力中等；进入结果期较早，产量中等；适应性强，山地、平地、砂壤土均可栽培；在当地4月中旬萌芽，5月中下旬开花，6月初达盛花期，9月中旬果实成熟，10月下旬落叶。

品种评价

适应性强，山地、平地均可栽植；果皮较厚，裂果较少，适宜制干。

生境及植株

果实

花

叶片

张家河枣 2 号

Ziziphus jujuba Mill.'Zhangjiahezao 2'

调查编号：CAOQFZCF014

所属树种：枣 *Ziziphus jujuba* Mill.

提供人：王胜
电　话：15146614380
住　址：陕西省延安市延川县延水
　　　　关镇张家河村

调 查 人：孟玉平、曹秋芬、张春芬
　　　　　徐世彦
电　话：13453451522
单　位：山西省农业科学院生物技
　　　　术研究中心

调查地点：陕西省延安市延川县延水
　　　　　关镇张家河村

地理数据：GPS数据（海拔：912m，
　　　　　经度：E110°21'14"，纬度：N36°51'58"）

生境信息

来源于当地，旷野小生境，影响因子为耕作，可以在平地、坡地上生长，亦可以利用耕地进行栽培，土壤质地砂壤土；现存数株。

植物学信息

1. 植株情况

乔木；树姿半开张，树形半圆形；5年生小树高1.6m，冠幅东西1.8m、南北2.2m，干高0.79m，干周14cm；主干红褐色，枝条密度中。

2. 植物学特性

枣头红褐色，有光泽，年生长23～44cm，节间平均长1.2cm，平均粗7cm，节间略直，皮孔灰褐色，小，圆形或椭圆形，凸起；枣股灰黑色，圆柱形，通常抽生枣吊1～6个，吊长17cm，花量多，每一花序有单花4～6朵。枣吊有叶7～13片，叶片卵状披针形，中等大小，平均长6.3cm，平均宽3.6cm，叶片厚，浓绿色，先端较锐，叶缘波状，基部圆形，叶面有光泽；叶柄长0.5cm，粗，本色。

3. 果实性状

果实圆柱形，个较大，纵径4.6cm，横径3.5cm；最大果重21g；果皮较厚，成熟后呈浓红色，着色均匀，果面光滑，果点小；果肉绿白色，质地较硬，稍粗，汁液少，味甜，含可溶性固形物30%以上；可食率高，可食部分占果重95%以上；核较小，纺锤形，核沟纹较浅，顶端锐尖，基部尖，无仁或核含仁不饱满。果实裂果较少，品质中上，适宜制干。

4. 生物学特性

中心主干生长势强，萌芽力强，发枝力中等；开始结果年龄1～2年；全树坐果，坐果力强；产量较高，大小年不显著；适应性强，山地、平地的砂壤土均可栽培；萌芽期4月中上旬，开花期5月中旬，果实采收期9月上旬，落叶期10月下旬。

品种评价

耐贫瘠，适应性强，山地、平地均可栽植；果皮较厚，裂果较少，适宜制干。

生境及植林

果实

枝条

叶片

张家河枣 3 号

Ziziphus jujuba Mill.'Zhangjiahezao 3'

调查编号：CAOQFZCF015

所属树种：枣 *Ziziphus jujuba* Mill.

提供人：王胜
电　话：15146614380
住　址：陕西省延安市延川县延水
　　　　关镇张家河村

调查人：孟玉平、曹秋芬、张春芬
　　　　徐世彦
电　话：13453451522
单　位：山西省农业科学院生物技
　　　　术研究中心

调查地点：陕西省延安市延川县延水
　　　　　关镇张家河村

地理数据：GPS数据（海拔：912m,
　　　　经度：E110°21'14″, 纬度：N36°51'58″）

生境信息

来源于当地，生境环境是庭院，适合于在平地生长，易受城市扩建影响，可利用耕地进行种植；土壤质地为壤土，pH7.5；种植年限20年，现存7株，种植农户为3户。

植物学信息

1. 植株情况

乔木；树势强，树姿半开张，树形自然圆头形；树高13m，冠幅东西8m、南北7.1m，干高2.3m，干周38cm；主干褐色，树皮条块状裂纹，裂片中等大小，易剥落，枝条密度适中。

2. 植物学特性

枣头枝红褐色，皮孔小，椭圆形，开裂，凸起；枣股圆柱形，通常抽生枣吊1～4个，枣吊中部花多，每一花序有单花1～8朵；叶片长卵状披针形，较薄，平均长6.5cm，宽3.1cm，先端渐尖，叶缘钝齿较粗，基部圆形，深绿色。

3. 果实性状

果实个中大，长圆柱形，最大单果17.3g，平均果重13.9g，平均纵径4.61cm，横径3.10cm；果面暗红色，平整光亮，果点较小，圆形；果皮厚，果顶圆，顶洼浅，梗洼中等深；果肉绿白色，致密，汁液少，风味甜，微酸，品质中上；鲜果含总糖20.43%，鲜果肉含维生素C46.12mg/100g；核较小，纺锤形，顶端尖，基部钝尖，核沟纹浅或中深，纵径1.93cm，横径0.825cm，核内无仁或仁不饱满；可食部分占全果重的96%以上。

4. 生物学特性

中心主干生长势强，萌芽力强，发枝力中等；根蘖发生较多，栽植根蘖苗，当年或第二年可结果，裂果现象少；萌芽期4月中旬，开花期5月下旬，果实采收期9月上旬，落叶期10月下旬。

品种评价

适应性强，裂果少，适宜制干。

生境及植株

叶片

花

枝条

高渠木枣 1 号

Ziziphus jujuba Mill.'Gaoqumuzao 1'

调查编号：CAOQFZCF021

所属树种：枣 *Ziziphus jujuba* Mill.

提 供 人：赵文哲
电　　话：13283811852
住　　址：陕西省榆林市米脂县高渠乡

调 查 人：孟玉平、曹秋芬、张春芬
　　　　　徐世彦
电　　话：13453451522
单　　位：山西省农业科学院生物技
　　　　　术研究中心

调查地点：陕西省榆林市米脂县高渠乡

地理数据：GPS数据（海拔：586m，
经度：E110°11'16.50"，纬度：N37°48'48.26"）

生境信息

来源于当地，城镇居民区，影响因子为城市扩建，可在平地上生长，亦可利用耕地进行种植；土壤质地为壤土，pH7.3；现存数株，种植农户为1户。

植物学信息

1. 植株情况

乔木；25年树龄，嫁接繁殖，植株半开张，树冠呈自然圆头形，主干灰褐色，皮部纵横裂，容易剥落，枝条较密。

2. 植物学特性

枣头枝褐色，年生长量22～63cm，节间较直，皮孔灰褐色，小而多。枣股深灰色，圆柱形，通常抽生枣吊2～6个，吊长11～18cm，着果较多部位3～6节；花量较多，每一花序有单花1～9朵；枣吊有叶9～12片，叶片中等大，较厚，纺锤形，长4.1～6.4cm，宽2.3～3.2cm，先端锐尖，叶缘锯齿钝，基部偏圆形，深绿色，叶柄长0.3～0.6cm。

3. 果实性状

果实中大，圆柱形；平均果重14.5g，最大可达19g左右，大小整齐；纵径5.5cm，横径4.0cm；果面平，果皮厚，红色；果点小，密；果肉厚，绿白色，稍粗，汁液少，味甜；核较小，纺锤形，无仁或种仁不饱满；品质中上等，属中熟品种。

4. 生物学特性

成年大树树势中庸，树体中等，干性强，枣头萌发力较弱，结实力强，每吊着果2～4个，二次枝结果能力强，产量稳定；一般在4月下旬芽萌动，6月初开花，果实9月下旬成熟，10月中下旬开始落叶。

品种评价

抗旱，适应性强；果实可食率高，适宜制干；主要病虫害为枣尺蠖、枣黏虫；耐修剪，嫁接繁殖；适宜在丘陵地带排水良好的土壤中栽培。

果实

花

花

高渠木枣 2 号

Ziziphus jujuba Mill.'Gaoqumuzao 2'

调查编号： CAOQFZCF022

所属树种： 枣 *Ziziphus jujuba* Mill.

提 供 人： 赵文哲
电　　话： 13283811852
住　　址： 陕西省榆林市米脂县高渠乡

调 查 人： 孟玉平、曹秋芬、张春芬
　　　　　 徐世彦
电　　话： 13453451522
单　　位： 山西省农业科学院生物技术研究中心

调查地点： 陕西省榆林市米脂县高渠乡

地理数据： GPS数据（海拔：586m，经度：E110°11'16.50"，纬度：N37°48'48.26"）

生境信息

来源于当地，生长于坡地，坡向偏南；影响因子为耕作；土壤质地为砂壤土；种植年限25年，现存29株，种植农户为10户。

植物学信息

1. 植株情况

乔木；树势强，树姿半开张，树形圆形；树高7.2m，冠幅东西6m、南北6.2m，干高1.85m，干周52cm；主干褐色，树皮块状裂，枝条较密。

2. 植物学特性

新梢一年平均长15cm，生长势强，枝条红褐色，无光泽、中等长度，节间平均长2.2cm，平均粗0.5cm，皮目中等；枣股圆柱形，通常抽生枣吊1～6个，吊长14～18cm，着果较多部位2～5节；花量较多，每一花序有单花1～9朵；枣吊有叶9～12片，叶片中大，长6.5cm，宽3.1cm，中厚，深绿色，叶边锯齿钝、粗，叶柄长0.2cm，本色。

3. 果实性状

果实中大，纵径4.5cm，横径3.2cm，单果平均重12g，最大单果重16.5g；果肉厚1cm，浅绿白色，果肉质地致密、脆，纤维中，汁液少，风味甜，可食率在94%以上，品质中上；核小，可溶性固形物含量25%；适宜制干。

4. 生物学特性

中心主干生长势强，萌芽力强；栽植后2～3年开始结果，5年以后达到盛果期。全树坐果，坐果力强，生理落果和采前落果少，裂果较少，产量高，大小年不显著，盛果期单株平均产量25kg；萌芽期4月中下旬，开花期5月下旬，果实成熟期9月上旬，落叶期10月下旬。

品种评价

果实可食率高，适宜制干；抗旱、耐贫瘠；对土壤、气候的适应性强，抗风沙、耐瘠薄、耐盐碱、广适性。

生境及植株

叶片

花

果实

高渠油枣 3 号

Ziziphus jujuba Mill.'Gaoquyouzao 3'

調查編号： CAOQFZCF023

所屬樹種： 枣 *Ziziphus jujuba* Mill.

提 供 人： 赵文哲
電 話： 13283811852
住 址： 陕西省榆林市米脂县高渠乡

調 查 人： 孟玉平、曹秋芬、张春芬
徐世彦
電 話： 13453451522
單 位： 山西省农业科学院生物技
术研究中心

調查地点： 陕西省榆林市米脂县高渠乡

地理数据： GPS数据（海拔：586m，
经度：E110°11'16.50"，纬度：N37°48'48.26"）

生境信息

来源于当地，庭院小生境；影响因子为城市扩建；可在院落进行种植；土壤质地为砂壤土，pH7.6。

植物学信息

1. 植株情况

乔木；树体较大，树势较强，干性弱，树姿开张，树冠呈自然半圆形；25年生植株干高1.58m，干周0.43m，树高5～6m，枝展4～4.5m。主干灰褐色，皮部纵裂，裂纹少而浅，易剥落，枝条较密。

2. 植物学特性

枣头红褐色，生长势强，年生长25～65cm，节间略直，皮孔灰褐色，小而多；枣股灰黑色，圆锥形，通常抽生枣吊2～4个，吊长10～16cm，着果较多部位3～6节；枣吊有叶9～12片，叶片长卵形，深绿色，长3.3～6.3cm，宽1.4～3.1cm，先端渐尖，叶基圆形，叶缘锯齿细密；花量较多，每一花序有单花1～9朵，花大，蜜盘大，为昼开型。

3. 果实性状

果实中等大，椭圆形，纵径3.5cm，横径2.8cm，单果重10～12g，大小均匀；果面光滑，果皮深红色，果点明显；果肉厚，绿白色，肉质致密，汁液中多，甜酸；可溶性固形物含量33%，干枣含糖量70%以上，鲜枣果肉中含有维生素C450～550mg/100g；核小，纺锤形，核内无仁；品质中上。

4. 生物学特性

栽植第2年开始结果，进入结果期较早，坐果率高，产量中上，25年生单株产鲜枣35～40kg；采前落果少、裂果较轻；在当地4月中旬萌芽，5月下旬开花，6月上旬达盛花期，9月下旬果实成熟，10月下旬落叶。

品种评价

适应性强，容易栽培；结果早，采前落果；果实肉厚、核小，可食率高，鲜食和制干兼用；较抗病。

生境及植株

花

叶片

果实

高渠油枣 4 号

Ziziphus jujuba Mill.'Gaoquyouzao 4'

调查编号： CAOQFZCF024

所属树种： 枣 *Ziziphus jujuba* Mill.

提 供 人： 赵文哲
电　话： 13283811852
住　址： 陕西省榆林市米脂县高渠乡

调 查 人： 孟玉平、曹秋芬、张春芬
徐世彦
电　话： 13453451522
单　位： 山西省农业科学院生物技术研究中心

调查地点： 陕西省榆林市米脂县高渠乡

地理数据： GPS数据（海拔：586m，
经度：E110°11'16.50"，纬度：N37°48'48.26"）

生境信息

来源于当地，伴生物种是酸枣，可在阳坡地上生长，亦可利用原始林地进行种植，土壤质地为砂土；现存数株。

植物学信息

1. 植株情况

乔木；树势较强，树姿半开张，树形半圆形；树高4m，冠幅东西2.5m、南北2.35m，干高0.7m，干周22cm；主干灰色，树皮纵横状裂，枝条较密。

2. 植物学特性

枣头红褐色，生长势强，年生长25～65cm，节间略直，皮孔灰褐色，小而多；枣股灰黑色，圆锥形，通常抽生枣吊1～5个，吊长11～17cm，着果较多部位2～6节；枣吊有叶9～12片，叶片长卵形，深绿色，长3.3～6.3cm，宽2.4～3.1cm，先端渐尖，叶基圆形，叶缘锯齿细密；花量较多，每一花序有单花1～9朵，花铃形，花大，蜜盘大，为昼开型。

3. 果实性状

果实中等大，椭圆形，纵径3.4cm，横径2.6cm，单果重10～13g，大小均匀；果面光滑，果皮深红色，果点明显；果肉厚，绿白色，肉质致密，汁液中多，甜酸；可溶性固形物含量32%，鲜枣含糖量35%，干枣含糖量70%以上；鲜枣果肉中含有维生素C450～550mg/100g；核小，纺锤形，核内无仁；品质中上。

4. 生物学特性

中心主干生长势强，萌芽力强，发枝力适中，枣头生长势中；栽植后第2年开始结果，10年达到盛果期，是萌芽期4月中上旬，开花期5月下旬，果实成熟期9月下旬，落叶期10月下旬。

品种评价

抗旱，耐瘠薄，适应性强；果实可食率高，适宜制干；主要病虫害有枣尺蠖、枣黏虫、枣桃小食心虫、食芽象甲；对寒冷、干旱等恶劣环境的抵抗能力强；适合在丘陵地带排水良好的土壤中种植。

植株

叶片

花

蘑菇枣

Ziziphus jujuba Mill.'Moguzao'

调查编号：CAOQFLDK001

所属树种：枣 *Ziziphus jujuba* Mill.

提 供 人：张四努
电　　话：15536972452
住　　址：山西省太原市清徐县徐沟镇杜村

调 查 人：李登科
电　　话：13834808954
单　　位：山西省农业科学院果树研究所

调查地点：山西省太原市清徐县徐沟镇杜村

地理数据：GPS数据（海拔：650m，经度：E112°27'59"，纬度：N37°28'36"）

生境信息

来源于当地平原地带，土壤为砂壤土，分布于房前屋后，一般管理，与'壶瓶枣'品种混生，为其变异类型，自然分布状态，树龄长达100年，现存2株。

植物学信息

1. 植株情况

树体高大，树冠乱头形，树姿直立，干性强，树势强健。

2. 植物学特性

枣头红褐色，节间长6~8cm，二次枝6、7节；枣股圆柱形，粗大，抽生枣吊能力中等，枣吊长14cm左右，叶片12片左右，中大，长卵形，叶缘锯齿较粗。

3. 果实性状

果实葫芦形，腰部有缢痕，个较大，平均果重18.5g，形似蘑菇状而得名。果实色泽、肉质、成熟期同'壶瓶枣'品种。

4. 生物学特性

生长势强，易发枝，枣头枝粗壮，分枝角度小，较丰产；对土壤和气候条件的适应性一般，成熟期遇雨有裂果现象；萌芽期4月中旬，花期6月上旬，果实成熟期9月中旬，为中熟类型。

品种评价

树体强健，适应性广；果实制干，观赏兼用。

植株

枣吊

果实

核

棒槌枣

Ziziphus jujuba Mill.'Bangchuizao'

调查编号: CAOQFLDK002

所属树种: 枣 *Ziziphus jujuba* Mill.

提供人: 田创
电　话: 0359 - 3576118
住　址: 山西省运城市平陆县城关镇

调查人: 李登科
电　话: 13834808954
单　位: 山西省农业科学院果树研究所

调查地点: 山西省运城市平陆县圣人涧镇茅津村

地理数据: GPS数据（海拔: 645m, 经度: E111°12′42.85″, 纬度: N34°48′12.81″）

生境信息

来源于当地, 与'铃枣'品种混生, 但数量极少, 树龄30多年; 自然分布, 生境与'铃枣'相同。

植物学信息

1. 植株情况

调查树龄30余年, 树冠乱头形, 树姿开张, 生长势中庸健壮; 树高约5m, 干高1m, 冠径3m, 干周40cm, 树姿半开张, 生长健壮。

2. 植物学特性

枣头红褐色, 节间长5cm左右, 针刺较短, 约0.4cm, 不发达, 二次枝5~8个, 不发达; 抽生枣头和枣吊能力较弱, 枣吊长18cm左右, 叶片12片左右, 中大, 长椭圆形, 叶缘渐尖, 钝锯齿, 叶背茸毛少。

3. 果实性状

果个小, 单果重10g左右, 果形倒卵圆形或长圆筒形, 果皮褐红色, 皮较厚, 果点小而不明显, 果顶平, 梗洼深狭, 果肉松软, 味酸甜, 果核大, 品质一般; 可制干。

4. 生物学特性

干性弱, 枣头枝开张角度小, 根蘖少; 较丰产, 但落果严重; 适应性较强, 抗高温和干旱环境, 但不抗裂果; 萌芽期4月中旬, 花期6月上旬, 果实成熟期9月下旬, 为中晚熟类型。

品种评价

树体矮化, 丰产, 品质一般, 抗旱性强, 可制干枣。

生境及植株

花

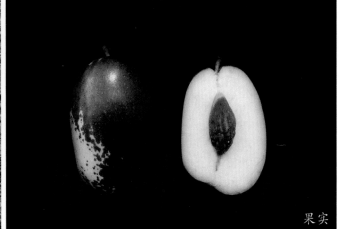

果实

枣吊

耧疙瘩

Ziziphus jujuba Mill.'Lougeda'

调查编号：CAOQFLDK003

所属树种：枣 *Ziziphus jujuba* Mill.

提供人：胡英立
电　话：15934480283
住　址：山西省运城市河津市小梁乡

调查人：李登科
电　话：13834808954
单　位：山西省农业科学院果树研究所

调查地点：山西省运城市河津市小梁乡胡家堡村

地理数据：GPS数据（海拔：489m，经度：E110°41'7.2"，纬度：N35°30'10.8"）

生境信息

来源于当地，自然分布于黄河沿岸的丘陵台地的农田地堰，土壤为砂壤土，有灌溉条件，生长发育正常，树龄20～30年，与当地的'水枣'和'条枣'混生，数量极少。

植物学信息

1. 植株情况

30年生树，树高4m，干高约1m，主干灰褐色，干径约8cm。

2. 植物学特性

枣头枝黄红色，二次枝短促健壮，但生长量小；针刺不发达；枣吊中等长，叶片10片以上，卵状披针形，较大。

3. 果实性状

果个大，平均果重30.5g，卵圆形或椭圆形；果皮紫黑色，皮厚，肉质硬，果点大而稀疏，汁液较少，鲜食口感较差；干枣皱纹少但明显，弹性较差，口感一般。

4. 生物学特性

树体较小，树势中庸，树冠紧凑，成枝力较强；坐果率较高，较丰产；较抗裂果和抗病，适应性和抗性较强；结果约5kg；萌芽期4月中旬，花期6月上旬，果实成熟期9月下旬，为中晚熟类型。

品种评价

果个大，肉质硬，抗病和抗裂果。

生境

叶片

植株

果实

同心圆枣

Ziziphus jujuba Mill.'Tongxinyuanzao'

调查编号：CAOQFLDK004

所属树种：枣 *Ziziphus jujuba* Mill.

提 供 人：刘廷骏
电　　话：13895050880
住　　址：宁夏回族自治区林业厅果树产业局

调 查 人：李登科
电　　话：13834808954
单　　位：山西省农业科学院果树研究所

调查地点：宁夏回族自治区吴忠市同心县王团镇黄草岭村

地理数据：GPS数据（海拔：1460m，经度：E106°04′51.96″，纬度：N36°52′48.36″）

生境信息

产于宁夏回族自治区吴忠市同心县王团镇大沟沿、黄草岭村，石狮镇沙沟脑子村，预旺镇贺家塬村，中卫市中宁县喊叫水乡贺家口子村，主要生境条件为荒漠干旱地带。种植年限长达200年以上，种植面积约3333hm²。

植物学信息

1. 植株情况

树势较强，树冠圆头形，树姿开张，发枝力强，干性强；主干灰褐色、皮部纵裂，裂纹浅，易剥落；调查植株树龄为100年以上的老枣树。

2. 植物学特性

1～2年枝灰褐色，皮孔中大较密，灰白色，凸起，有长刺；枣股肥大，圆锥形，抽生枣吊1～6条，通常2～3条，每吊有叶9～18片，坐果多集中在中部，叶长6.5cm，宽3.4cm，深绿色。

3. 果实性状

果实中大，近圆形，顶部小，基部大；纵径3.72cm，横径3.43cm；单果均重20g，最大单果重25g，大小均匀、饱满；果皮中厚，果面光滑，果点大而少，明显；在白熟期、脆熟期和完熟期果皮颜色由白转红到紫红，脆熟期皮薄色鲜，肉厚，绿白色，质细松脆；鲜枣可食率95.5%，水分68%，可溶性固形物25%，含糖量35%，总酸0.4%；干果果形饱满，个头均匀，果肉弹性好，褶皱浅；干果常温可贮藏至少1年以上；枣核中大，纺锤形，核面粗糙，沟纹深，无种仁；果实主要用于制干。

4. 生物学特性

在零下30℃不受冻害，种植技术含量低、自然发育生长良好；当年种植即可结果，5年后达到盛果期，7年生树高3m多，平均单株产量10kg，产量稳定；5月上旬萌芽，6月中旬盛花期，果实9月下旬成熟，成熟期比较一致，10月上旬采收，10月中旬落叶。

品种评价

高产，果个大；对土壤、气候的适应性强，抗风沙、耐瘠薄、耐盐碱，尤其抗旱；在同心县干旱山区栽植一般不发生病虫害。

生境

果实

植株

核

灵武长枣

Ziziphus jujuba Mill.'Lingwuchangzao'

调查编号：CAOQFLDK005

所属树种：枣 *Ziziphus jujuba* Mill.

提供人：刘廷骏
电　话：13895050880
住　址：宁夏回族自治区林业厅果
　　　　树产业局

调查人：李登科
电　话：13834808954
单　位：山西省农业科学院果树研
　　　　究所

调查地点：宁夏回族自治区灵武市世
　　　　　界枣树博览园

地理数据：GPS数据（海拔：1127m，
　　　　　经度：E106°20'4.06"，纬度：N38°05'58.78"）

生境信息

来源于当地。自然分布生长于市内枣博园内，为平地，土壤条件较好，管理粗放，种植年限100年以上，数量较多；为当地主要栽培品种，生产栽培面积约2000hm²。

植物学信息

1. 植株情况

树龄较大，树势衰弱，树体高大，较直立，树干灰褐色，结果极少；树高15m，冠径6m左右，干高2m左右。

2. 植物学特性

枣头红褐色，无蜡质，针刺不发达，枣股平均抽生枣吊4个左右，枣吊较长，叶片18片左右，中大，椭圆形，花较小，花径6mm。

3. 果实性状

果个大，长椭圆形，果重20g左右，果面不平整，果皮紫红色，有黑色斑点，果点较明显，皮较薄，肉质酥脆，可食率95%，鲜食品质优异；果核较小，梭形。

4. 生物学特性

正常成年树树体高大，树势中庸，成枝力较强；开花结果较早且丰产，吊果率100%左右，成龄树每667hm²产1300kg左右，抗裂果和贮藏性较差；萌芽期4月中旬，花期6月上旬，果实成熟期9月下旬，为中晚熟类型。

品种评价

大果、质优的鲜食类型。

生境

植株

果实

叶片

无佛大枣

Ziziphus jujuba Mill.'Wufodazao'

调查编号： CAOQFLDK006

所属树种： 枣 *Ziziphus jujuba* Mill.

提 供 人： 刘廷骏
电 话： 13895050880
住 址： 宁夏回族自治区林业厅果
树产业局

调 查 人： 李登科
电 话： 13834808954
单 位： 山西省农业科学院果树研
究所

调查地点： 甘肃省白银市景泰县五佛乡

地理数据： GPS数据（海拔：1309m，
经度：E104°17'38.76"，纬度：N37°10'21.36"）

生境信息

来源于当地。自然分布生长于村内外黄河沿岸的滩地。土壤条件较好，砂壤土，管理粗放，种植年限100年以上，数量较多；为当地主要栽培品种，甘肃省生产栽培面积约1333hm²。

植物学信息

1. 植株情况

树龄较大，树势衰弱，树体高大，较直立，树干灰褐色，结果较多；树高20m左右，冠径6m左右，干高2m左右。

2. 植物学特性

枣头红褐色，针刺不发达，枣股平均抽生枣吊3个左右，枣吊较长，叶片15片，大，椭圆形。

3. 果实性状

果个特大，短椭圆形，果重25g左右，果面不平整，果皮紫红色，果点较明显，皮较薄，肉质酥脆，可食率96%，鲜食品质优异；果核较小，梭形。

4. 生物学特性

树体高大，树势中庸，成枝力较强；开花结果较早且特丰产，吊果率150%左右，成龄树667m²产1500kg左右；抗裂果，但成熟期果实易软化；萌芽期4月中旬，花期6月上旬，果实成熟期9月下旬，为中晚熟类型。

品种评价

丰产、大果的鲜食类型。

生境

植株

果实

中卫圆枣

Ziziphus jujuba Mill.'Zhongweiyuanzao'

調查編号：CAOQFLDK007

所属树种：枣 *Ziziphus jujuba* Mill.

提 供 人：刘廷骏
电　　话：13895050880
住　　址：宁夏回族自治区林业厅果
　　　　　树产业局

调 查 人：李登科
电　　话：13834808954
单　　位：山西省农业科学院果树研
　　　　　究所

调查地点：宁夏回族自治区中卫市沙
　　　　　坡头区香山乡南长滩村

地理数据：GPS数据（海拔：1318m，
　　　　　经度：E104°37′44.4″，纬度：N37°17′34.08″）

生境信息

来源于当地，自然分布生长于村内外的黄河沿岸滩地，土壤条件较好，为砂壤土，管理粗放，种植年限100年以上，数量较多。为当地主要栽培品种，生产栽培面积约666hm²。

植物学信息

1. 植株情况

树龄较大，树势衰弱，树体高大，较开张，树干灰褐色，结果较多；树高16m，冠径7m左右，干高2m左右。

2. 植物学特性

枣头红褐色，针刺不发达，枣股平均抽生枣吊3个左右，枣吊中长，叶片13片左右，较小，椭圆形。

3. 果实性状

果个中大，短椭圆形，果重13g左右，果皮紫红色，果点较明显，皮较薄，肉质硬而粗，汁液少，可食率96%左右，鲜食品质一般，可制干；果核较小，椭圆形。

4. 生物学特性

树体高大，树势中庸，成枝力较强。开花结果较早且丰产，吊果率100%左右，成龄树667m²产1200kg左右；抗旱、耐瘠薄条件，但不抗裂果和白粉病；萌芽期4月中旬，花期6月上旬，果实成熟期9月中旬，为中熟类型。

品种评价

丰产、适应性强的制干类型。

植株

生境

果实

大板枣

Ziziphus jujuba Mill.'Dabanzao'

调查编号： CAOQFLDK008

所属树种： 枣 *Ziziphus jujuba* Mill.

提 供 人： 梁汝农
电　　话： 13753947467
住　　址： 山西省运城市稷山县稷峰镇

调 查 人： 李登科
电　　话： 13834808954
单　　位： 山西省农业科学院果树研
　　　　　究所

调查地点： 山西省运城市稷山县稷峰
　　　　　镇南阳村

地理数据： GPS数据（海拔：383m，
　　　　　经度：E110°56'42"，纬度：N35°35'39.48"）

生境信息

来源于当地，自然分布生长于村外丘陵台地，与'板枣'混生栽培，土壤为砂壤土，种植年限100年以上，数量较少，约20余株，推测为当地主栽品种'板枣'的大果形变异。

植物学信息

1. 植株情况

树龄较大，树势中庸偏弱，结果较多；树高12m，冠径5m左右，干高1m左右，干径12cm左右；树体较小，树姿半开张，干性较弱，枝条较密，树冠自然圆头形，主干皮裂块状。

2. 植物学特性

枣头红褐色，平均长40.0cm，节间长8.5cm，着生永久性二次枝4～5个，二次枝平均生长7节，长31.6cm；针刺较发达，枣股中大，抽吊力强，每股一般抽生4～5吊，枣吊一般长16.6cm，着叶11片，叶片小，长4.7cm，宽2.3cm，椭圆形，叶缘锯齿浅钝。

3. 果实性状

果个较板枣大；平均果重12.7g，大小整齐，果面光滑。果梗细，中长，梗洼中广较深，果顶微凹，柱头遗存，果皮中厚，紫红色，果点不明显；果肉厚，肉质致密，较脆，甜味浓，汁液较少，鲜食、制干和加工蜜枣兼用，品质优；鲜枣可食率96.3%，含可溶性固形物41.70%，总糖33.67%，酸0.36%；制干率61.0%，干枣含总糖74.5%，酸2.41%；干枣果实美观，肉厚且饱满，有弹性；果核小，纺锤形，核重0.36g，核尖较短，核纹浅，含仁率3.3%。

4. 生物学特性

树势较弱，萌芽率高，成枝力强，萌蘖力强，根蘖苗根系发达，开花结果早，一般定植第2年开始结果，15年后进入盛果期，盛果期长，丰产，产量较稳定；坐果率高，主要坐果部位在枣吊的3～9节，占坐果总数的86.4%；9月上旬果实着色，9月下旬进入完熟期，果实生育期100天左右，比普通'板枣'成熟期迟5天左右，为中熟品种类型，成熟期落果较严重。

品种评价

结果早，产量高，且很稳定；果实外形美观，品质优良，用途广泛，为制干和鲜食兼用的优良品种；但对土壤、肥水条件要求高。

生境及植株

果实

核

叶片

猪牙枣

Ziziphus jujuba Mill.'Zhuyazao'

调查编号： CAOQFLDK009

所属树种： 枣 *Ziziphus jujuba* Mill.

提 供 人： 梁汝农
电　　话： 13753947467
住　　址： 山西省运城市稷山县稷峰镇

调 查 人： 李登科
电　　话： 13834808954
单　　位： 山西省农业科学院果树研究所

调查地点： 山西省运城市稷山县稷峰镇南阳村

地理数据： GPS数据（海拔：383m，经度：E110°56'42"，纬度：N35°35'39.48"）

生境信息

来源于当地，自然分布生长于村外丘陵台地，与'板枣'混生栽培，土壤为砂壤土，肥水条件较好，管理精细，种植年限30年以上，数量较少，约30余株。

植物学信息

1. 植株情况

树龄较大，树体较小，树姿半开张，干性较弱，枝条较密，树冠自然圆头形，结果较多；树高7m，冠径3m左右，干高1m左右，干径6cm左右。

2. 植物学特性

枣头红褐色，节间长8.5cm，二次枝平均生长7节，长31.6cm；针刺较发达，枣股中大，抽吊力强，每股一般抽生3～5吊，枣吊一般长15cm，着叶11片，叶片小，椭圆形，叶缘锯齿浅钝。

3. 果实性状

果个较'板枣'大，平均果重13.7g，大小整齐，果形短椭圆形，果顶变细，果面光滑；果梗细，梗洼中广较深，果顶微凹，果皮中厚，紫红色，果点小而密，不明显；果肉厚，肉质致密，较脆，甜味浓，汁液较少，制干和加工蜜枣兼用，多以制干为主，且品质优异；鲜枣可食率95.3%，含可溶性固形物38.70%，酸0.32%；制干率58.0%，干枣果实美观，肉厚且饱满，有弹性。

4. 生物学特性

树势较弱，萌芽率高，成枝力强，萌蘖力强，根蘖苗根系发达，开花结果早，丰产，产量较稳定，坐果率高，主要坐果部位在枣吊的3～9节；9月上旬果实着色，9月下旬进入成熟期，果实生育期110天左右，比普通'板枣'成熟期迟7天左右，为中晚熟品种类型，成熟期落果较严重。

品种评价

结果早，产量高。果个较大，外形美观，品质优良，用途广泛，为制干优良品种；但对土壤肥水条件要求高。

生境及植株

果实

枝条

果实

小板枣

Ziziphus jujuba Mill.'Xiaobanzao'

- 调查编号：CAOQFLDK010

- 所属树种：枣 *Ziziphus jujuba* Mill.

- 提 供 人：梁汝农
  电 话：13753947467
  住 址：山西省运城市稷山县稷峰镇

- 调 查 人：李登科
  电 话：13834808954
  单 位：山西省农业科学院果树研究所

- 调查地点：山西省运城市稷山县稷峰镇南阳村

- 地理数据：GPS数据（海拔：383m，经度：E110°56'42"，纬度：N35°35'39.48"）

生境信息

来源于当地，自然分布生长于村外丘陵台地，与'板枣'混生栽培，土壤为砂壤土，肥水条件较好，管理精细，种植年限30年以上，数量较少，约10余株，推测为当地主栽品种'板枣'的小果形变异。

植物学信息

1. 植株情况

树龄较大，树体较小，树姿半开张，干性较弱，枝条较密，树冠自然圆头形，结果较多；树高7m，冠径3m左右，干高1m左右，干径6cm左右。

2. 植物学特性

枣头红褐色，节间长8.1cm，二次枝平均生长6节；针刺较发达，枣股中大，抽吊力强，每股一般抽生3～5吊，枣吊一般长14.6cm，着叶12片，叶片小，椭圆形，叶缘锯齿浅钝。

3. 果实性状

果个较'板枣'小，平均果重9.7g，大小整齐，果面光滑；果梗细，中长，果顶微凹，柱头遗存，果皮中厚，紫红色，果点小而密；果肉厚，肉质致密，较脆，甜味浓，汁液较少，鲜食、制干和加工蜜枣兼用，多以制干为主，且制干品质比'板枣'优异；鲜枣可食率96.5%，含可溶性固形物41.70%，酸0.31%；制干率62.0%，干枣含总糖76.5%，干枣果实美观，肉厚且饱满，有弹性；果核小，纺锤形。

4. 生物学特性

树势较弱，成枝力强，萌蘖力强；开花结果早，丰产，产量较稳定，坐果率高；9月上旬果实着色，9月下旬进入完熟期，果实生育期100天左右，与普通'板枣'成熟期基本一致，为中熟品种类型，成熟期落果较严重。

品种评价

结果早，产量高；果个较小，但外形美观，品质优良，为制干优良品种类型；但对土壤肥水条件要求高。

生境及植林

叶片

果实

枝条

大壶瓶酸

Ziziphus jujuba Mill.'Dahupingsuan'

调查编号：CAOQFLDK011

所属树种：枣 *Ziziphus jujuba* Mill.

提 供 人：杨月生
电　话：13643545954
住　址：山西省晋中市太谷县北王乡北张村

调 查 人：李登科
电　话：13834808954
单　位：山西省农业科学院果树研究所

调查地点：山西省晋中市太谷县北汪乡北张村

地理数据：GPS数据（海拔：720m，经度：E112°31'53.76"，纬度：N37°22'18.12"）

生境信息

来源于当地，自然分布于山西太谷县北张村外枣园，为当地'壶瓶酸'的变异类型，与'壶瓶酸'和'郎枣'品种混生，为丘陵与平地的交接地带，周围均为枣树，间作粮食作物，种植年限长达100年以上，种植面积约3.33hm²。

植物学信息

1. 植株情况

树龄约100年以上，仅有1株。树体高大，树姿较直立，树势较强，树冠圆头形，树姿开张，发枝力强，干性强，生长发育正常。

2. 植物学特性

主干灰褐色，皮部纵裂，裂纹浅，易剥落；2年生枝灰褐色，皮孔灰白色，凸起，有长刺；枣股肥大，圆锥形，抽生枣吊1~7条，每吊有叶8~16片，全树坐果，叶长6.5cm，宽3.3cm，深绿色。

3. 果实性状

果个较大；平均果重24.1g，果个比'壶瓶酸'大是其最大特点，果形倒卵圆形，果肉质地疏松，汁液较多，口感酸度大，品质中，适宜制干或酒枣用。

4. 生物学特性

适应性较强，树势中庸健壮，发枝力较强，萌蘖较少。较丰产稳产，盛果期667m²产1200kg左右；抗黑斑病和雨裂能力较差；萌芽期4月中旬，花期6月上旬，果实成熟期9月中旬，为中熟类型。

品种评价

果个较大，丰产，主要用于制干。

果实

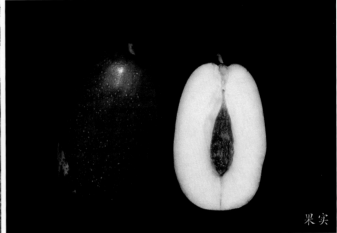

果实

生境及植株

叶片

官滩枣变异1号

Ziziphus jujuba Mill.'Guantanzaobianyi 1'

调查编号： CAOQFLDK012

所属树种： 枣 *Ziziphus jujuba* Mill.

提 供 人： 任红
电　　话： 13513576678
住　　址： 山西省临汾市襄汾县新城镇官滩村

调 查 人： 李登科
电　　话： 13834808954
单　　位： 山西省农业科学院果树研究所

调查地点： 山西省临汾市襄汾县新城镇官滩村

地理数据： GPS数据（海拔：452m，经度：E111°26'13.56"，纬度：N35°46'49.8"）

生境信息

来源于当地，自然分布生长于村内外汾河沿岸滩地和台地，与'官滩枣'混生栽培，土壤为砂壤土，肥水条件较好，管理精细，种植年限100年以上，数量较少，约30余株，推测为当地主栽品种'官滩枣'的大果形变异。

植物学信息

1. 植株情况

树龄较大，树体较大，树姿半开张，干性较弱，枝条细而较密，树冠乱头形。树势中庸偏弱，结果较多；树高17m，冠径9m左右，干高2m左右，干径50cm左右。

2. 植物学特性

枣头红褐色，平均长60.0cm，粗0.84cm，节间长7.5cm，着生二次枝5个左右，二次枝平均长26.9cm，弯曲度较小，针刺较发达，枣股较小，抽吊力强，每股平均抽生4～5吊，枣吊平均长17.7cm，着叶12片，叶片小，椭圆形，先端急尖，叶基圆形，叶缘锯齿粗钝。

3. 果实性状

果个比'官滩枣'大，扁柱形；平均果重14.6g，大小不整齐，果梗长3～4mm，采收时不易与果肉分离，梗洼中广而深，果顶平，果皮中厚，紫红色，果面平滑，果点小而密，果肉厚，肉质细而致密，味甜，汁液少，干枣品质上，适宜制干；鲜枣可食率95.3%，含可溶性固形物30.50%，总糖24.62%，酸0.39%；制干率52.0%，干枣含总糖61.14%，酸1.00%；核较大，倒纺锤形，种仁较饱满，含仁率53.3%。

4. 生物学特性

生长势中庸，萌芽率较弱，发枝力较强，结果较早，早期丰产，盛果期产量较高而稳定；一般定植第2年开始结果，坐果率高，3～4年普遍结果，10年左右进入盛果期。9月上旬果实着色，9月下旬脆熟，10月上旬完熟，果实生育期110天左右，为晚熟品种类型。成熟期遇雨裂果轻，较抗病。

品种评价

生长势较弱，结果较早，产量高而稳定；适应性较广，抗逆性强，成熟期遇雨不易裂果，也较抗病，果实肉厚，制干品质上等。

植株

枣吊

果实剖面

果实

官滩枣
变异 2 号

Ziziphus jujuba Mill.'Guantanzaobianyi 2'

调查编号：CAOQFLDK013

所属树种：枣 *Ziziphus jujuba* Mill.

提 供 人：任红
电　　话：13513576678
住　　址：山西省临汾市襄汾县新城
　　　　　镇官滩村

调 查 人：李登科
电　　话：13834808954
单　　位：山西省农业科学院果树研
　　　　　究所

调查地点：山西省临汾市襄汾县新城
　　　　　镇官滩村

地理数据：GPS数据（海拔：452m，
经度：E111°26'13.56"，纬度：N35°46'49.8"）

生境信息

来源于当地，自然分布生长于村内外汾河沿岸滩地和台地，与'官滩枣'混生栽培，土壤为砂壤土，肥水条件较好，管理精细，种植年限100年以上，数量较少，约20余株，推测为当地主栽品种'官滩枣'的晚熟、大果形变异。

植物学信息

1. 植株情况

树龄较大，树体较大，树势中等，树姿半开张，干性较弱，枝条细而较密，树冠乱头形，结果较多；树高18m，冠径8m左右，干高2m左右，干径70cm左右。

2. 植物学特性

枣头红褐色，着生二次枝5个左右，二次枝平均长26.9cm，针刺较发达，枣股较小，抽吊力强，每股平均抽生3～5吊，枣吊平均长16.7cm，着叶11片，叶片小，椭圆形，先端急尖，叶基圆形，叶缘锯齿粗钝。

3. 果实性状

果个比'官滩枣'大，扁柱形，平均果重15.2g，大小不整齐，梗洼中广而深，果顶平，果皮中厚，紫红色，果面平滑，果点小而密，果肉厚，肉质细而致密，味甜，汁液少，干枣品质上等，适宜制干，鲜枣可食率96.3%，制干率52.0%，干枣含总糖61.14%。

4. 生物学特性

生长势中庸，萌芽率较弱，发枝力较强，结果较早，坐果率高，早期丰产，盛果期产量较高而稳定；3～4年普遍结果，10年左右进入盛果期；9月上旬果实着色，9月下旬脆熟，10月中旬完熟，果实生育期120天左右，比'官滩枣'晚熟1周左右，为极晚熟品种类型；成熟期遇雨裂果轻，较抗病。

品种评价

结果早，产量高；适应性和抗逆性强，成熟期极晚，遇雨不易裂果，也较抗病，果实肉厚，制干品质上等。

生境

植株

果实

枣吊

河津条枣

Ziziphus jujuba Mill.'Hejintiaozao'

调查编号：CAOQFLDK014

所属树种：枣 *Ziziphus jujuba* Mill.

提 供 人：胡英立
电　　话：15934480283
住　　址：山西省河津市小梁乡

调 查 人：李登科
电　　话：13834808954
单　　位：山西省农业科学院果树研
　　　　　究所

调查地点：山西省河津市小梁乡胡家
　　　　　堡村

地理数据：GPS数据（海拔：489m，
经度：E110°41'7.2"，纬度：N35°30'10.8"）

生境信息

来源于当地，自然分布生长于村外丘陵台地，土壤为砂壤土，肥水条件较差，管理粗放，种植年限50年以上，数量较少，约10余株。

植物学信息

1. 植株情况

树龄较大，树体较大，树势中等，树姿半开张，干性较弱，树冠乱头形，结果较少；树高11m，冠径3m左右，干高1m左右，干径30cm左右。

2. 植物学特性

枣头红褐色，着生二次枝5个左右，针刺较发达，枣股较小，抽吊力强，每股平均抽生3～5吊，枣吊平均长14.7cm，着叶12片，叶片较大，椭圆形。

3. 果实性状

果个较大，长圆柱形，平均果重15.6g，大小不整齐，梗洼中广而深，果顶平，果皮中厚，紫红色，果面平滑，果肉厚，肉质细而致密，味甜，汁液少，干枣品质中上等，适宜制干，鲜枣可食率95%，制干率51.0%，核较大，倒纺锤形。

4. 生物学特性

生长势中庸，发枝力较强，早期丰产，9月上旬果实着色，9月下旬脆熟，10月上旬完熟，果实生育期110天左右，为晚熟品种类型；成熟期遇雨裂果轻，较抗病。

品种评价

抗裂果，品质一般。

生境及植林

果实

叶片

大酸枣 1 号

Ziziphus spinosa（Bunge）Hu.
'Dasuanzao 1'

调查编号：CAOQFLDK015

所属树种：酸枣 *Ziziphus spinosa* (Bunge) Hu.

提 供 人：张德志
电　　话：15034264570
住　　址：山西省吕梁市临县农业局

调 查 人：李登科
电　　话：13834808954
单　　位：山西省农业科学院果树研究所

调查地点：山西省吕梁市临县白石头乡马安梁村

地理数据：GPS数据（海拔：901m，经度：E110°45′10.2″，纬度：N37°54′35.64″）

生境信息

来源于当地，自然分布于村外的黄河沿岸丘陵坡地，土壤瘠薄干旱；与当地主栽品种混生栽培，种植年限50年以上，数量较少，有一定的幼树种植，面积为0.33hm²。

植物学信息

1. 植株情况

乔木；树龄50年以上，生长发育基本正常；树高6～7m，干高2m，冠径3m。

2. 植物学特性

叶片比酸枣大，针刺不发达；其他植物学性状基本同普通酸枣。

3. 果实性状

比酸枣果实大，果实倒卵圆形，肉厚，含种仁，丰产性较差。

4. 生物学特性

为普通酸枣驯化栽培类型；生长势较强，易发枝，结果少；产量不高，株产约3kg；萌芽期4月中旬，花期6月上旬，果实成熟期9月中旬，与普通酸枣同期成熟，为中熟类型。

品种评价

酸枣鲜食特异种质资源。

生境及植株

果实

枝条

大酸枣 2 号

Ziziphus spinosa (Bunge) Hu.
'Dasuanzao 2'

调查编号：CAOQFLDK016

所属树种：酸枣 *Ziziphus spinosa*
(Bunge) Hu.

提 供 人：张德志
电　　话：15034264570
住　　址：山西省吕梁市临县农业局

调 查 人：李登科
电　　话：13834808954
单　　位：山西省农业科学院果树研
究所

调查地点：山西省吕梁市临县克虎镇
第二堡村

地理数据：GPS数据（海拔：765m，
经度：E110°29'37.32"，纬度：N37°47'59.28"）

生境信息

来源于当地，成片分布于村外黄河沿岸的丘陵坡地，土壤瘠薄和干旱条件，但已生产栽培，管理较好，种植年限50年以上，种植面积2hm²。

植物学信息

1. 植株情况

乔木；树龄50年以上，生长发育良好；树高5m左右，干径10cm左右，冠径4m左右。

2. 植物学特性

叶片比酸枣大，枣头枝针刺发达；其他与普通酸枣基本一致。

3. 果实性状

果个比酸枣大，果肉厚，口感酸甜，无种仁，用于鲜食。

4. 生物学特性

成枝力差，树势中庸健壮；特丰产，吊果率可达200%；结果良好，株产约15kg；萌芽期4月中旬，花期6月上旬，果实成熟期9月中旬，与普通酸枣基本相同，为中晚熟类型。

品种评价

特丰产，大果酸枣鲜食特异种质资源。

生境

植株

叶片

果实

狗鸡鸡枣

Ziziphus jujuba Mill.'Goujijizao'

調查編號：CAOQFLDK017

所属树种：枣 *Ziziphus jujuba* Mill.

提 供 人：张德志
电　　话：15034264570
住　　址：山西省吕梁市临县农业局

调 查 人：李登科
电　　话：13834808954
单　　位：山西省农业科学院果树研究所

调查地点：山西省吕梁市临县大禹乡岩头村

地理数据：GPS数据（海拔：1036m，经度：E111°00'36.15"，纬度：N37°44'50.88"）

生境信息

来源于当地，自然分布生长于村外枣树地，为丘陵台地，土壤瘠薄而干旱，管理粗放，种植年限100年以上，种植面积极少。

植物学信息

1. 植株情况

树龄较大，树势衰弱，结果极少；树高6m，冠径3m左右，干高1m左右。

2. 植物学特性

树体高大，较直立，树干灰褐色，枣头红褐色，短粗，生长量小，针刺不发达，二次枝不发达；枣吊长12cm左右，13片叶片，叶片中大，卵状披针形。

3. 果实性状

果个小，长圆柱形，较奇特，果重10g左右，果皮红色，果点较明显，皮较厚，品质一般。

4. 生物学特性

树体高大，树势中庸偏弱；不丰产；萌芽期4月中旬，花期6月上旬，果实成熟期9月中旬，为中熟类型。

品种评价

果实品质一般，可作为观赏品种用。

果实

植株

水团枣

Ziziphus jujuba Mill.'Shuituanzao'

调查编号： CAOQFLDK018

所属树种： 枣 *Ziziphus jujuba* Mill.

提供人： 张德志
电　话： 15034264570
住　址： 山西省吕梁市临县农业局

调查人： 李登科
电　话： 13834808954
单　位： 山西省农业科学院果树研究所

调查地点： 山西省吕梁市临县碛口镇寨则坪村

地理数据： GPS数据（海拔：688m，
经度：E110°48'38.16"，纬度：N37°38'42.36"）

生境信息

来源于当地，自然分布生长于村外枣树地，为丘陵台地，土壤瘠薄而干旱，管理粗放，与当地主栽品种'木枣'混生，种植年限100年以上，数量少，该品种在当地有零星分布。

植物学信息

1. 植株情况

树龄较大，树体中大，树姿开张，干性弱，枝条较密，树冠自然半圆形，结果较多；树高6m，冠径3m左右，干高1m左右。

2. 植物学特性

枣头生长势较强，蜡层少；着生永久性二次枝5～9个，二次枝平均长29.6cm，节数7节，弯曲度中等；针刺不发达；枣股中大，抽枝力中等，多抽生枣吊3个，枣吊长27.2cm，着叶16片，叶片中大，卵圆形，先端渐尖，叶基圆形或心形，叶缘具钝锯齿。

3. 果实性状

果实大，长圆形；平均果重20.3g，最大24.5g，大小较整齐，果肩斜圆，略耸起，梗洼窄，较深，果顶平圆，顶点微；果柄短，较粗。果皮较薄，浅红色，果肉厚，浅绿色，质地疏松，汁液中多，味甜，鲜枣可食率96.9%，适宜鲜食和制干，品质中；果核较大，纺锤形。

4. 生物学特性

适应性和抗逆性较强，树势和发枝力中等；萌蘖力较强，根蘖生长健旺，多数第3年开始结果，产量高且稳定；9月中旬开始着色，9月下旬进入脆熟期，果实生育期110天，为晚熟品种类型；采前落果和裂果严重。

品种评价

丰产、果个大，品质一般。

生境

叶片

植株

果实

甜酸枣

Ziziphus spinosa（Bunge）Hu.
'Tiansuanzao'

调查编号：CAOQFLDK019

所属树种：酸枣 *Ziziphus spinosa* (Bunge) Hu.

提 供 人：张德志
电　　话：15034264570
住　　址：山西省吕梁市临县农业局

调 查 人：李登科
电　　话：13834808954
单　　位：山西省农业科学院果树研究所

调查地点：山西省吕梁市临县车赶乡尧子坡村

地理数据：GPS数据（海拔：953m，经度：E111°03'46.2"，纬度：N37°46'29.88"）

生境信息

来源于当地，自然分布生长于村内居民窑顶，土壤为黄绵土，瘠薄干旱条件，生长衰弱，种植年限100年以上，现存2株。

植物学信息

1. 植株情况

为自然生长枣树，树龄较大，生长发育差；树高约6m左右，干高2m左右，冠径2m左右。

2. 植物学特性

叶片较大，但针刺发达，其他性状与普通酸枣基本一致。

3. 果实性状

果实比普通酸枣大，果重12g左右，果实圆柱形，味甜略酸，鲜食品质优异，可鲜食；含饱满种仁，也可仁用。

4. 生物学特性

树体高大，成枝力强，树冠较直立而紧凑，较丰产和抗裂果；萌芽期4月中旬，花期6月上旬，果实成熟期9月下旬，比普通酸枣晚7天左右，为中晚熟类型。

品种评价

大果、抗裂的鲜食酸枣特异种质资源。

植株

枝条

果实

叶片

柳林牙枣

Ziziphus jujuba Mill.'Liulinyazao'

调查编号： CAOQFLDK020

所属树种： 枣 *Ziziphus jujuba* Mill.

提 供 人： 张德志
电　　话： 15034264570
住　　址： 山西省吕梁市临县农业局

调 查 人： 李登科
电　　话： 13834808954
单　　位： 山西省农业科学院果树研
究所

调查地点： 山西省吕梁市柳林县孟门
镇小河沟村

地理数据： GPS数据（海拔：709m，
经度：E110°47'8.52"，纬度：N37°32'36.96"）

生境信息

来源于当地，自然分布于村外黄河沿岸的丘陵坡地，土壤瘠薄干旱条件，种植年限50年以上，种植面积较多；周围县市也有分布，多与当地'木枣'品种混生栽培。

植物学信息

1. 植株情况

已有100年生左右，树体高大，主干灰褐色，树高12m，冠径5m左右，干径60cm左右，生长结果正常。

2. 植物学特性

枣头枝红褐色，二次枝欠发达，针刺较发达；每个枣股着生枣吊3～4个，枣吊长15cm，叶片12片，叶片较小，浓绿色，花较小，密盘直径约4mm。

3. 果实性状

果实个较小，果重12g左右，卵圆形，红色，肉质酥脆，鲜食品质中上等。

4. 生物学特性

成龄树生长势中庸健壮，树姿较开张，成枝力较强，坐果率较高，吊果率为120%，早期丰产性强；成熟期遇雨易裂果；萌芽期4月中旬，花期6月上旬，果实成熟期9月中旬，为中熟类型。

品种评价

丰产、成熟期较早。

生境及植株

叶片

果实

半截枣

Ziziphus jujuba Mill.'Banjiezao'

调查编号： CAOQFLDK021

所属树种： 枣 *Ziziphus jujuba* Mill.

提 供 人： 张德志
电　　话： 15034264570
住　　址： 山西省吕梁市临县农业局

调 查 人： 李登科
电　　话： 13834808954
单　　位： 山西省农业科学院果树研
　　　　　 究所

调查地点： 山西省晋中市平遥县朱坑
　　　　　 乡赵家庄村

地理数据： GPS数据（海拔：959.7m，
　　　　　 经度：E112.°19'42.72"，纬度：N37°09'28.68"）

生境信息

来源于当地，自然分布于当地村居民院落和村外的农田地堰或崖边，零星分布10余株，树龄50～100年；与当地著名品种'不落酥'混生分布，为丘陵台地地形，土壤瘠薄、干旱、管理较差。

植物学信息

1. 植株情况

树龄约30～50年生居多，管理粗放，树体衰弱，生长发育极差；主干灰色。

2. 植物学特性

1年生枣头枝红褐色，较细弱，二次枝欠发达，一、二年生枣股着生枣吊数2个左右，多年生枣股着生枣吊2～3个；枣吊细短，节数10节左右。叶片较小，短椭圆形。

3. 果实性状

果实较小，平均果重10.2g，倒卵圆形，紫红色且较厚，果顶平，梗洼浅平，果点不明显，肉质疏松，味略酸，口感较好。适宜制干和鲜食兼用。

4. 生物学特性

树体小，生长势弱，成枝力差，丰产性较差，抗黑斑病能力较差。萌芽期4月中旬，花期6月上旬，果实成熟期9月中旬，为中熟类型。

品种评价

树体矮化紧凑，果实味略酸，鲜食口感较好。

生境及植株

果实

叶片

枝条

平遥酸枣

Ziziphus spinosa (Bunge) Hu.
'Pingyaosuanzao'

调查编号： CAOQFLDK022

所属树种： 酸枣 *Ziziphus spinosa*
(Bunge) Hu.

提 供 人： 梁守江
电　　话： 13593083957
住　　址： 山西省晋中市平遥县朱坑乡

调 查 人： 李登科
电　　话： 13834808954
单　　位： 山西省农业科学院果树研
究所

调查地点： 山西省晋中市平遥县朱坑
乡赵家庄村

地理数据： GPS数据（海拔：959.7m，
经度：E112°19′42.72″，纬度：N37°09′28.68″）

生境信息

来源于当地，自然生长于村边荒芜坡地，土壤瘠薄而干旱，周围有野生酸枣分布，该类型明显果个大、叶片大、针刺欠发达；仅有1株，树龄约30年。

植物学信息

1. 植株情况

灌木或小乔木，树体衰弱明显，生长发育异常，树冠乱头形；主干灰褐色，树高约3m，干周约10cm，冠径约2m。

2. 植物学特性

枣头枝细弱，二次枝不发达；多年生枝针刺不发达或退化；叶片卵状披针形，比酸枣叶片大。

3. 果实性状

果实比酸枣大，平均果重5.6g，倒卵圆形，果皮鲜红色，皮薄，肉厚，可食率高，口感酸甜，比普通酸枣甜度大酸度小，适宜鲜食。果核含种仁。

4. 生物学特性

树体矮小，干性弱，生长势偏弱，较抗病和抗裂果，丰产性能一般；萌芽期4月上旬，花期5月下旬，果实成熟期9月上旬，比普通酸枣成熟晚1周左右。

品种评价

属于半栽培种，酸枣新的优良变异类型，适宜鲜食和仁用。

叶片

果实

祁县尖枣

Ziziphus jujuba Mill.'Qixianjianzao'

调查编号：CAOQFLDK023

所属树种：枣 *Ziziphus jujuba* Mill.

提 供 人：朱林秀
电　　话：13835441872
住　　址：山西省农业科学院果树研究所

调 查 人：李登科
电　　话：13834808954
单　　位：山西省农业科学院果树研究所

调查地点：山西省晋中市祁县峪口乡北团柏村

地理数据：GPS数据（海拔：800m，经度：E112°28'52.68"，纬度：N37°21'8.28"）

生境信息

来源于当地，自然生长于村民院落，仅有1株，种植年限长达150年以上；处于黄土高原丘陵地带，土壤为黄绵土。

植物学信息

1. 植株情况

树龄150年以上，树体高大，树势中庸，树姿半开张；主干灰褐色，生长发育正常，丰产性强。

2. 植物学特性

1年生枣头枝红褐色，较细弱，一、二年生枣股着生枣吊数2个左右，多年生枣股着生枣吊2～3个。枣吊较短，下垂明显，节数10节左右；叶片较小，卵状披针形。

3. 果实性状

果个较小，平均单果重10.5g，果形尖锥形，肩部粗大顶部细，果皮紫红色，皮薄，肉质细，松脆，口感甜，鲜食品质优异，适宜鲜食。

4. 生物学特性

树势中庸健壮，成枝力较差，树冠紧凑；较丰产，盛果期667m^{2}产1300kg左右；萌芽期4月中旬，花期6月上旬，果实成熟期9月中旬，为中熟类型。

品种评价

较丰产，果个较小，品质优异，鲜食用。

生境及植株

叶片

果实

软核枣

Ziziphus jujuba Mill.'Ruanhezao'

调查编号： CAOQFLDK024

所属树种： 枣 *Ziziphus jujuba* Mill.

提 供 人： 张德志
电　　话： 15034264570
住　　址： 山西省吕梁市临县农业局

调 查 人： 李登科
电　　话： 13834808954
单　　位： 山西省农业科学院果树研究所

调查地点： 山西省吕梁市临县白石头乡马安梁村

地理数据： GPS数据（海拔：901m，经度：E110°45'10.2"，纬度：N37°54'35.64"）

生境信息

来源于当地，自然分布于村外黄河沿岸的丘陵坡地，土壤瘠薄干旱条件，种植年限50年以上，种植面积极少。

植物学信息

1. 植株情况
调查老枣树树龄已有100年以上，树体高大，树高6～7m，冠径5m左右，干径10cm左右，树姿开张，主干灰褐色。

2. 植物学特性
枣头枝红褐色，主要特点是叶片大而浓绿。

3. 果实性状
果实个较小，果重12g左右，长卵圆形，红色，肉质和品质一般，最大特点是无核或残核。

4. 生物学特性
成龄树生长势中庸健壮，成枝力较强，坐果率较高，吊果率为150%，早期丰产性强。萌芽期4月中旬，花期6月上旬，果实成熟期9月中旬，为中熟类型。

品种评价

是难得的无核种质资源，抗逆性一般，较丰产。

生境

植株

果实

果实

酸不落酥

Ziziphus jujuba Mill.'Suanbuluosu'

调查编号： CAOQFLDK025

所属树种： 枣 *Ziziphus jujuba* Mill.

提 供 人： 梁守江
电　　话： 13593083957
住　　址： 山西省晋中市平遥县朱坑乡

调 查 人： 李登科
电　　话： 13834808954
单　　位： 山西省农业科学院果树研究所

调查地点： 山西省晋中市平遥县朱坑乡赵家庄村

地理数据： GPS数据（海拔：959.7m，经度：E112°19'42.72"，纬度：N37°09'28.68"）

生境信息

来源于当地，自然生长于院落和村外丘陵坡地及地堰上，土壤贫瘠而干旱，与当地原产品种'不落酥'混生，现保存数株，种植面积极少。

植物学信息

1. 植株情况

树龄约50多年，管理粗放，多呈丛生状，主干灰褐色，树体明显衰弱，生长发育异常。

2. 植物学特性

与'不落酥'品种基本一致；枣头枝灰色，生长细弱，二次枝不发达，针刺退化明显；叶片短椭圆形，中等大小。

3. 果实性状

果个较大；平均果重13.5g，果形为短倒卵圆形，紫红色，皮薄，肉厚，鲜食品质优异，比当地的'不落酥'品种酸度大，其他性状基本相同。

4. 生物学特性

树体矮小，树冠紧凑，适宜密植栽培；适应性较强，尤其是抗旱和耐瘠薄条件，较丰产，抗病性较差；萌芽期4月中旬，花期6月上旬，果实成熟期9月中旬，与'不落酥'品种同期成熟，为早中熟类型。

品种评价

树体矮化，适宜密植栽培；丰产性能强，鲜食口感品质优异。

生境及植林

叶片及果实

早熟壶瓶枣

Ziziphus jujuba Mill.'Zaoshuhupingzao'

调查编号: CAOQFLDK026

所属树种: 枣 *Ziziphus jujuba* Mill.

提 供 人: 陈铁虎
电　　话: 13934662101
住　　址: 山西省农业科学院果树研究所

调 查 人: 李登科
电　　话: 13834808954
单　　位: 山西省农业科学院果树研究所

调查地点: 山西省晋中市太谷县小白乡白燕村

地理数据: GPS数据（海拔：828m，经度：E112°41'06"，纬度：N37°27'30.96"）

生境信息

来源于当地，分布于村外农田地堰上，砂壤土，农业条件较好，管理粗放，与当地主栽品种'壶瓶枣'混生，仅有1株，种植年限30年以上。

植物学信息

1. 植株情况

树龄较大，树势中庸健壮，生长发育基本正常，结果较多；树体较大，树姿较开张，干性强，枝系较密，树冠自然半圆形；树高5m，冠径2m左右，干高1m左右。

2. 植物学特性

与'壶瓶枣'品种基本一致，枣头生长势较强，针刺发达，枣股较大，抽枝力中等，多抽生枣吊3个；叶片较大，卵圆形。

3. 果实性状

与'壶瓶枣'品种基本相同，果实大，倒卵圆形，平均果重20.3g，大小较整齐；果皮较薄，红色。果肉厚，质地疏松，汁液较多，味甜，鲜枣可食率95.9%，适宜鲜食和制干，品质中上等。

4. 生物学特性

适应性和抗逆性较强，树势和发枝力强；产量高且稳定，成熟期遇雨裂果严重；萌芽期4月中旬，花期6月上旬，果实成熟期8月底至9月上旬，比'壶瓶枣'早熟20天左右，为早熟类型。

品种评价

推测是'壶瓶枣'品种的早熟变异；成熟期早、丰产、果个大，品质中上等。

生境及植株

果实

叶片及果实

果实

磨磨枣

Ziziphus jujuba Mill.'Momozao'

调查编号：　CAOQFLDK027

所属树种：　枣 *Ziziphus jujuba* Mill.

提 供 人：　田创
电　　话：　0359－3576118
住　　址：　山西省运城市平陆县城关镇

调 查 人：　李登科
电　　话：　13834808954
单　　位：　山西省农业科学院果树研究所

调查地点：　山西省运城市平陆县城关镇茅津村

地理数据：　GPS数据（海拔：645m，
　　　　　　经度：E110°23'20.4"，纬度：N37°12'54"）

生境信息

来源于当地，自然分布混生于'铃枣'品种园内，可能是其变异类型，数量极少，树龄约30年；生境条件同'铃枣'，在洪池乡西郑村古庙处也有1株。

植物学信息

1. 植株情况

树体生长发育基本正常，树高8m左右，树冠圆头形，冠径5m左右，干周50cm，树姿直立。

2. 植物学特性

枣头褐色，节间长度5cm，皮目小而圆形，针刺发达，枣股抽生枣头和枣吊能力强，枣吊长度15cm，着生叶片12片；叶片厚而小，卵圆形，叶缘钝尖，有皱褶波浪状。

3. 果实性状

果个较大，果重15g左右，果实中下部有束腰现象，磨盘形；果点小而不明显，果皮中厚，果顶凹陷，梗洼中狭，果肉松软，甜度较大，鲜食品质中上等。核小圆形，有顺纹。

4. 生物学特性

干性强，较直立，生长势强，根蘖少；丰产性一般，较抗裂果，自然落果较少；萌芽期4月中旬，花期6月上旬，果实成熟期9月下旬，为中晚熟类型。

品种评价

果个较大，品质一般，观赏用。

生境及植株

果实

果实

佳县大酸枣

Ziziphus spinosa（Bunge）Hu.
'Jiaxiandasuanzao'

○ 调查编号： CAOQFLDK028

○ 所属树种： 酸枣 *Ziziphus spinosa* (Bunge) Hu.

○ 提 供 人： 张德志
   电　　话： 15034264570
   住　　址： 山西省吕梁市临县农业局

○ 调 查 人： 李登科
   电　　话： 13834808954
   单　　位： 山西省农业科学院果树研究所

○ 调查地点： 陕西省榆林市佳县佳芦镇小会坪村

○ 地理数据： GPS数据（海拔：713m，经度：E110°30'4.32"，纬度：N38°03'55.08"）

🖾 生境信息

来源于当地，自然分布于村内院落和村外的黄河沿岸滩地的河沟地带，土壤砂性，瘠薄干旱。成片分布栽培，100年以上的树约有200株，最大树龄1600年。

🗒 植物学信息

1. 植株情况

乔木；老枣树树龄100年以上，生长发育基本正常；树高13m，干高2m，胸径60cm，冠径8m，结果较多。

2. 植物学特性

叶片比酸枣大，针刺不发达；其他植物学性状基本同普通酸枣。

3. 果实性状

比酸枣果实大，果实倒卵圆形，肉厚，含种仁，丰产性较强。

4. 生物学特性

为普通酸枣驯化栽培类型；生长势较强，易发枝；萌芽期4月中旬，花期6月上旬，果实成熟期9月中旬，与普通酸枣同期成熟，为中熟类型。

🖾 品种评价

大果酸枣鲜食特异种质资源。

生境

叶片

植株

果实

疙瘩枣

Ziziphus jujuba Mill.'Gedazao'

调查编号：CAOQFLDK029

所属树种：枣 *Ziziphus jujuba* Mill.

提 供 人：田创
电 话：0359 - 3576118
住 址：山西省运城市平陆县城关镇

调 查 人：李登科
电 话：13834808954
单 位：山西省农业科学院果树研
　　　究所

调查地点：山西省运城市平陆县城关
镇茅津村

地理数据：GPS数据（海拔：645m，
经度：E110°23'20.4"，纬度：N37°12'54"）

生境信息

来源于当地，与'铃枣'品种混生，但数量极少，树龄约50多年；自然分布生境与'铃枣'相同。

植物学信息

1. 植株情况

树龄50余年，生长发育基本正常；树冠圆头形，树姿开张，树高约4m，冠径4m左右，干周8cm左右。

2. 植物学特性

枣头红褐色，节间短，长4cm左右，二次枝不发达，约5节左右，枣吊长10cm左右，着生叶片13片以上，叶片卵形，叶缘渐尖，叶背无茸毛。

3. 果实性状

果个较大，平均果重20g左右，长椭圆形，浅红色，果点小而明显，果皮较厚，果顶凹，肉梗，致密，汁少，味略甜，鲜食品质中下等，可制干或加工酒枣。

4. 生物学特性

干性弱，枝条角度开张，成枝力差，生长势中庸偏弱。结果早，吊果率高，丰产性强，株产平均25kg，最高可达50kg；抗裂果和病害，适应性和抗性较强；萌芽期4月中旬，花期6月上旬，果实成熟期9月下旬，为中晚熟类型。

品种评价

丰产，果个大，抗裂果，可加工利用。

生境

叶片

植株

果实

河津水枣

Ziziphus jujuba Mill.'Hejinshuizao'

調查編號: CAOQFLDK031

所属树种: 枣 *Ziziphus jujuba* Mill.

提 供 人: 胡英立
电　　话: 15934480283
住　　址: 山西省河津市小梁乡

调 查 人: 李登科
电　　话: 13834808954
单　　位: 山西省农业科学院果树研
　　　　　究所

调查地点: 山西省河津市小梁乡胡家
　　　　　堡村

地理数据: GPS数据（海拔: 489m,
　　　　　经度: E110°41'7.2"，纬度: N35°30'10.8"）

生境信息

来源于当地，自然分布生长于村外丘陵台地，土壤为砂壤土，肥水条件较差，管理粗放，种植年限30年以上，数量较多，为当地原生主栽品种。

植物学信息

1. 植株情况

树龄较大，树体较大，树势中等，树姿较直立，干性较强，树冠乱头形；树势中庸健壮，结果较多；树高5m，冠径2m左右，干高1m左右，干径10cm左右。

2. 植物学特性

枣头红褐色，着生二次枝5个左右，针刺较发达，枣股较小，抽吊力强，每股平均抽生3～5吊，枣吊平均长14.7cm，着叶12片，叶片较大，椭圆形。

3. 果实性状

果个较大，长圆柱形；平均果重20.6g，大小较整齐，梗洼中广而深，果顶平，果皮较薄，紫红色，果面平滑，果肉厚，肉质细而致密，味甜，汁液少，鲜食和干枣品质中上等，适宜制干和加工蜜枣，鲜枣可食率96%，制干率50.0%，核较小，倒纺锤形。

4. 生物学特性

生长势中庸，发枝力较强，早期丰产，9月上旬果实着色，9月中旬脆熟，9月下旬完熟，果实生育期100天左右，为中熟品种类型。成熟期遇雨裂果重，较抗病。

品种评价

丰产，果个较大，品质中上。

生境及植株

叶片及果实

花

临猗饽饽枣

Ziziphus jujuba Mill.'Linyibobozao'

调查编号： CAOQFLDK032

所属树种： 枣 *Ziziphus jujuba* Mill.

提 供 人： 隋建国
电 话： 13903487072
住 址： 山西省运城市临猗县庙上
乡山东庄

调 查 人： 李登科
电 话： 13834808954
单 位： 山西省农业科学院果树研
究所

调查地点： 山西省运城市临猗县庙上
乡山东庄

地理数据： GPS数据（海拔：362m，
经度：E110°38'16.44"，纬度：N35°01'22.8"）

生境信息

来源于当地，自然分布生长于村外丘陵台地，土壤为黏土，盐碱地，肥水条件和管理较好，种植年限30年以上，数量较少。

植物学信息

1. 植株情况

树龄较大，树势中庸偏弱，结果较少；树体中大，树姿直立，树冠呈圆头形；主干皮裂块状；树高6m，冠径2m左右，干高1m左右，干径6cm左右。

2. 植物学特性

枣头黄褐色，平均长67.9cm，蜡层少；二次枝平均长23.2cm，着生4～6节，弯曲度中等；针刺不发达，枣吊长30.6cm，着叶18片；叶片中大，椭圆形，先端钝尖，叶基圆楔形，叶缘具钝锯齿；花量少，每花序平均着花3朵。

3. 果实性状

果个大，扁圆形；纵径3.12cm，横径3.07cm；平均果重22.9g，大小整齐；果皮厚，紫红色，果面平滑；梗洼浅、中广，果顶平圆，柱头残存；肉质疏松，汁液少，味甜，品质中，适宜制干；鲜枣可食率96.4%，含总糖26.70%，酸0.49%，维生素C含量474.65mg/100g，果核较大，纺锤形，平均重0.82g；大多核内无种子，含仁率6.7%。

4. 生物学特性

树势中庸，萌芽率和成枝力较弱，结果晚，定植第3年结果，10年左右进入盛果期，产量一般，每个枣吊平均结果0.21个；9月下旬果实成熟采收，果实生育期107天左右，为晚熟品种类型。

品种评价

树体中大，树势中庸，结果晚，产量一般；果个大，品质中等，适宜制干。

生境及植株

花

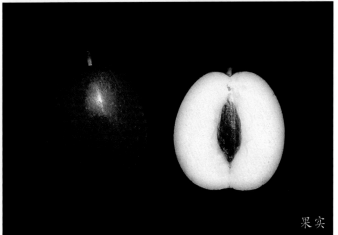

果实

叶片及果实

铃枣

Ziziphus jujuba Mill.'Lingzao'

调查编号： CAOQFLDK033

所属树种： 枣 *Ziziphus jujuba* Mill.

提 供 人： 田创
电　　话： 0359 – 3576118
住　　址： 山西省运城市平陆县城关镇

调 查 人： 李登科
电　　话： 13834808954
单　　位： 山西省农业科学院果树研究所

调查地点： 山西省运城市平陆县圣人涧镇茅津村

地理数据： GPS数据（海拔：645m，经度：E111°12'42.85"，纬度：N34°48'12.81"）

生境信息

来源于当地，自然分布生长于村内房前屋后和村外的大田，该地位于黄河沿岸滩地和坡地，土壤为沙土；树龄约100年以上的300多株，生产面积较大，为当地主要品种。

植物学信息

1. 植株情况

树体较小，树姿开张，干性较强，枝条中密，树冠圆锥形，紧凑；主干皮裂较浅，呈小块状，不易脱落。树高4m左右，冠径4m左右，二次枝欠发达；结果较多，约15kg。

2. 植物学特性

枣头红褐色，平均生长量62.7cm，粗1.01cm，节间长8.2cm，着生二次枝5个左右，二次枝长34.3cm，节数5节，针刺不发达；枣股中等大，圆锥形，抽吊力较强，每股抽生3～4吊，枣吊短，平均长12.2cm，着叶11片，叶片较小，叶长5.3cm，叶宽2.6cm，卵圆形，绿色，先端锐尖，叶基圆形，叶缘锯齿粗浅、圆钝；花量较多，花小，零级花花径6.2mm。

3. 果实性状

果个中大，阔圆锥形；纵径3.74cm，横径2.36cm；平均果重10.2g，大小较整齐；果皮薄，紫红色，果面平滑，果点小而密，较明显；果梗较粗短，果顶尖，柱头遗存；果肉厚，核小，肉质酥脆，味甜，汁液多，品质上，适宜鲜食；鲜枣耐贮藏，可食率94.5%，可溶性固形物含量28.50%，单糖11.58%，双糖9.60%，总糖21.18%，酸0.52%，维生素C含量407.97mg/100g；核小，纺锤形；纵径2.28cm，横径0.73cm，核重0.56g，含仁率91.7%，种仁较饱满。

4. 生物学特性

树势中庸健壮，萌芽率和成枝力较强，开花结果早，早期丰产性能强，嫁接苗当年即可挂果，第2年普遍结果，4～5年进入初果期，5年后大量结果，盛果期株产可达25kg左右；幼龄枝结实能力强，枣头吊果率可达100%，2～3年生枝也在50%以上；9月中旬果实着色，9月下旬进入脆熟期，果实生育期115天左右，晚熟品种类型。

品种评价

树体较小，开花结果早，早期丰产性能强，可进行密植栽培，但要加强树体和肥水管理。为优良晚熟鲜食品种。

生境

叶片及果实

植株

果实

神木大酸枣

Ziziphus spinosa（Bunge）Hu.
'Shenmudasuanzao'

⊚ 调查编号：CAOQFLDK034

▣ 所属树种：酸枣 *Ziziphus spinosa*
　　　　　（Bunge）Hu.

▤ 提 供 人：张德志
　 电　　话：15034264570
　 住　　址：山西省吕梁市临县农业局

▣ 调 查 人：李登科
　 电　　话：13834808954
　 单　　位：山西省农业科学院果树研
　　　　　　究所

◉ 调查地点：陕西省榆木市神木县万镇
　　　　　　界牌村

🌐 地理数据：GPS数据（海拔：728m，
　　　　　　经度：E110°33'58.68"，纬度：N38°17'11.4"）

▣ **生境信息**

　　来源于当地，自然分布于村内外的黄河沿岸丘陵坡地或村民院内，土壤瘠薄干旱。与当地主栽品种油枣混生栽培，种植年限50年以上，数量较少，约50余株零星分布。

▣ **植物学信息**

1. 植株情况

　　乔木；老枣树树龄80余年，生长发育基本正常。树高10m，干高2m，冠径4m。

2. 植物学特性

　　叶片比酸枣大，针刺不发达，二次枝短粗，其他植物学性状基本同普通酸枣。

3. 果实性状

　　比酸枣果实大，而且成熟期果实紫黑色，与普通酸枣有明显区别；果实卵圆形，肉厚，含种仁。

4. 生物学特性

　　为普通酸枣驯化栽培类型。生长势中庸健壮，不易发枝；结果多，丰产性极强，盛果期株产30～50kg；萌芽期4月中旬，花期6月上旬，果实成熟期9月下旬，与普通酸枣基本同期成熟，为中晚熟类型。

▣ **品种评价**

　　是丰产、大果的酸枣鲜食特异资源。

生境及植株

叶片

果实

果实

长辛店白枣

Ziziphus jujuba Mill.'Changxindianbaizao'

○ 调查编号：LITZLJS049

○ 所属树种：枣 *Ziziphus jujuba* Mill.

○ 提供人：白金
　电　话：010-82594670
　住　址：北京市农林科学院

○ 调查人：刘佳梦
　电　话：010-51503910
　单　位：北京市农林科学院农业综
　　　　　合发展研究所

○ 调查地点：北京市丰台区长辛店镇

○ 地理数据：GPS数据（海拔：88m，
　　　　　经度：E116°09'4"，纬度：N39°49'41"）

生境信息

来源于当地，庭院小生境；影响因子为城市扩建，可在平地上生长，可利用耕地进行种植；土壤质地为壤土，pH7.5；种植年限35年，现存8株，种植农户为8户。

植物学信息

1. 植株情况

乔木；树势中，树姿开张，树形乱头形，树高7m，冠幅东西5.5m、南北5m，干高1.75m，干周74cm；主干褐色，树皮块状裂，枝条密度适中。

2. 植物学特性

当年生枝阳面紫褐色。枣股灰褐色，圆柱形至圆锥形，枣头枝灰褐色，节间略直，皮孔菱形，大而密，少有中长刺；通常抽生枣吊3个，吊长15~30cm，花量较多，每一花序有单花5朵；枣吊有叶14~19片，叶片中等薄厚，卵状披针形，叶片平均长5.8cm，宽2.7cm，先端渐尖，叶缘钝齿较细，基部楔形，绿色。

3. 果实性状

果型大，长卵圆形；平均果重20.3g，果实大小整齐，平均纵径3.2cm，横径1.8cm，皮薄、肉脆、汁多，味甜，品质极上等，9月中旬果熟。

4. 生物学特性

树势强健，发枝力不强；萌芽期4月中旬，开花期5月下旬，果实采收期9月中旬，落叶期10月中旬。

品种评价

优质，果实可食用；白熟期和着色初期采摘鲜食为宜；采前裂果较严重，不耐贮运。

生境

植株

花

果实

大葫芦枣

Ziziphus jujuba Mill.'Dahuluzao'

调查编号： LITZLJS050

所属树种： 枣 *Ziziphus jujuba* Mill.

提 供 人： 白金
电　　话： 010－82594670
住　　址： 北京市农林科学院

调 查 人： 刘佳琴
电　　话： 010－51503910
单　　位： 北京市农林科学院农业综
　　　　　合发展研究所

调查地点： 北京市海淀区香山门头村

地理数据： GPS数据（海拔：64m，
　　　　　经度：E116°12′55.45″，纬度：N39°58′21.19″）

生境信息

来源于当地，最大树龄20年；生长于城镇的庭院中，适合于在平地生长，影响因子为耕作；土壤质地为壤土，土壤pH8.5；现存5株，种植农户为1户。

植物学信息

1. 植株情况

乔木；嫁接繁殖，植株姿态直立；20年生植株干高1.95m，干周55cm，树高8m，枝展5～5.4m；树冠呈自然形，树姿直立，半开张，干性较强，树势弱；主干灰褐色，皮部条状纵裂，裂纹少而浅，不易剥落。

2. 植物学特性

枣头枝浅灰色，年生长15～55cm，节间略直，皮孔灰色，小而多；通常抽生枣吊1～3个，吊长15cm，着果较多部位3～5节；花量较多，每一花序有单花1～8朵；枣吊有叶7～10片，叶片小而厚，卵状披针形，长6.4cm，宽3.4cm，先端渐尖，叶缘钝齿，基部广楔形，绿色，叶柄长0.6cm左右。

3. 果实性状

果实中等大小，葫芦形，腰部有深缢痕；纵径3.34cm，横径2.24cm（最粗处），单果平均重6.88g，最大单果重7.5g；果皮脆而薄，果肉蛋白绿色，肉质致密较脆，汁液多，风味酸甜；果面深红色，光滑；梗洼深而中广，果顶圆，果上部稍歪；可溶性固形物含量27.9%，可食部分占果重93%；核纺锤形，核面较粗糙，沟纹宽而深，先端具尖嘴，基部锐尖，含仁率90%，种仁饱满。

4. 生物学特性

枣头萌发力较弱，当年结实力差；进入结果期较早，丰产，产量稳定、20年生单株产鲜枣30～35kg；在当地4月上旬萌芽，5月中下旬开花，6月上旬达盛花期，9月中旬果实成熟，10月下旬落叶。

品种评价

抗寒，耐贫瘠，果实可食用；主要病虫害为枣尺蠖、枣黏虫、枣桃小食心虫、食芽象甲；抗旱、抗寒能力强，耐修剪；嫁接繁殖；适宜在平原、丘陵及排水良好的土壤中栽培。

生境

植株

树干

叶片

花

果实

海淀白枣

Ziziphus jujuba Mill.'Haidianbaizao'

调查编号： LITZLJS051

所属树种： 枣 *Ziziphus jujuba* Mill.

提 供 人： 白金
电　　话： 010 – 82594670
住　　址： 北京市农林科学院

调 查 人： 刘佳棽
电　　话： 010 – 51503910
单　　位： 北京市农林科学院农业综合发展研究所

调查地点： 北京市海淀区苏家坨镇

地理数据： GPS数据（海拔： 59m，
经度： E116°09'31，纬度： N40°05'14"）

生境信息

来源于当地，生长于庭院；适合于在平地生长，易受城市扩建影响，可利用耕地进行种植；土壤质地为壤土，pH7.5；种植年限20年，现存7株，种植农户为3户。

植物学信息

1. 植株情况

乔木，树势强，树姿直立，树冠多自然乱头形。树高12m，冠幅东西7m、南北8.1m，干高2.2m，干周88cm。主干灰褐色，树皮丝状裂纹，枝条密度适中。

2. 植物学特性

1年生枝阳面红褐色，阴面灰褐色。皮孔小，椭圆形，开裂，凸起；针刺常1cm左右，枣股长椭圆形，通常抽生枣吊4个，枣吊中前部花最多，每一花序有单花4朵；叶片长卵圆形，较薄，叶片平均长5.5cm，宽3.4cm，先端渐尖，叶缘钝齿较粗，基部楔形，绿色。

3. 果实性状

果实个大，长卵圆形，最大单果16.3g；平均果重10.9g，平均纵径3.51cm，横径2.50cm，果面暗红色，平整光亮；果点较大而稀，呈黄色；果皮脆而薄、不易剥离，果顶圆凸，梗洼窄而深；果肉淡绿色，致密，汁多，风味酸甜，品质上；鲜果含全糖30.43%，含酸0.702%，每百克鲜果肉含维生素C76.12mg；核纺锤形，黄褐色，顶端具尖嘴，基部钝尖；核沟纹深而宽；纵径1.93cm，横径0.825cm，最大单核重0.34g，核内多有仁；可食部分占全果重的96.83%。

4. 生物学特性

本品种树势强健，骨干枝分枝角度小；枣头数目少，根蘖发生较多；栽植根蘖苗，当年或第二年可结果；很少有裂果现象；萌芽期4月中旬，开花期5月下旬；果实采收期9月上旬，落叶期10月下旬。

品种评价

优质，果实可鲜食和制干。

生境及植株

树干

叶片

枝条

花

南辛庄鸡蛋枣

Ziziphus jujuba Mill.
'Nanxinzhuangjidanzao'

调查编号： LITZLJS052

所属树种： 枣 *Ziziphus jujuba* Mill.

提 供 人： 白金
电　　话： 010 – 82594670
住　　址： 北京市农林科学院

调 查 人： 刘佳琴
电　　话： 010 – 51503910
单　　位： 北京市农林科学院农业综
合发展研究所

调查地点： 北京市海淀区四季青镇南
辛庄

地理数据： GPS数据（海拔：67m，
经度：E116°13'14"，纬度：N39°57'51"）

生境信息

来源于当地，最大树龄50年，生长于城镇的庭院中，适合于在平地生长，易受修路和城市扩建影响，可利用耕地进行种植；土壤质地为壤土，pH7.3。

植物学信息

1. 植株情况

乔木；嫁接繁殖，植株直立，树冠自然乱头形，主干深褐色，皮部条块状裂，裂纹明显，裂片较大不易剥落。

2. 植物学特性

枣头枝灰褐色，年生长25～65cm，节间略直，皮孔灰褐色，小而多；枣股灰黑色，圆锥形；通常抽生枣吊2～4个，吊长20.8cm，着果较多部位3～6节；花量较多，每一花序有单花1～9朵；枣吊有叶9～12片，叶片中等薄厚，卵状披针形，叶片平均长6.2cm，宽3cm，先端渐尖，叶缘钝齿，基部广楔形，绿色，叶柄长0.3～0.6cm。

3. 果实性状

果实特大，卵圆形；平均果重20.3g，果实大小整齐；纵径4.7cm，横径3.7cm，最大可达29g左右；果皮暗红色，有光泽；梗洼浅而宽，果皮厚且脆；果肉白绿色，质地疏松，汁液多，风味甜，品质中上等；可食率97.6%，维生素C含量202.7mg/100g。

4. 生物学特性

树势强健，发枝力强，枣头多分布于树冠中部；一般在4月中旬芽萌动，6月初开花，果实9月下旬成熟，10月上中旬开始落叶，生长期约210天。

品种评价

主要病虫害是枣尺蠖、枣黏虫；耐修剪，嫁接繁殖。适合于在平原、丘陵及排水良好的土壤栽培；果肉厚实、个大，鲜食或制干兼用。

生境及植株

花

植株

果实

叶片

冀州脆枣

Ziziphus jujuba Mill.'Jizhoucuizao'

調查編号： LITZLJS053

所属树种： 枣 *Ziziphus jujuba* Mill.

提 供 人： 白金
电　　话： 010 - 82594670
住　　址： 北京市农林科学院

调 查 人： 刘佳棽
电　　话： 010 - 51503910
单　　位： 北京市农林科学院农业综
合发展研究所

调查地点： 北京市海淀区四季青镇南
辛庄

地理数据： GPS数据（海拔：65m，
经度：E116°13'33"，纬度：N39°57'28"）

生境信息

来源于当地，生长于城镇的庭院中，适合于在平地生长，影响因子为耕作；土壤质地为壤土，pH8.0；现存2株，种植农户为1户。

植物学信息

1. 植株情况

乔木；嫁接繁殖，植株姿态直立，树冠呈自然圆头形，主干灰褐色，皮部纵横裂，裂纹多而深，易剥落。

2. 植物学特性

枣头枝灰褐色，年生长20～60cm，节间直，皮孔灰褐色，小而多；枣股灰黑色，圆锥形；通常抽生枣吊1～6个，吊长10～18cm，着果较多部位2～6节，每吊着果2～4个；花量较多，每一花序有单花1～9朵；枣吊有叶9～12片，叶片较厚，阔卵圆形，长2.3～4.0cm，宽1.4～2.3cm，先端锐尖，叶缘钝齿，基部偏圆形，绿色，叶柄长0.3～0.6cm。

3. 果实性状

果实中等，卵圆形；平均果重18g，果实大小整齐，纵径4.0cm，横径3.5cm，9月中下旬成熟，产量稳定，肉质松脆、核小皮薄、汁多味甜；品质中上等，可食率97.6%，维生素C含量377mg/100g。

4. 生物学特性

树势旺盛，树体中等，树姿开张，枝条较密，干性强，枣头萌发力较弱，结实力强；一般在4月下旬芽萌动，6月初开花，果实9月下旬成熟，10月上中旬开始落叶。

品种评价

优质、抗旱；主要病虫害为枣尺蠖、枣黏虫；耐修剪，嫁接繁殖；适宜在平原、丘陵及排水良好的土壤中栽培。

生境

叶片

花

植株

枝条

太师屯金丝小枣

Ziziphus jujuba Mill.
'Taishitunjinsixiaozao'

调查编号：LITZLJS054

所属树种：枣 *Ziziphus jujuba* Mill.

提供人：白金
电　话：010-82594670
住　址：北京市农林科学院

调查人：刘佳芩
电　话：010-51503910
单　位：北京市农林科学院农业综合发展研究所

调查地点：北京市密云区太师屯镇

地理数据：GPS数据（海拔：202m，经度：E117°07'17.76"，纬度：N40°32'8.92"）

生境信息

来源于当地，生长于田间，适合在平地生长，影响因子为城市扩建，可以利用院落进行栽培；土壤质地为壤土，pH7.8；现存3株，种植农户为1户。

植物学信息

1. 植株情况

乔木；5年生，嫁接繁殖，砧木为酸枣，树势中，树冠呈自然圆头形，树姿直立，干性中等，树体较小；50年生植株干高1.78m，干周0.53m，树高6m，枝展4～4.5m；主干灰褐色，皮部纵横裂，裂纹少而浅，易剥落。

2. 植物学特性

枣头枝灰褐色，年生长22～55cm，节间略直，皮孔灰褐色，小而多；通常抽生枣吊2～6个，枣吊长12～18cm，着果较多部位3～6节；花量较多，每一花序有单花1～11朵；枣吊有叶9～12片，叶片小而厚，纺锤形，长3.0～5.4cm，宽1.3～2.2cm，先端锐尖，叶缘钝齿，基部偏圆形，绿色，叶柄长0.2～0.5cm。

3. 果实性状

果实小，单果重5～7g，梭形；纵径2.5～3.0cm，横径1.5～2.0cm，核小皮薄，肉厚，肉质细腻，果面呈鲜红色，肉质清脆，甘甜而略具酸味；鲜枣含糖量高达65%，干枣含糖量73%以上；核小，纺锤形，可食部分占果重96%；核面较粗糙，沟纹微浅，先端长而渐尖，基部钝圆。

4. 生物学特性

进入结果期较早，丰产，产量稳定，50年生单株产鲜枣45～50kg；当地4月上旬萌芽，5月下旬开花，6月上旬达盛花期，9月中旬果实成熟，10月下旬落叶。

品种评价

优质、抗旱；主要病虫害为枣尺蠖、枣黏虫、枣桃小食心虫、食芽象甲；耐修剪，嫁接繁殖；适宜在丘陵地带排水良好的土壤中栽培。

生境

植株

花

果实

叶片

果实

郎家园枣

Ziziphus jujuba Mill.'Langjiayuanzao'

调查编号：LITZLJS055

所属树种：枣 *Ziziphus jujuba* Mill.

提 供 人：高宝宽
电　　话：13910532936
住　　址：北京市朝阳区植保站

调 查 人：刘佳梦
电　　话：010－51503910
单　　位：北京市农林科学院农业综
合发展研究所

调查地点：北京市朝阳区高碑店乡郎
家园村

地理数据：GPS数据（海拔：46m，
经度：E116°27'21"，纬度：N39°54'13"）

生境信息

来源于当地，最大树龄50年，生长于平原城镇的庭院中，影响因子为修路和城市扩建，适合在平地生长，可以利用耕地进行栽培；土壤质地为壤土，pH7.5；现存13株。

植物学信息

1. 植株情况

乔木；分株繁殖，植株姿态直立；35年生植株干高1.75m，干周0.8m，树高5～7m，枝展13m；主干灰色或褐色，皮部纵横裂，裂纹少而浅，不易剥落。

2. 植物学特性

枣头枝红褐色，年生长25～65cm，节间略直，皮孔灰褐色，大而稀；枣股灰黑色，圆柱形。通常抽生枣吊1～3个，吊长20～50cm，花量较多，每一花序有单花1～3朵；枣吊有叶22～27片，叶片小而厚，卵状披针形，平均长5.6cm，平均宽2.6cm，先端钝尖，叶缘波状，基部楔形，叶面有光泽，暗绿色，叶柄长0.5cm。

3. 果实性状

果实中大，长圆柱形，两侧对称；纵径2.82cm，横径2.09cm，单果平均重5.63g，最大单果重7g；果皮极薄而脆，浓红色，着色均匀；果面光滑，果点黄色，小，梗洼较深而狭，果顶尖圆；肉白绿色，质地酥脆，细嫩，汁液多，味甜，含可溶性固形物55%；核小，纺锤形，平均纵径1.54cm，横径0.58cm，平均重0.24g，可食部分占果重96%。核沟纹细而浅，顶端锐尖，基部尖；核内多有仁。

4. 生物学特性

枣头数目较多，丰产，连续结实力差；进入结果期较早，适宜砂壤平地栽培；在当地4月中旬萌芽，5月中下旬开花，6月上旬达盛花期，9月中旬果实成熟，10月下旬落叶。

品种评价

优质、抗旱；主要病虫害为枣尺蠖、枣黏虫、枣桃小食心虫、食芽象甲；耐修剪，嫁接繁殖；适宜在平原、丘陵地带排水良好的土壤中栽培；为北京原产，名产，适宜鲜食，经济价值高，适应性强。

生境

树干

植株

叶片

花

果实

长陵马牙枣

Ziziphus jujuba Mill.'Changlingmayazao'

调查编号：LITZLJS056

所属树种：枣 *Ziziphus jujuba* Mill.

提　供　人：白金
电　　　话：010－82594670
住　　　址：北京市农林科学院

调　查　人：刘佳棽
电　　　话：010－51503910
单　　　位：北京市农林科学院农业综
合发展研究所

调查地点：北京市昌平区长陵镇长陵村

地理数据：GPS数据（海拔：144m，
经度：E116°14'51.73"，纬度：N40°17'48.03"）

生境信息

来源于当地，最大树龄40年，生长于丘陵地带的田间，伴生物种是酸枣，影响因子为耕作，可在10°半阳坡上生长；土壤质地为壤土，pH7.2；种植农户为3户。

植物学信息

1. 植株情况

乔木；嫁接繁殖，砧木为酸枣，树势中，树姿直立，树冠圆头形，最大干周25cm；主干和多年生枝灰褐色或褐色，树皮表面粗糙，块状纵裂，裂片大，易剥落。

2. 植物学特性

1年生枝阳面红褐色，针刺短小，不发达，直刺长13~15cm，没有或极少钩刺；皮孔纺锤形，中等大小；永久性二次枝略弯曲呈弓状，自然生长有1~12节，大多为5~9节，最多可达21节，有效结果节数1~12节；枣股圆柱形，多歪斜；枣吊着生13~17叶片，叶片卵状披针形，绿色，中等大，叶面光滑，叶尖渐尖，叶基楔形至宽楔形；叶缘锯齿浅，尖端圆钝，排列不规则；花蕾浅绿色，五棱形，花量大，花朵为昼开型，蜜盘黄白色。

3. 果实性状

果实马牙形，果上部歪向一侧，果个大小不甚均匀；果点白色，明显，小而少，果顶圆凸；梗洼较窄较深；皮薄而脆，果肉淡绿色，致密，汁液多，风味甜，品质极上等；果个中大，平均单果重14.10g，最大单果重21.15g，可食率96.1%。

4. 生物学特性

盛果期树生长势强壮，干性中等；开始结果年龄2年，果实成熟期一致，有轻微采前落果现象；单株平均产量15~20kg，单株最高25kg；萌芽始期4月上旬，始花期6月上旬，果实始熟期8月上中旬，果实成熟期8月中下旬。

品种评价

主要病虫害为枣尺蠖、枣黏虫、枣桃小食心虫、食芽象甲；对寒冷、干旱等恶劣环境抵抗能力强，适宜在丘陵地带栽植。

生境

植株

叶片

花

果实

南辛庄磨盘枣

Ziziphus jujuba Mill.
'Nanxinzhuangmopanzao'

- 调查编号： LITZLJS057

- 所属树种： 枣 *Ziziphus jujuba* Mill.

- 提 供 人： 白金
  电　　话： 010－82594670
  住　　址： 北京市农林科学院

- 调 查 人： 刘佳琴
  电　　话： 010－51503910
  单　　位： 北京市农林科学院农业综
  合发展研究所

- 调查地点： 北京市海淀区四季青镇南
  辛庄

- 地理数据： GPS数据（海拔：105m，
  经度：E116°13'35"，纬度：N39°57'48"）

生境信息

来源于当地，最大树龄50年，生长于城镇田间，影响因子为城市扩建；可在平地上生长，可利用耕地进行种植；土壤质地为壤土，pH7.3；有少量栽培。

植物学信息

1. 植株情况

乔木；50年树龄，嫁接繁殖，植株姿态直立；树冠呈自然圆头形，主干灰色，皮部纵横裂。

2. 植物学特性

枣头枝灰褐色，年生长量22～63cm，节间较直，皮孔灰褐色，小而多；枣股深灰色，圆锥形，通常抽生枣吊2～8个，枣吊长11～17cm，着果较多部位3～6节，每吊着果2～4个；花量较多，每一花序有单花1～9朵。枣吊有叶9～12片，叶片较厚，纺锤形，长3.1～5.4cm，宽1.3～2.2cm，先端锐尖，叶缘钝齿，基部偏圆形，绿色，叶柄长0.3～0.6cm。

3. 果实性状

果实大，中部有一较深的缢痕，形似上下磨盘；平均果重8.0g，最大可达10g左右，果实大小整齐；纵径5.5cm，横径4.0cm；9月下旬成熟，产量稳定，肉质松脆、核小皮薄；品质中等，比普通磨盘枣味甜。

4. 生物学特性

成年大树树势中庸，树体中等，树姿开张，枝条较密，干性强；开始结果年龄2年；一般在4月下旬芽萌动，6月初开花，果实9月下旬成熟，10月上中旬开始落叶，生育期约210天。

品种评价

主要病虫害为枣尺蠖、枣黏虫；耐修剪，嫁接繁殖；适宜在丘陵地带排水良好的土壤中栽培；属于特色大果鲜食品种、品质优良、丰产、抗病；多用于观赏。

林

树干

叶片

花

果实

嘎嘎枣

Ziziphus jujuba Mill.'Gagazao'

调查编号: LITZLJS058

所属树种: 枣 *Ziziphus jujuba* Mill.

提 供 人: 白金
电　　话: 010 - 82594670
住　　址: 北京市农林科学院

调 查 人: 刘佳芩
电　　话: 010 - 51503910
单　　位: 北京市农林科学院农业综合发展研究所

调查地点: 北京市密云区琉璃河村

地理数据: GPS数据（海拔: 64m,
经度: E116°01'28.60", 纬度: N39°35'48.87" ）

生境信息

来源于当地，生长于坡地，坡向偏南；伴生物种为板栗；影响因子为耕作；土壤质地为砂壤土；现存29株，种植农户为10户。

植物学信息

1. 植株情况

乔木；树势强，树姿直立，树形为圆形；树高7.2m，冠幅东西6m、南北6.2m，干高1.85m，干周52cm；主干褐色，树皮块状裂，枝条较密。

2. 植物学特性

枝条红褐色，无光泽，中等长度，年平均长度15cm，节间平均长2.2cm，偏细，平均粗0.5cm，二次枝生长量15cm，皮目中等；叶片大小适中，长4.8cm，宽4cm，叶片厚薄适中，绿色；近叶基部无褶缩，叶边锯齿锐状，齿尖无腺体，叶柄0.2cm，较细，本色。

3. 果实性状

果实偏大，纵径3.5cm，横径1.5cm，单果平均重8g，最大单果重10.5g，果实尖形，绿色，成熟后为暗红色；果顶尖圆，梗洼广而深；果皮薄，果肉厚1cm，浅绿色，果肉质地致密，较脆，汁液中多，风味甜，品质上，核小，可溶性固形物含量25%。

4. 生物学特性

中心主干生长势强，萌芽力强，发枝力强；树势强；第2年开始结果，5年达到盛果期；生理落果和采前落果少，产量高，大小年不显著，盛果期单株平均产量20kg；萌芽期4月中下旬，开花期5月下旬，果实采收期9月上旬，落叶期10月下旬。

品种评价

鲜食品种，品质一般；对干旱、瘠薄等不良条件适应性强。

植株

树干

花

果实

叶片

果实

苏子峪大枣

Ziziphus jujuba Mill.'Suziyudazao'

○ 调查编号：LITZLJS059

▤ 所属树种：枣 *Ziziphus jujuba* Mill.

▤ 提 供 人：刘佳棽
　 电　　话：010－51503910
　 住　　址：北京市农林科学院农业综
　　　　　　合发展研究所

▤ 调 查 人：刘佳棽
　 电　　话：010－51503910
　 单　　位：北京市农林科学院农业综
　　　　　　合发展研究所

📍 调查地点：北京市平谷区大华山镇苏
　　　　　　子峪村

🌐 地理数据：GPS数据（海拔：277m，
　　　　　　经度：E117°05'25.17"，纬度：N40°14'44.12"）

🗓 生境信息

来源于当地，生长于庭院，影响因子为城市扩建；可在院落内进行种植；土壤质地为壤土，pH7.6；最大树龄50年。

📋 植物学信息

1. 植株情况

乔木，嫁接繁殖，砧木是酸枣，树势中，树冠呈自然圆头形，树姿直立，干性较强；主干灰褐色，皮部纵横裂，裂纹少而浅，易剥落。

2. 植物学特性

枣头枝灰褐色，年生长量25～65cm，节间略直，皮孔灰褐色，小而多；枣股灰黑色，圆锥形；通常抽生枣吊1～6个，枣吊长10～16cm，着果较多部位3～6节；花量较多，每一花序有单花1～9朵；枣吊有叶9～12片，叶片小而厚，纺锤形，长3.3～5.5cm，宽1.4～2.3cm，先端锐尖，叶缘钝齿，基部偏圆形，绿色，叶柄长0.3～0.6cm。

3. 果实性状

单果重10～12g，成熟后暗红色；果顶平，梗洼广而浅；果皮薄，肉厚，果肉浅绿色，质地致密，较脆，汁液中多，风味甜，品质上；核小，可溶性固形物含量25%，每百克鲜枣果肉中含有维生素C500～650mg。

4. 生物学特性

进入结果期较早，丰产，产量稳定，25年生单株产鲜枣17.5～20kg；在当地4月上旬萌芽，5月下旬开花，6月上旬达盛花期，9月中旬果实成熟，10月下旬落叶。

📖 品种评价

主要病虫害为枣尺蠖、枣黏虫、枣桃小食心虫、食芽象甲；对寒冷、干旱等恶劣环境的抵抗能力强；耐修剪，嫁接繁殖；适合在丘陵地带排水良好的土壤中种植。

小树林　树干　花　果实　花　枝条

聂家峪酸枣

Ziziphus spinosa（Bunge）Hu.
'Niejiayusuanzao'

调查编号： LITZLJS060

所属树种： 酸枣 *Ziziphus spinosa* (Bunge) Hu.

提 供 人： 刘佳梦
电　话： 010－51503910
住　址： 北京市农林科学院农业综合发展研究所

调 查 人： 刘佳梦
电　话： 010－51503910
单　位： 北京市农林科学院农业综合发展研究所

调查地点： 北京市密云区大城子镇聂家峪村

地理数据： GPS数据（海拔：227m，经度：E117°06'35.60"，纬度：N40°23'32.55"）

生境信息

来源于当地，伴生物种是酸枣，可在向南坡地上生长，土壤质地为砂土，现存30株。

植物学信息

1. 植株情况

乔木；树势中，树姿半开张，树形半圆形；树高3m，冠幅东西2.3m、南北2.15m，干高0.5m，干周20cm；主干灰色，树皮块状裂，枝条较密。

2. 植物学特性

1年生枝（指阳面）红褐色，有光泽，较短，节间平均长0.3cm，较细，平均粗1.2cm；叶片小，长3～8cm，宽1～2cm，较厚，绿色，近叶基部无褶缩，叶边锯齿钝；叶柄长0.2～0.5cm，较粗，本色；花铃形，花冠直径0.2cm，色泽绿黄。

3. 果实性状

果实小，平均果重1.2g，最大果重2g，椭圆形，底色绿色，成熟呈紫红色；果肉薄、质地松软，汁液少，风味甜酸，品质下；核大。

4. 生物学特性

中心主干生长强，萌芽力强，发枝力适中，生长势中；第2年开始结果，第6～7年达到盛果期，萌芽期4月中上旬，开花期5月下旬；果实采收期9月下旬，落叶期10月上旬。

品种评价

抗干旱、寒冷、瘠薄等不良条件能力强；可作为枣的砧木。

植株

花

叶片

枝条

香山白枣

Ziziphus jujuba Mill.'Xiangshanbaizao'

调查编号：LITZLJS061

所属树种：枣 *Ziziphus jujuba* Mill.

提 供 人：刘佳芬
电　　话：010 – 51503910
住　　址：北京市农林科学院农业综
　　　　　合发展研究所

调 查 人：刘佳芬
电　　话：010 – 51503910
单　　位：北京市农林科学院农业综
　　　　　合发展研究所

调查地点：北京市海淀区香山红旗村

地理数据：GPS数据（海拔：66m，
　　　　　经度：E116°12′41″，纬度：N39°57′10″）

生境信息

来源于当地，生长在丘陵地带，影响因子为城市扩建，可在平地进行种植，亦可以利用院落进行种植，土壤质地为壤土，pH7.6，现存30株。

植物学信息

1. 植株情况

乔木；50年树龄，嫁接繁殖，砧木是酸枣，树体中等大小，树势较强，树冠自然圆头形，树干灰褐色。

2. 植物学特性

当年生枝红褐色，皮孔圆形，中等大小，针刺长，枣股黑褐色；幼树和徒长枝有针刺，以后逐步脱落，萌芽力中等；枣股萌生枣吊能力强，枣股平均抽生枣吊5个，枣吊平均长9cm，平均着生叶片10片；枣花浅黄色，枣吊中部花量较大。

3. 果实性状

果形长圆形至近圆形，果实较小，平均纵径2.29cm，横径1.79cm；平均单果重3.57g，最大单果重4.7g，果实大小整齐均匀；果梗中等长，一般长3cm左右，梗洼广而浅，周围无轮状凸起；果色深红鲜亮；果顶圆，果肉白绿色，质脆，风味甜，汁液中多，品质上；含可溶性固形物26.7%～29.85%；核红褐色，纺锤形，顶端尖，基部亦尖；核内多有仁；可食部分占全果重的93.84%。

4. 生物学特性

树势强壮，结果后枝角度开张，树势渐缓，枣头数目中等，中心干长势中等，骨干枝分枝角度小；根蘗不易发生，少有裂果，产量不甚稳定。

品种评价

鲜食、制干加工兼用品种；对寒冷、干旱、瘠薄等恶劣环境的抵抗能力强；耐修剪，嫁接繁殖；适合在丘陵地带排水良好的土壤中种植。

植株

树干

叶片

枝条

花

小葫芦枣

Ziziphus jujuba Mill.'Xiaohuluzao'

調查编号：LITZLJS062

所属树种：枣 *Ziziphus jujuba* Mill.

提 供 人：刘佳棽
电　　话：010－51503910
住　　址：北京市农林科学院农业综
　　　　　合发展研究所

調 查 人：刘佳棽
电　　话：010－51503910
单　　位：北京市农林科学院农业综
　　　　　合发展研究所

調查地点：北京市海淀区香山门头村

地理数据：GPS数据（海拔：64m，
　　　　　经度：E116°13'01"，纬度：N39°57'25"）

生境信息

来源于当地，最大树龄20年，影响因子为耕作；可在平地进行种植，亦可利用耕地进行种植，土壤质地为壤土，pH8.5；现存3株。

植物学信息

1. 植株情况

乔木；20年生植株干高1.55m，干周56cm，树高7m左右，枝展5m；树冠呈自然圆头形，树姿直立，干性较强，树势较弱；主干灰褐色，皮部纵横裂，裂纹少而浅，易剥落。

2. 植物学特性

枣头枝浅灰色，年生长量17～55cm，节间略直，皮孔灰色，小而多；通常抽生枣吊1～6个，吊长10～17cm，着果较多部位2～5节；花量较多，每一花序有单花1～8朵；枣吊有叶9～12片，叶片小而薄，阔卵形，长3.5～5.5cm，宽1.5～2.5cm，先端渐尖，叶缘钝齿，基部圆形，绿色，叶柄长0.2～0.3cm。

3. 果实性状

果实葫芦形，纵径3.1～4.0cm，横径1.8～2.0cm，单果平均重15g，最大单果重20g；果皮薄脆，红色，果面光滑，梗洼浅中广，果顶尖；果肉黄白色，质致密较脆，汁液中等，味甜，可溶性固形物含量29%；核小，纺锤形，可食部分占果重96%；核面较粗糙，沟纹微浅，先端长而渐尖，基部钝圆，含仁率90%，种仁饱满。

4. 生物学特性

枣头萌发力较弱，当年结实力差；进入结果期较早，丰产，产量稳定，20年生单株产鲜枣12.5～13kg；在当地4月上旬萌芽，5月中下旬开花，6月上旬达盛花期，9月中旬果实成熟，10月下旬落叶。

品种评价

主要病虫害有枣尺蠖、枣黏虫、食芽象甲；对寒冷、干旱等恶劣环境的抵抗能力强；耐修剪，嫁接繁殖；适合在平原和丘陵地带排水良好的土壤中种植；属于当地特色品种，品质优良、丰产。

生境

树干

花

植株

枝条

桐柏大枣

Ziziphus jujuba Mill.'Tongbaidazao'

调查编号：CAOSYLBY013

所属树种：枣 *Ziziphus jujuba* Mill.

提 供 人：李本银
电　　话：13703455340
住　　址：河南省南阳市桐柏县农业
　　　　　经济作物管理站

调 查 人：李好先
电　　话：13903834781
单　　位：中国农业科学院郑州果树
　　　　　研究所

调查地点：河南省南阳市桐柏县吴城
　　　　　镇牧场村

地理数据：GPS数据（海拔：198m，
　　　　　经度：E113°31'45"，纬度：N32°25'55"）

生境信息

　　来源于当地，最大树龄30年，生长于丘陵坡地，旷野小生境，伴生物种为花生、杨树等，土壤质地为砂壤土，现存不到1000株，种植户10户。

植物学信息

1. 植株情况

　　乔木；树势中等，树姿半开张，树冠圆头形；树高10m，冠幅东西5m、南北6m，干高1.1m，干周80cm；主干灰色，树皮小块状裂，枝条密度适中。

2. 植物学特性

　　枣头褐色，较粗壮，生长势较强，平均长62.3cm，节间平均长7.5cm；皮孔小，近圆形，稍有凸起，分布较密；针刺发达，刺长1～2cm，2年生后逐渐脱落；二次枝发育良好，一般3～7节，枝形较直；枣股圆柱形，长1～2cm，持续结果能力7～10年；叶片小，长卵圆形，长4cm，宽2cm；叶柄长0.3cm，叶片厚薄适中，浅绿色，叶尖渐尖，叶基部圆形，叶边锯齿圆钝；聚伞花序，一般2～5朵花并生；萼片5个，绿色，三角形；花瓣5个，匙形，乳黄色；蜜盘发达，内圆形；雄蕊5枚，花药长0.3cm。

3. 果实性状

　　果实长椭圆形或圆柱形，纵径3cm，横径2.2cm，平均重7.3g，最大果重11g，果实大小不一，整齐度差；果肩向外倾斜，梗洼较浅，果顶圆形；果柄中长，平均0.71cm；果皮中等厚，棕红色，有光泽，裂果少；果点不明显；果肉乳白色，肉质致密，酥脆，汁液少，味甘甜，适宜制干或鲜食；果核纺锤形，褐色，纵径1.5cm，横径0.7cm，核重0.42g。

4. 生物学特性

　　树势较旺，姿势较直立，主枝分枝角度小，干性较强，发枝力中等，单轴延长力强；嫁接树第二年开始结果，盛果期树产量高，丰产；在产地4月下旬萌芽，5月底始花，8月下旬果实开始着色，9月下旬成熟采收，10月中旬落叶。

品种评价

　　高产、耐贫瘠、对土壤适应性强，较抗病虫，易于栽培管理，丰产性好。

生境

树干

叶片

枝条

花

果实

沈家岗大枣

Ziziphus jujuba Mill.'Shenjiagangdazao'

调查编号：CAOSYLHX195

所属树种：枣 *Ziziphus jujuba* Mill.

提 供 人：李志勇
电　　话：0722 - 4730096
住　　址：湖北省随州市随县唐县镇
　　　　　十里村沈家岗

调 查 人：谢恩忠
电　　话：13908663530
单　　位：湖北省随州市林业局

调查地点：湖北省随州市随县唐县镇
　　　　　十里村沈家岗

地理数据：GPS数据（海拔：153m，
　　　　　经度：E113°06'36.3"，纬度：N32°02'09"）

生境信息

来源于当地，最大树龄60年，生长于平地，田间小生境，伴生植物为杨树，土壤质地为砂壤土，现存2株，种植户1户；影响因子为耕作，可在平地上生长，可利用耕地进行种植。

植物学信息

1. 植株情况

乔木；树势中等，树姿半开展，树形圆头形；树高12m，冠幅东西8m、南北6m，干高1.75m，干周150cm；主干黑色，树皮块状裂，枝条较密。

2. 植物学特性

枣头暗褐色，无光泽，平均长74cm，节间平均长7.0cm，平均粗0.5cm；皮目大、量少、凸出、近圆形；针刺发达，2年生后逐渐脱落；二次枝发育良好，一般4~7节，枝形不直；枣股圆柱形或馒头形，长1~2cm，持续结果能力较强，一般7~10年；叶片长卵圆形，浅绿色，长5.5cm，宽3.5cm；叶柄长0.3cm，叶片厚薄适中，叶尖渐尖，叶基部圆形，叶边锯齿圆钝；聚伞花序，一般2~4朵花并生；萼片5个，绿色，三角形；花瓣5个，匙形，乳黄色；蜜盘发达，内圆形；雄蕊5枚，花药长0.3cm。

3. 果实性状

果实圆柱形或椭圆形，纵径3.9cm，横径3.2cm，平均重8.1g，最大果重13g，果实大小较整齐；果皮中等厚，果面光滑平整，褐红色，有光泽，很少裂果；果点细小，不明显；果肩平斜，梗凹深广，果顶圆弧形，顶尖微凹；果柄中长，平均0.70cm；果肉乳白色，肉质致密，酥脆，汁液中等，味甜，适宜制干或鲜食；果核纺锤形，褐色，纵径1.6cm，横径0.8cm，核重0.46g。

4. 生物学特性

树势强健，姿势较直立，主枝分枝角度小，干性较强，发枝力中等，单轴延长力强；嫁接树第二年开始结果，盛果期树产量高，丰产；在产地4月中旬萌芽，5月中旬始花，8月下旬果实开始着色，9月下旬成熟采收，10月中旬落叶。

品种评价

丰产性好、较耐贫瘠、对土壤适应性强，易于栽培管理。

生境

花

叶片

树干

果实

尖枣

Ziziphus jujuba Mill.'Jianzao'

调查编号：CAOSYLHX196

所属树种：枣 *Ziziphus jujuba* Mill.

提 供 人：李志勇
电　　话：0722－4730096
住　　址：湖北省随州市随县唐县镇
　　　　　十里村沈家岗

调 查 人：谢恩忠
电　　话：13908663530
单　　位：湖北省随州市林业局

调查地点：湖北省随州市随县唐县镇
　　　　　十里村沈家岗

地理数据：GPS数据（海拔：153m，
　　　　　经度：E113°06'36.3"，纬度：N32°02'09.0"）

生境信息

来源于当地，最大树龄15年，庭院小生境，伴生物种为槐树，土壤质地为壤土，现存1株；影响因子为砍伐，可在平地上生长。

植物学信息

1. 植株情况

乔木；树势强，树姿直立，树形乱头形；树高8m，冠幅东西4m、南北5m，干高1.5m，干周50cm；主干褐色，树皮丝状裂，枝条密集。

2. 植物学特性

1年生枝红褐色，无光泽，平均长70cm，节间平均长6.5cm，平均粗0.6cm；皮目大而稀，微凸出，椭圆形；针刺较发达，2年生后逐渐脱落；二次枝发育良好，一般4~8节，枝形较直；枣股圆柱形或馒头形，长1~2cm，持续结果能力较强，一般7~9年；叶片卵圆披针形，浅绿色，长6cm，宽3cm；叶柄长0.2cm，叶尖渐尖，叶基部圆形，叶边锯齿圆钝；聚伞花序，一般2~7朵花并生；萼片5个，绿色，三角形；花瓣5个，匙形，乳黄色；蜜盘发达，内圆形；雄蕊5枚，花药长0.3cm。花量多。

3. 果实性状

果实长椭圆形或长锥形，纵径2.5cm，横径1.3cm，平均重4g，最大果重6g，果实大小较整齐；果皮玫瑰红色，果皮较薄，果面光滑平整，白熟期为乳白色，很少裂果；果点细小，不明显；果肩平斜，梗凹深广，平滑圆整，果顶渐细，顶端圆形，顶尖微凹陷，有柱头遗存痕迹；果柄中长，平均0.70cm；果肉乳白色，肉质较细，略松软，酥脆，汁液中等，酸甜适中；果核纺锤形，褐色，纵径1.3cm，横径0.6cm，核重0.41g；鲜食品质好，酸甜可口，制干率40%左右。

4. 生物学特性

主枝分枝角度小，干性较强，发枝力低等，单轴延长力强。嫁接树第二年开始结果，盛果期树产量不高，开花量多，坐果率低，大小年结果不明显；在产地4月中旬萌芽，5月中旬始花，8月中旬果实开始着色，9月中旬成熟采收，10月中旬落叶。

品种评价

适应性较强，树体健壮，生长量大，丰产性较差，果实品质好，鲜食适口性好。

植株

叶片

生境

果实

随州秤砣枣

Ziziphus jujuba Mill.
'Suizhouchengtuozao'

調查编号： CAOSYLHX200

所属树种： 枣 *Ziziphus jujuba* Mill.

提 供 人： 谢恩想
电　　话： 15897586933
住　　址： 湖北省随州市随县新街镇
　　　　　凤凰寨村

调 查 人： 谢恩忠
电　　话： 13908663530
单　　位： 湖北省随州市林业局

调查地点： 湖北省随州市随县新街镇
　　　　　凤凰寨村

地理数据： GPS数据（海拔：107m，
经度：E113°13'05.9"，纬度：N31°47'21.3"）

生境信息

来源于当地，最大树龄16年，庭院小生境，土壤质地为壤土，伴生物种为杨树，现存2株。

植物学信息

1. 植株情况

乔木；树势弱，树姿直立，树形乱头形；树高4.5m，冠幅东西2m、南北2m，干高0.5m，干周40cm；主干灰黑色，树皮丝状裂，枝条密度疏。

2. 植物学特性

1年生枝红褐色，无光泽，枝长40～50cm，节间平均长5cm；平均粗0.5cm；皮孔中大，灰白色，凸起、近圆形；针刺不发达，直刺长0.3～1.1cm，2年生后逐渐脱落；二次枝发育良好，一般4～8节，枝形较直；2年生枝灰白色，多年生枝褐色；枣股圆柱形，长1～3cm，持续结果能力较强，可达10～15年；枣股可抽生4～6个枣吊，枣吊细长，一般长20～30cm；叶片长卵圆形，浅绿色，长5.0cm，宽2.0cm；叶柄长0.3cm，叶尖渐尖，叶基部圆形或广楔形，叶片平整，叶边锯齿圆钝；聚伞花序，一般2～4朵花着生于叶腋间；花蕾5棱形，花瓣5个，匙形，乳黄色；萼片5个，绿色，三角形；蜜盘浅黄色，发达，内圆形；雄蕊5枚，花药长0.3cm左右；枣吊平均着生花序13个。

3. 果实性状

果实椭圆形，纵径3.93cm，横径3.2cm，侧径3.2cm；平均果重10g，最大果重14g，果实大小较整齐；果皮中薄，果面光滑平整；果点中等大小，较稀，圆形或椭圆形，比较明显；果肩平圆，梗凹浅，果柄中长，平均0.71cm；果肉白色，肉质酥脆，汁液多，味酸甜，鲜食适口性好，品质中等；果核纺锤形，褐色，纵径2.5cm，横径0.8cm，核重0.8g。

4. 生物学特性

发枝力差，枝条角度较开张；嫁接树第二年开始结果，枣吊坐果率高，盛果期树产量高，丰产；在产地4月中旬萌芽，5月中旬始花，8月下旬果实开始着色，9月中旬成熟采收，果实生长期96天左右，10月下旬落叶。

品种评价

适应性较强，耐干旱，耐寒冷，耐盐碱，比较丰产和稳产。适宜鲜食，制干品质差。

生境

植株

花

果实

凤凰寨尖枣

Ziziphus jujuba Mill.'Fenghuangzhaijianzao'

调查编号： CAOSYLHX201

所属树种： 枣 *Ziziphus jujuba* Mill.

提供人： 谢恩想
电　话： 15897586933
住　址： 湖北省随州市随县新街镇
　　　　凤凰寨村

调查人： 谢恩忠
电　话： 13908663530
单　位： 湖北省随州市林业局

调查地点： 湖北省随州市随县新街镇
　　　　凤凰寨村

地理数据： GPS数据（海拔：100m，
　　　　经度：E113°13′05.2″，纬度：N31°47′27.4″）

生境信息

来源于当地，最大树龄200年，庭院小生境，伴生物种为槐树、杨树，土壤质地为壤土，树龄36年，现存100株。

植物学信息

1. 植株情况

乔木；树势健壮，树姿直立，树形乱头形；树高18m，冠幅东西8m、南北8m，干高2.2m，干周90cm；主干黑色，树皮丝状裂，枝条密度适中。

2. 植物学特性

1年生枝红褐色，枝长40~50cm，节间长7~8cm；平均粗0.55cm；皮孔小，灰白色，圆形或椭圆形，凸起；针刺不发达，直刺长0.5~0.7cm；二次枝短，一般3~5节，枝形不直，2年生枝灰褐色，多年生枝褐色；枣股圆柱形，长1~2cm，持续结果能力5~8年；枣股可抽生3~5个枣吊，枣吊一般长10~20cm，粗0.12~0.17cm，着生叶片5~12片，叶片长卵圆形，深绿色，长6.0cm，宽3.0cm；叶柄长0.3~0.5cm，有光泽，叶尖渐尖，叶基部圆形或广楔形，叶片平整，叶边锯齿圆钝，锯齿较密；聚伞花序，一般2~4朵花着生于叶腋间；花蕾5棱形，花瓣5个，匙形，乳黄色；萼片5个，绿色，三角形；蜜盘浅黄色，发达，内圆形；雄蕊5枚，花药长0.3cm左右，花朵较大。

3. 果实性状

果实尖卵圆形，纵径2.6cm，横径1.6cm；平均果重5g，最大果重12g，果实大小较整齐，果皮薄，果面光滑平整，色泽褐红，易裂果；果肩平圆，梗凹浅，果顶渐尖，顶部较瘦；果柄中长，平均0.31cm；果肉白色，肉质酥脆，汁液中多，味酸甜，鲜食适口性好，品质中等；果核纺锤形，褐色，纵径1.5cm，横径0.7cm，核重0.4g。

品种评价

适应性较强，树体健壮，坐果率较高，比较丰产，有大小年结果现象；鲜食品质中等，裂果轻。

生境

植株

果实

沟西庄磨脐枣

Ziziphus jujuba Mill.'Gouxizhuangmoqizao'

调查编号： CAOSYLHX208

所属树种： 枣 *Ziziphus jujuba* Mill.

提 供 人： 贺永朝
电　　话： 0373－6940668
住　　址： 河南省辉县市占城镇沟西
　　　　　 庄村6组

调 查 人： 倪勇
电　　话： 13849362745
单　　位： 河南省新乡市获嘉县农牧局

调查地点： 河南省辉县市占城镇沟西
　　　　　 庄村6组

地理数据： GPS数据（海拔：86m，
　　　　　 经度：E113°40′32.5″，纬度：N35°20′11.5″）

生境信息

来源于当地，调查树龄20年，庭院小生境，土壤质地为壤土，伴生物种为桐树、槐树，现存最大树龄100年。

植物学信息

1. 植株情况

乔木；树势强，树姿直立，树形乱头形；树高12m，冠幅东西4m、南北5m，干高2.2m，干周45cm；主干黑色，树皮丝状裂，树冠枝叶中密。

2. 植物学特性

1年生枝灰褐色，无光泽，枝长中等，节间平均长6cm；平均粗0.5cm；皮孔大，灰白色，分布密，星形，微凸起；针刺发达；二次枝发育良好，一般6～7节，结果有效节数5节；枣股圆柱形，较细，持续结果寿命较长，可达10～15年或更长；枣股可抽生3～7个枣吊，枣吊粗长，一般长20cm以上；叶片长卵状披针形，较狭长，长5.4cm，宽2.1cm；叶柄长0.3cm，叶色浓绿，叶尖渐尖，叶基部圆形，叶片平整，叶边锯齿圆钝；枣吊平均着生花序8～10个。

3. 果实性状

果实平顶锥形，下部粗，上部细，距离底部2/3处有明显的缢痕，形似上下两个部分，纵径3.38cm，横径3.28cm，侧径3.28cm；平均果重22g，最大果重30g，果实大小较整齐；果皮中厚，果面光滑，褐红色，易裂果；果肩平圆，梗凹较浅，果顶部平圆，顶尖略微凹陷；果柄中长，平均0.71cm；果肉黄白色，肉质致密，酥脆，汁液多，味甜，鲜食适口性好，品质中等；果核短纺锤形、小，褐色，纵径1.8cm，横径0.8cm，核重0.3g；适宜鲜食。

4. 生物学特性

发枝力中等，嫁接树第二年开始结果，结果枝寿命长，枣吊坐果率高，盛果期树产量高，丰产；在产地4月中旬萌芽，5月中旬始花，8月中旬果实开始着色，9月上旬成熟采收；成熟期落果轻，裂果较重，10月下旬落叶。

品种评价

适应性较强，抗逆性也强，果实较大，较丰产，果形特殊，品质中等；适宜鲜食，果实裂果较重。

生境

花

果实

植株

酥枣

Ziziphus jujuba Mill.'Suzao'

调查编号： CAOSYLHX209

所属树种： 枣 *Ziziphus jujuba* Mill.

提 供 人： 贺永朝
电　　话： 0373－6940668
住　　址： 河南省辉县市占城镇沟西
庄村6组

调 查 人： 倪勇
电　　话： 13849362745
单　　位： 河南省新乡市获嘉县农牧局

调查地点： 河南省辉县市占城镇沟西
庄村6组

地理数据： GPS数据（海拔：86m，
经度：E113°40'32.5"，纬度：N35°20'11.6"）

生境信息

来源于当地，最大树龄15年，庭院小生境，土壤质地为壤土，伴生物种为桐树、槐树，影响因子为砍伐，现存1株，种植户1户；可在平地上生长，可利用庭院进行种植。

植物学信息

1. 植株情况

乔木；树势强，树姿直立，树形乱头形，树高8m，冠幅东西4m、南北4m，干高2.3m；主干灰黑色，树皮丝状裂。

2. 植物学特性

枣头红褐色，无光泽，枝长50～60cm，节间平均长8.5cm；皮孔中大，圆形或椭圆形，凸起；针刺较发达，直刺长2.0cm，2年生后逐渐脱落；2年生枝灰白色，多年生枝灰褐色；枣股圆锥形，长1～1.5cm，持续结果能力较强，可达10～15年；枣股可抽生4～6个枣吊，枣吊细短，一般长12～15cm，着叶10～13片；叶片卵圆形，中等大，深绿色，叶尖渐尖，叶基部圆形或广圆形，叶片平整，叶边锯齿尖圆。

3. 果实性状

果实短椭圆形，中等大小，纵径3.95cm，横径2.82cm，侧径2.82cm；平均果重16.5g，最大果重18g，果实大小较整齐；果面光滑平整，棕红色；果点小，较稀，圆形或椭圆形，不明显；果肩平圆，梗凹深，果顶部稍瘦呈平圆状；果柄中长，平均0.71cm；果肉白色，肉质酥脆，汁液多，味甜，适口性好，品质中等，鲜食制干兼宜；果核纺锤形，褐色，纵径2.1cm，横径0.4cm，核重0.2g。

4. 生物学特性

生长势强，干性强，中干明显，姿势半开展，发枝力差。嫁接树第二年开始结果，坐果率高，盛果期树产量高；在产地4月中旬萌芽，5月下始花，8月下旬果实开始着色，9月中旬果实成熟采收，果实生长期95天左右，10月下旬落叶。

品种评价

适应性较强，耐干旱，耐瘠薄，耐盐碱，比较丰产和稳产；适宜鲜食和制干。

生境

花

叶片

果实

植株

核笨枣

Ziziphus jujuba Mill.'Hebenzao'

◎ 调查编号： CAOSYLHX220

所属树种： 枣 *Ziziphus jujuba* Mill.

提 供 人： 刘小平
电　　话： 13462237426
住　　址： 河南省新乡市获嘉县史庄
　　　　　镇张巨村8队果园

调 查 人： 倪勇
电　　话： 13849362745
单　　位： 河南省新乡市获嘉县农牧局

调查地点： 河南省新乡市获嘉县史庄
　　　　　镇张巨村8队

地理数据： GPS数据（海拔： 86m，
经度： E113°33'32.5"，纬度： N35°12'11.5"）

生境信息

来源于当地，最大树龄125年，庭院小生境，土壤质地为壤土，伴生物种为榆树，现存2株，种植户1户。影响因子为砍伐，可在平地上生长，可利用庭院进行种植。

植物学信息

1. 植株情况

乔木；树势强，树形圆头形，树高5m，冠幅东西5m、南北5m，干高1.1m，干周50cm；主干黑色，树皮丝状裂，枝条较密。

2. 植物学特性

1年生枝红褐色，枝长40～50cm，节间平均长7cm；皮孔中大，圆形或椭圆形，凸起；针刺发达，直刺长0.3～1.4cm，2年生后逐渐脱落；二次枝发育良好，枝形较直；2年生枝灰白色，多年生枝褐色。枣股圆柱形，长1～3cm，持续结果能力较强，可达10～15年；枣股可抽生4～6个枣吊；叶片长卵圆形，浅绿色，长5.0cm，宽2.0cm，叶柄长0.3cm，叶尖渐尖，叶基部圆形或广楔形，叶片平整，叶边锯齿圆钝；一般2～4朵花着生于叶腋间；花蕾5棱形，花瓣5个，匙形，乳黄色；萼片5个，绿色，三角形；蜜盘浅黄色，发达，内圆形；雄蕊5枚，花药长0.3cm左右。

3. 果实性状

果实椭圆形，纵径3.48cm，横径2.77cm，侧径3.77cm；平均果重12g，最大果重14g，果实大小较整齐；果皮中薄，果面光滑平整，鲜红色；果点中等大小，较稀，圆形或椭圆形，比较明显；果肩平圆，梗凹浅，果顶部呈乳头状凸起，顶尖微凹，柱头遗存；果柄中长；果肉白色，肉质致密，汁液少，味甜，适宜于制干；果核纺锤形，褐色，纵径2.5cm，横径0.8cm，核重0.8g。

4. 生物学特性

姿势较开展，发枝力高；嫁接树第二年开始结果，枣吊坐果率高，盛果期树产量高，丰产；在产地4月中旬萌芽，5月下旬始花，8月下旬果实开始着色，9月下旬成熟采收，果实生长期105天左右。10月下旬落叶。

品种评价

适应性较强，耐干旱和盐碱，比较丰产和稳产；适宜于制干。

生境

植株

叶片

花

门疙瘩枣

Ziziphus jujuba Mill.'Mengedazao'

调查编号：CAOSYLJZ027

所属树种：枣 *Ziziphus jujuba* Mill.

提 供 人：李建志
电　　话：13937782275
住　　址：河南省南阳市淅川县毛堂
　　　　　乡店子村

调 查 人：李好先
电　　话：13903834781
单　　位：中国农业科学院郑州果树
　　　　　研究所

调查地点：河南省南阳市淅川县毛堂
　　　　　乡店子村七组

地理数据：GPS数据（海拔：326m，
　　　　　经度：E111°21'36.0"，纬度：N33°12'20.8"）

生境信息

来源于当地，最大树龄70年，庭院小生境，土壤质地为砂壤土，现存约100株。

植物学信息

1. 植株情况

乔木；树势强，树姿半开张，树形乱头形，树高12m，冠幅东西8m、南北8m，干高2.1m，干周91cm；主干黑色，树皮丝状裂，枝条密度适中。

2. 植物学特性

1年生枝红褐色，枝长45~54cm，节间长7~8cm，平均粗0.55cm；皮孔中大，灰白色，椭圆形，凸起较明显；针刺发达，直刺长0.5~0.8cm；二次枝发育良好，一般3~5节，枝形不直；2年生枝灰褐色，多年生枝褐色；枣股圆柱形，长1~2cm，持续结果能力5~8年；枣股可抽生3~5个枣吊，枣吊一般长10~18cm，粗0.13~0.18cm，着生叶片6~13片。叶片长卵圆形，长5.0cm，宽2.0cm；叶柄长0.3~0.5cm，深绿色，有光泽，叶尖渐尖，叶基部圆形或广楔形，叶片平整，叶边锯齿圆钝，锯齿较密；聚伞花序，一般2~4朵花着生与叶腋间；花蕾5棱形，花瓣5个，匙形，乳黄色；萼片5个，绿色，三角形；蜜盘浅黄色，发达，内圆形；雄蕊5枚，花药长0.3cm左右。

3. 果实性状

果实卵圆形，纵径2.5cm，横径1.6cm；平均果重6g，最大果重12g，果实大小不整齐；果皮薄，果面光滑平整，褐红色；果点小，圆形或椭圆形，微凸起，分布较密，比较明显；果肩平圆，梗凹浅，果顶部渐细，顶端圆形，顶尖微凹，柱头遗存；果柄中长，平均0.31cm；果肉乳白色，肉质致密，汁液较少，味甜，适宜制干；果核纺锤形，褐色，纵径1.5cm，横径0.6cm，核重0.2g。

4. 生物学特性

发枝力中等，树冠枝条中密；嫁接树第二年开始结果，根蘖苗第三年开始结果；盛果期树产量高，枣吊坐果率高，落果轻，大小年结果现象不严重；在产地4月上旬萌芽，5月中旬始花，8月下旬果实开始着色，9月下旬成熟采收，10月下旬落叶。

品种评价

适应性较强，树体健壮，坐果率较高，比较丰产，裂果轻；果实制干品质好。

生境　植株　花　叶片　树冠

婆枣

Ziziphus jujuba Mill.'Pozao'

⊙ 调查编号： CAOSYLYQ002

🏷 所属树种： 枣 *Ziziphus jujuba* Mill.

📄 提 供 人： 李永清
电　　话： 13513222022
住　　址： 河北省保定市阜平县北街
69号阜平县林业局

📰 调 查 人： 李好先
电　　话： 13903834781
单　　位： 中国农业科学院郑州果树
研究所

📍 调查地点： 河北省保定市阜平县北果
园乡东下庄村

🌐 地理数据： GPS数据（海拔：272m，
经度：E114°22'37.9"，纬度：N38°44'23.6"）

📋 生境信息

来源于当地，最大树龄130年；生长于丘陵山地，土壤为砂壤土，田间小生境，伴生物种为榆树、杨树；影响因子为砍伐，可在平地上生长，可利用耕地进行栽培种植。

📑 植物学信息

1. 植株情况

乔木；树势中等，树姿半开张，树形乱头形，树高4m，冠幅东西2.5m、南北2m，干高2m，干周40cm；主干灰色，树皮丝状裂，枝条密度疏。

2. 植物学特性

1年生枝红褐色，枝长40～50cm，节间长7～8cm；皮孔小，灰白色，圆形或椭圆形，凸起；针刺发达，直刺长0.5～0.7cm；二次枝短，一般3～5节；枣股圆柱形，长1～2cm，持续结果能力10年左右；枣股可抽生3～6个枣吊，枣吊一般长10～20cm，着生叶片6～12片；叶片长卵圆形，长4.0cm，宽1.5cm；叶柄长0.3～0.5cm，深绿色，有光泽，叶尖渐尖，叶基部圆形或广楔形，叶片平整，叶边锯齿圆钝，锯齿较密，叶柄长0.5cm左右，一般2～4朵花着生于叶腋间。

3. 果实性状

果实椭圆形，纵径3.6cm，横径2.6cm，侧径2.3cm；平均果重6g，最大果重8g，果实大小较整齐；果皮薄，果面光滑平整，褐红色；果点小，微凸起，分布较密，比较明显。果肩平圆，梗凹浅，果顶平圆，顶尖微凹，柱头遗存；果柄中长，平均0.31cm；果肉白色，肉质致密，汁液少，味干甜；果核纺锤形，褐色，纵径1.5cm，横径0.7cm，核重0.4g。

4. 生物学特性

发枝力低，嫁接树第二年开始结果，根蘖苗第三年开始结果；盛果期树产量高，枣吊坐果率高，落果轻，有大小年结果现象，在产地4月中旬萌芽，5月下旬始花，8月下旬果实开始着色，9月下旬成熟采收，10月下旬落叶。

📖 品种评价

适应性较强，树体健壮，坐果率较高，比较丰产，裂果轻。果实制干品质好。

生境及植株

花

叶片

果实

牛心山大枣

Ziziphus jujuba Mill.'Niuxinshandazao'

调查编号：CAOSYWYM002

所属树种：枣 *Ziziphus jujuba* Mill.

提供人：王永明
电　话：13133585281
住　址：河北省秦皇岛市林业局

调查人：李好先
电　话：13903834781
单　位：中国农业科学院郑州果树
　　　　研究所

调查地点：河北省秦皇岛市卢龙县刘
　　　　田各庄镇大王柳河村

地理数据：GPS数据（海拔：48m，
　　　　经度：E119°04'16.2"，纬度：N39°48'17.2"）

生境信息

来源于当地，生长于房前屋后，土壤质地为壤土，庭院小生境，树龄为80年，伴生物种为杨树；现存50株。

植物学信息

1. 植株情况

乔木；树势强，树姿半开张；树形圆头形，树高13m，冠幅东西8m、南北7m，干高5.7m，干周150cm；主干褐色，树皮丝状裂，枝条密。

2. 植物学特性

枣头褐色，较粗壮，生长势较强，平均长60.3cm，节间平均长7.7cm；皮孔小，近圆形，稍有凸起，分布较密；针刺发达，刺长1~2cm，2年生后逐渐脱落；二次枝发育良好，一般3~7节，枝形较直；枣股圆柱形，长1~2cm，持续结果能力7~10年；叶片小，长卵圆形，浅绿色，长4.1cm，宽2.0cm；叶柄长0.3cm，叶片厚薄适中，叶尖渐尖，叶基部圆形，叶边锯齿圆钝；聚伞花序，一般2~5朵花并生；萼片5个，绿色，三角形；花瓣5个，匙形，乳黄色；蜜盘发达，内圆形；雄蕊5枚，花药长0.3cm。

3. 果实性状

果实长椭圆形或圆柱形，纵径3.1cm，横径2.3cm,平均重7.6g，最大果重12g，果实整齐度差；果肩向外倾斜，梗凹较浅，果顶圆形，顶尖微凹；果柄中长，平均0.7cm；果皮中等厚，棕红色，有光泽，裂果少；果点不明显；果肉乳白色，肉质致密，酥脆，汁液少，味甘甜，适宜制干或鲜食；果核纺锤形，褐色，纵径1.4cm，横径0.6cm，核重0.35g。

4. 生物学特性

主枝分枝角度小，干性较强，发枝力中等，单轴延长力强。嫁接树第二年开始结果，盛果期树产量高，丰产；在产地4月中旬萌芽，5月底始花，8月下旬果实开始着色，9月下旬成熟采收，10月中旬落叶。

品种评价

高产、耐贫瘠、对土壤适应性强，较抗病虫，易于栽培管理，丰产性好。

生境及植株

树干

叶片

花

果实

王会头大枣

Ziziphus jujuba Mill.'Wanghuitoudazao'

调查编号：CAOSYXJL001

所属树种：枣 *Ziziphus jujuba* Mill.

提 供 人：肖家良
电　　话：13932762920
住　　址：河北省沧州市林业局

调 查 人：李好先
电　　话：13903834781
单　　位：中国农业科学院郑州果树
　　　　　研究所

调查地点：河北省沧州市杜生镇王会
　　　　　头村

地理数据：GPS数据（海拔：17m，
　　　　　经度：E116°34'40.8"，纬度：N38°23'11.5"）

🔋 生境信息

来源于当地，树龄60年，现存50株，最大树龄1300年的树1株；生长于平原耕地，土壤质地为壤土，pH＞7；田间小生境，伴生物种为玉米。

📑 植物学信息

1. 植株情况

乔木；树势中等，树姿直立，树形半圆形，树高8m，冠幅东西7.5m、南北6m，干高1.8m，干周250cm，主干褐色，树皮块状裂，枝条密度适中。

2. 植物学特性

枣头褐红色，较粗壮，生长势较强，平均长度52.3cm，节间平均长7.3cm；皮孔小，近圆形或椭圆形，稍有凸起，分布较密；二次枝发育良好，一般3～7节；枣股圆柱形，长1～2cm，持续结果能力8～12年；叶片小，长卵圆形，长5cm，宽2cm；叶柄长0.8cm，叶片厚薄适中，浅绿色，叶尖渐尖，叶基部圆形，叶边锯齿圆钝。

3. 果实性状

果实长椭圆形或卵圆形，纵径3.4cm，横径2.3cm,平均重7.8g，最大果重10g，果实大小整齐；果肩向外倾斜，梗凹较浅，果顶圆形，顶尖微凹；果柄中长，平均0.72cm；果皮中等厚，棕红色，有光泽，果点不明显；果肉乳白色，肉质致密，酥脆，汁液中多，味甘甜；适宜制干或鲜食；果核纺锤形，褐色，纵径1.4cm，横径0.6cm，核重0.32g。

4. 生物学特性

主枝分枝角度小，干性较强，发枝力中等，单轴延长力强，嫁接树第二年开始结果，盛果期树产量高，丰产；在产地4月下旬萌芽，5月底始花，8月下旬果实开始着色，9月下旬成熟采收，10月中旬落叶；果实适宜鲜食和制干，品质中等。

📰 品种评价

高产、耐贫瘠、对土壤适应性强，较抗病虫，易于栽培管理，丰产性好，品质好，鲜食和制干兼备。

生境　　　植株

果实　　　叶片

朴寺村
金丝小枣

Ziziphus jujuba Mill.
'Pusicunjinsixiaozao'

- 调查编号：CAOSYXJL003

- 所属树种：枣 *Ziziphus jujuba* Mill.

- 提供人：肖家良
  电　话：13932762920
  住　址：河北省沧州市林业局

- 调查人：李好先
  电　话：13903834781
  单　位：中国农业科学院郑州果树
  　　　　研究所

- 调查地点：河北省沧州市沧县高川乡
  朴寺村

- 地理数据：GPS数据（海拔：9.8m，
  经度：E116°35'18.4"，纬度：N38°15'45.5"）

生境信息

来源于当地，最大树龄140年，生长于平原耕地，土壤质地为砂壤土，田间小生境，伴生物种为玉米。

植物学信息

1. 植株情况

乔木；树势中等，树姿半开展，树形圆头形，树高12.5m，冠幅东西8.6m、南北6.9m，干高1.8m，干周260cm；主干黑色，树皮块状裂，枝条较密。

2. 植物学特性

枣头红褐色，无光泽，平均长74cm，节间平均长7.0cm，平均粗0.6cm；皮孔小，分布稀疏，微凸出，近圆形或椭圆形；针刺发达，2年生后逐渐脱落；二次枝发育良好，一般5~8节，枝形较直；枣股圆柱形或馒头形，长1~2cm，持续结果能力较强，一般8~10年；叶片长卵圆形，长5.5cm，宽3.5cm；叶柄长0.3cm，叶片厚薄适中，深绿色，叶尖渐尖，叶基部圆形，叶边锯齿圆钝；聚伞花序，一般2~4朵花并生；萼片5个，绿色，三角形；花瓣5个，匙形，乳黄色；蜜盘发达，内圆形；雄蕊5枚，花药长0.3cm。

3. 果实性状

果实近圆形或椭圆形，纵径2.5cm，横径2.4cm，平均重5.1g，最大果重7g，果实大小较整齐；果皮薄，果面光滑平整，鲜红色；果点细小，不明显；果肩平斜，梗凹深广，果顶圆弧形，顶尖微凹；果柄中长，平均0.70cm；果肉乳白色，肉质致密，细而酥脆，汁液中多，味甜；果核小，纺锤形，褐色，核重0.2g；适宜制干或鲜食。

4. 生物学特性

干性中强，发枝力中等，单轴延长力强。嫁接树第二年开始结果，盛果期树产量高，丰产；在产地4月中旬萌芽，5月底始花，9月上旬果实开始着色，9月下旬成熟采收，10月中旬落叶。

品种评价

适应性较差，不耐瘠薄，喜欢肥沃的土壤，喜光性强，不抗裂果；鲜食和制干品质都好。

生境

树干

枝叶片

植株

果实

邵原大枣

Ziziphus jujuba Mill.'Shaoyuandazao'

调查编号： CAOSYXMS009

所属树种： 枣 *Ziziphus jujuba* Mill.

提 供 人： 潘同福
电　　话： 15893080189
住　　址： 河南省济源市邵原镇二里腰村

调 查 人： 薛茂盛
电　　话： 13869144873
单　　位： 河南省国有济源市黄楝树林场

调查地点： 河南省济源市邵原镇二里腰村李圪垯

地理数据： GPS数据（海拔：755m，经度：E112°06'20.39"，纬度：N35°15'20.24"）

生境信息

来源于当地，最大树龄30年，现存1株。小生境是庭院，土壤质地是砂壤土，pH>7，伴生物种是椿树。

植物学信息

1. 植株情况

乔木；树势中等，树姿半开展，树形圆头形；树高12.6m，冠幅东西8.5m、南北7m，干高2.3m，干周180cm；主干黑色，树皮块状裂，枝条密度较疏。

2. 植物学特性

枣头暗褐色，无光泽，平均长64cm，节间平均长7.2cm，平均粗0.6cm；皮孔大而稀，微凸起，近圆形或椭圆形；二次枝发育良好，一般4～7节，枝形不直；枣股圆柱形或馒头形，长1～1.5cm，持续结果能力较强，一般10年以上；叶片长卵圆形，长5.6cm，宽3.4cm；叶柄长0.3cm，叶片厚薄适中，浅绿色，叶尖渐尖，叶基部圆形，叶边锯齿圆钝；聚伞花序，一般2～4朵花并生；萼片5个，绿色，三角形；花瓣5个，花瓣匙形，乳黄色；蜜盘发达，内圆形；雄蕊5枚，花药长0.3cm。

3. 果实性状

果实椭圆形，中等大小，纵径3.9cm，横径3.2cm,平均重7.1g，最大果重13g，果实大小较整齐；果皮中等厚，果面光滑平整，红色；果点细小，不明显；果肩平斜，梗凹深广，果顶圆弧形，顶尖微凹；果柄中长，平均0.70cm；果肉乳白色，肉质致密，酥脆，汁液中等，味甜，适宜制干或鲜食；果核纺锤形，褐色，纵径1.4cm，横径0.8cm，核重0.35g。

4. 生物学特性

主枝分枝角度小，干性较强，发枝力中等，单轴延长力强；嫁接树第二年开始结果，盛果期树产量高丰产；在产地4月中旬萌芽，5月中旬始花，8月下旬果实开始着色，9月下旬成熟采收，10月中旬落叶。

品种评价

高产、抗旱、耐贫瘠、广适性，果实适宜制干或鲜食。

生境　　植株　　树条　　果实　　花　　果实

布袋枣

Ziziphus jujuba Mill.'Budaizao'

调查编号：CAOSYWWZ026

所属树种：枣 *Ziziphus jujuba* Mill.

提 供 人：赵家武
电　　话：13782854618
住　　址：河南省济源市承留镇承留村

调 查 人：王文战
电　　话：13838902065
单　　位：河南省济源市林业科学研究所

调查地点：河南省济源市承留镇承留村

地理数据：GPS数据（海拔：176m，
经度：E112°29'10.25"，纬度：N35°04'18.32"）

生境信息

来源于当地，最大树龄45年，生长于庭院，土壤质地是壤土，伴生物种是椿树；影响因子为房屋扩建。

植物学信息

1. 植株情况

乔木；树势中等，树姿直立，树形乱头形；树高10m，冠幅东西7m、南北8m，干高2.3m，干周70cm；主干褐色，树皮块状裂，枝条较密。

2. 植物学特性

1年生枝红褐色，枝长42～53cm，节间平均长7.2cm；皮孔中大，圆形或椭圆形，凸起；针刺发达，直刺长0.4～1.0cm，2年生后逐渐脱落；二次枝发育良好，枝形较直；2年生枝灰白色，多年生枝褐色；枣股圆柱形，长1～3cm，持续结果能力较强，可达10～12年；枣股可抽生4～6个枣吊；叶片长卵圆形，长5.1cm，宽2.1cm；叶柄长0.3cm，叶色浅绿，叶尖渐尖，叶基部圆形或广楔形，叶片平整，叶边锯齿圆钝；聚伞花序，一般2～4朵花着生于叶腋间；花蕾5棱形，花瓣5个，花瓣匙形，乳黄色；萼片5个，绿色，三角形；蜜盘浅黄色，发达，内圆形；雄蕊5枚，花药长0.3cm左右。

3. 果实性状

果实椭圆形或卵圆形，纵径3.38cm，横径2.17cm；平均果重6g，最大果重9g，果实大小不整齐；果皮中薄，果面光滑平整，深红色；果点中等大小，较稀，圆形或椭圆形，比较明显；果肩平圆，梗凹浅，果顶部呈圆形，顶尖微凹，柱头遗存；果柄中长；果肉白色，肉质致密，汁液少，味甜，适宜制干和鲜食；果核纺锤形，褐色，纵径1.5cm，横径0.6cm，核重0.3g。

品种评价

适应性较强，耐瘠薄，耐干旱；丰产性好，果实制干和鲜食皆宜。

生境

植株

花

叶片

果实

玻璃脆枣

Ziziphus jujuba Mill.'Bolicuizao'

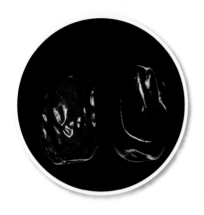

调查编号：CAOSYWWZ028

所属树种：枣 *Ziziphus jujuba* Mill.

提 供 人：刘小朋
电　　话：15939104325
住　　址：河南省济源市承留镇承留村

调 查 人：王文战
电　　话：13838902065
单　　位：河南省济源市林业科学研究所

调查地点：河南省济源市承留镇承留村

地理数据：GPS数据（海拔：176m，经度：E112°29'07.51"，纬度：N35°04'20.61"）

生境信息

来源于当地，最大树龄45年，生长于庭院，土壤质地是壤土，伴生物种是椿树；影响因子为房屋扩建。

植物学信息

1. 植株情况

乔木；树势中等，树姿直立，树形乱头形；树高10m，冠幅东西10m、南北9m，干高3.3m，干周80cm；主干褐色，树皮丝状裂，枝条密度疏。

2. 植物学特性

1年生枝红褐色，枝长44～56cm，节间平均长7.6cm；皮孔中大，圆形或椭圆形，凸起；针刺发达，直刺长0.4～1.2cm，2年生后逐渐脱落；2年生枝灰白色，多年生枝褐色；枣股圆柱形，长1～3cm，持续结果能力较强，可达10～13年，枣股可抽生4～6个枣吊；叶片长卵圆形，深绿色，长5.0cm，宽2.2cm；叶柄长0.3cm，叶尖渐尖，叶基部圆形或广楔形，叶片平整，叶边锯齿圆钝；一般2～4朵花着生于叶腋间；花蕾5棱形，花瓣5个，乳黄色；萼片5个，绿色，三角形；蜜盘浅黄色，发达，内圆形。

3. 果实性状

果实椭圆形或卵圆形，纵径3.3cm，横径2.2cm；平均果重6.2g，最大果重9.1g，果实大小不整齐；果皮中薄，果面光滑平整，深红色；果点中等大小，较稀，圆形或椭圆形，比较明显；果肩平圆，梗凹浅，果顶部呈圆形，顶尖微凹，柱头遗存；果柄中长；果肉白色，肉质致密，汁液少，味甜，适宜制干和鲜食。

4. 生物学特性

发枝力高，嫁接树第二年开始结果，坐果率高，盛果期树产量高，丰产；在产地4月中旬萌芽，5月上旬始花，6月中旬盛花期，果实9月下旬成熟，成熟期比较一致，10月上旬采收，10月中旬落叶。

品种评价

对土壤、气候的适应性强，抗风沙、耐瘠薄、耐盐碱，尤其抗旱，在干旱山区栽植一般不发生病虫害；丰产性好，制干和鲜食皆宜。

生境

植株

花

叶片

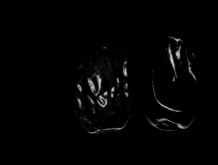

果实

承留枣1号

Ziziphus jujuba Mill.'Chengliuzao 1'

调查编号： CAOSYWWZ030

所属树种： 枣 *Ziziphus jujuba* Mill.

提 供 人： 刘小朋
电　　话： 15939104325
住　　址： 河南省济源市承留镇承留村

调 查 人： 王文战
电　　话： 13838902065
单　　位： 河南省济源市林业科学研究所

调查地点： 河南省济源市承留镇承留村

地理数据： GPS数据（海拔：175m，经度：E112°29'06.91"，纬度：N35°04'20.25"）

生境信息

来源于当地，最大树龄45年，生长于庭院，土壤质地是壤土，伴生物种是桐树，现存6株；影响因子为房屋扩建。

植物学信息

1. 植株情况

乔木；树势中等，树姿半开展，树形圆头形；树高15m，冠幅东西10m、南北9m，干高6.3m，干周80cm；主干灰褐色，皮部纵裂，裂纹浅，易剥落。

2. 植物学特性

枣头灰褐色，皮孔中大较密，灰白色，近圆形或椭圆形，凸起；有长刺，针刺发达，2年生后逐渐脱落；二次枝发育良好，一般4~7节，枝形不直；枣股肥大，圆锥形，抽生枣吊1~6条，通常2~3条，每吊有叶9~18片，坐果多集中在中部；叶片长卵圆形，长6.5cm，宽3.4cm；叶柄长0.3cm，叶片厚薄适中，深绿色，叶尖渐尖，叶基部圆形，叶边锯齿圆钝。

3. 果实性状

果实中等大，近圆形和卵圆形，顶部小，基部大，纵径3.3cm，横径2.3cm，单果重平均10g，最大单果重11.67g，大小均匀、饱满；果皮中厚，果面光滑，果点大而少，明显；果肉乳白色，厚0.6cm，鲜枣可食率95.5%，水分68%，可溶性固形物25%；干果果形饱满，个头均匀，果肉弹性好，褶皱浅；干果常温可贮藏至少1年以上。

4. 生物学特性

发枝力强，干性强；第3年进入结果期，产量高而稳定。在当地5月上旬萌芽，6月中旬盛花期，果实9月下旬成熟，成熟期比较一致，10月上旬采收，10月中旬落叶。

品种评价

对土壤、气候的适应性强，抗风沙、耐瘠薄、耐盐碱，丰产性好，果个大，果实主要用于制干。

生境

植株

花

叶片

西石露头枣

Ziziphus jujuba Mill.'Xishiloutouzao'

调查编号：CAOSYWWZ040

所属树种：枣 *Ziziphus jujuba* Mill.

提 供 人：夏鹏云
电　　话：15803910397
住　　址：河南省济源市天坛街道西
　　　　　石露头村

调 查 人：王文战
电　　话：13838902065
单　　位：河南省济源市林业科学研
　　　　　究所

调查地点：河南省济源市天坛街道西
　　　　　石露头村

地理数据：GPS数据（海拔：160.34m，
经度：E112°32'22.79"，纬度：N35°06'29.72"）

生境信息

来源于当地，庭院小生境，土壤质地是壤土，pH7.5，树龄70年，现存1株。

植物学信息

1. 植株情况

乔木；树势中等，树姿直立，树形圆头形，树高11m，冠幅南北7.5m，干高2.4m；主干灰褐色，树皮块状裂，枝条密度中等。

2. 植物学特性

枣头灰褐色，平均长61cm，皮孔大而稀，微凸起，近圆形或椭圆形；针刺较发达，2年生后逐渐脱落；二次枝发育良好，一般4~7节。枣股圆柱形或馒头形，长1~2.5cm，持续结果能力较强，一般10年以上；叶片长卵圆形，长5.9cm，宽3.1cm；叶柄长0.3cm，叶片厚薄适中，浅绿色，叶尖渐尖，叶基部圆形，叶边锯齿圆钝。一般2~4朵花并生；萼片5个，绿色，三角形；花瓣5个，匙形，乳黄色；蜜盘发达，内圆形；雄蕊5枚，花药长0.3cm。

3. 果实性状

果实椭圆形，中等大小，纵径3.7cm，横径3.0cm,平均重7.0g，最大果重12g，果实大小较整齐；果皮较厚，果面光滑平整，鲜红色，有光泽；果点细小，不明显；果肩平斜，梗凹深广，果顶圆弧形，顶尖微凹；果柄中长，平均0.68cm；果肉乳白色，肉质致密，酥脆，汁液较少，味甜，适宜制干。

4. 生物学特性

生长势中等，姿势较直立，发枝力中等，单轴延长力强；嫁接树第二年开始结果，盛果期树产量高，丰产；在产地4月中旬萌芽，5月中旬始花，8月下旬果实开始着色，9月下旬成熟采收，10月中旬落叶。

品种评价

高产、抗旱、耐贫瘠、适应性广；果实适宜制干或鲜食。

生境及植株

树干

果实

花

位昌大枣

Ziziphus jujuba Mill.'Weichangdazao'

调查编号： CAOSYYHZ001

所属树种： 枣 *Ziziphus jujuba* Mill.

提 供 人： 于海忠
电　话： 13363833262
住　址： 河北省石家庄市赞皇县林业局

调 查 人： 李好先
电　话： 13903834781
单　位： 中国农业科学院郑州果树研究所

调查地点： 河北省石家庄市赞皇县西阳泽乡位昌村

地理数据： GPS数据（海拔：117m，经度：E114°22'11.7"，纬度：N37°35'54.8"）

生境信息

来源于当地，最大树龄200年，现存12株。田间小生境，伴生物种为玉米，土壤质地为壤土，pH＞7；影响因子为耕作。

植物学信息

1. 植株情况

乔木；树势较强，树姿开张，树形半圆形，树高7.5m，冠幅东西8m、南北7m，干高2.5m，干周110cm；主干灰色，树皮块状裂，枝条密度适中。

2. 植物学特性

枣头灰褐色，平均长66cm，节间平均长7.5cm；平均粗0.6cm；皮孔大而稀，微凸起，近圆形或椭圆形；针刺发达，2年生后逐渐脱落；二次枝发育良好；枣股圆柱形或馒头形，长1~2.5cm，一般抽生4~7个枣吊；叶片长卵圆形，长5.7cm，宽3.3cm；叶柄长0.31cm，叶片厚薄适中，叶色浅绿，叶尖渐尖，叶基部圆形，叶边锯齿圆钝；聚伞花序，一般2~4朵花并生；萼片5个，绿色，三角形；花瓣5个，匙形，乳黄色；蜜盘发达，内圆形；雄蕊5枚，花药长0.3cm。

3. 果实性状

果实中大近圆形，顶部小，基部大，纵径3.52cm，横径3.32cm，单果均重11g，最大单果重13g，大小均匀、饱满；果皮中厚，果面光滑，果点大而少，明显；在白熟期、脆熟期、完熟期果皮颜色由白转红到紫红；脆熟期皮薄色鲜，果肉厚，乳白色，肉质细而松脆，鲜枣可食率95.5%。

4. 生物学特性

树势强健，姿势较直立，主枝分枝角度小，干性较强，发枝力中等，单轴延长力强；嫁接树第二年开始结果，盛果期树产量高，枣吊坐果率高，成熟期落果轻，大小年结果不显著，丰产；在产地4月中旬萌芽，5月中旬始花，8月下旬果实开始着色，9月下旬成熟采收，10月中旬落叶。

品种评价

抗病、抗旱性较强，耐盐碱、耐贫瘠，适应性广；鲜食品质好。

植株

生境

叶片

果实

树干

吕庄大枣 1 号

Ziziphus jujuba Mill.'Lvzhuangdazao 1'

调查编号：CAOSYYHZ002

所属树种：枣 *Ziziphus jujuba* Mill.

提供人：于海忠
电　话：13363833262
住　址：河北省石家庄市赞皇县林业局

调查人：李好先
电　话：13903834781
单　位：中国农业科学院郑州果树研究所

调查地点：河北省石家庄市赞皇县西阳泽乡吕庄村

地理数据：GPS数据（海拔：126m，经度：E114°20'53.2"，纬度：N37°36'49.0"）

生境信息

来源于当地，最大树龄200年，现存100株。田间小生境，伴生物种为玉米，土壤质地为砂壤土，pH＞7。

植物学信息

1. 植株情况

乔木；树势较强，树姿开张，树形半圆形，树高12m，冠幅东西8m、南北7m，干高2.8m，干周110cm，主干灰褐色，树皮块状裂，枝条密度适中。

2. 植物学特性

1年生枝红褐色，有光泽，中等长度，平均长51cm，节间平均长7.5cm，平均粗0.6cm；皮孔大而稀，微凸起，近圆形或椭圆形；针刺发达，2年生后逐渐脱落；二次枝发育良好，一般4～7节，枝形不直；枣股圆柱形或馒头形，长1～1.9cm，持续结果能力较强，一般10年以上；叶片长卵圆形，长5.7cm，宽3.5cm；叶柄长0.3cm，叶片厚薄适中，浅绿色，叶尖渐尖，叶基部圆形，叶边锯齿圆钝。

3. 果实性状

果实椭圆形，中等大小，纵径3.9cm，横径3.5cm，平均重8.6g，最大果重13g，果实大小较整齐；果皮中等厚，果面光滑平整，红色；果点细小，不明显；果肩平斜，梗凹深广，果顶圆弧形，顶尖微凹；果柄中长，平均0.62cm；果肉乳白色，肉质致密，酥脆，汁液中等，味甜，适宜制干或鲜食；果核纺锤形，褐色，纵径1.6cm，横径0.9cm，核重0.45g。

4. 生物学特性

树势强健，姿势较直立，主枝分枝角度小，干性较强，发枝力中等，单轴延长力强；嫁接树第二年开始结果，盛果期树产量高，丰产；在产地4月中旬萌芽，5月中旬始花，8月下旬果实开始着色，9月下旬成熟采收，10月中旬落叶。

品种评价

高产、抗旱、耐贫瘠、适应性广；果实适宜制干或鲜食。

生境

树干

叶片

植株

果实

吕庄大枣 2 号

Ziziphus jujuba Mill.'Lvzhuangdazao 2'

调查编号：CAOSYYHZ003

所属树种：枣 *Ziziphus jujuba* Mill.

提 供 人：于海忠
电　　话：13363833262
住　　址：河北省石家庄市赞皇县林业局

调 查 人：李好先
电　　话：13903834781
单　　位：中国农业科学院郑州果树研究所

调查地点：河北省石家庄市赞皇县西阳泽乡吕庄村

地理数据：GPS数据（海拔：128m，经度：E114°20'42.7"，纬度：N37°36'28.3"）

生境信息

来源于当地，最大树龄200年，现存15株。田间小生境，伴生物种为玉米，土壤质地为砂壤土，pH>7。

植物学信息

1. 植株情况

乔木；树势中等，树姿开张，树形半圆形，树高10m，冠幅东西9m、南北10m，干高1.8m，干周110cm；主干灰色，树皮块状裂，枝条较密。

2. 植物学特性

1年生枝红褐色，有光泽；中等长度，节间平均长4.5cm，平均粗0.5cm；皮孔小，凸出，椭圆形；叶片长6cm，宽3cm，深绿色，叶尖渐尖，基部圆形或楔形，叶边锯齿圆钝；叶柄短，长0.8cm；一般2~4朵花并生；萼片5个，绿色，三角形；花瓣5个，匙形，乳黄色；蜜盘发达，内圆形；雄蕊5枚，花药长0.3cm。

3. 果实性状

果实长椭圆形，中等大小，纵径4.2cm，横径3.1cm,平均重7.2g，最大果重14g，果实大小较整齐；果皮中等厚，果面光滑平整，红色，有光泽；果点细小，不明显；果肩平斜，梗凹深广，果顶圆弧形，顶尖微凹；果柄中长，平均0.72cm；果肉乳白色，肉质致密，酥脆，汁液中等，味甜，适宜制干或鲜食；果核纺锤形，褐色，纵径1.3cm，横径0.8cm，核重0.30g。

4. 生物学特性

树势中等，姿势较直立，干性较强，发枝力中等，单轴延长力强；嫁接树第二年开始结果，盛果期树产量高，丰产；在产地4月中旬萌芽，5月中旬始花，8月下旬果实开始着色，9月下旬成熟采收，10月中旬落叶。

品种评价

高产、抗旱、耐贫瘠、适应性广；果实适宜制干或鲜食。

生境

树干

叶片

植株

果实

大河道枣 1 号

Ziziphus jujuba Mill.'Dahedaozao 1'

调查编号：CAOSYYHZ004

所属树种：枣 *Ziziphus jujuba* Mill.

提 供 人：于海忠
电　　话：13363833262
住　　址：河北省石家庄市赞皇县林业局

调 查 人：李好先
电　　话：13903834781
单　　位：中国农业科学院郑州果树研究所

调查地点：河北省石家庄市赞皇县西阳泽乡大河道村6队

地理数据：GPS数据（海拔：77m，经度：E114°19'18.9"，纬度：N37°3557.0"）

生境信息

来源于当地，最大树龄200多年，现存15株。田间小生境，伴生物种为玉米、豆类等，土壤质地为壤土，pH＞7。

植物学信息

1. 植株情况

乔木；树势中等，树姿半开张，树形乱头形，树高8m，冠幅东西6.5m、南北8m，干高1.0m，干周140cm，主干灰褐色，树皮块状裂，枝条密度适中。

2. 植物学特性

枣头红褐色，无光泽，枝长50~55cm，节间平均长8.2cm；皮孔中大，圆形或椭圆形，凸起；二次枝发育良好；2年生枝灰白色，多年生枝灰褐色；枣股多呈圆锥形，长1~1.7cm，持续结果能力较强，可达10~15年，枣股可抽生4~8个枣吊，枣吊一般长12~15cm，着叶10~13片；叶片卵圆形，中等大，深绿色，叶尖渐尖，叶基部圆形或广圆形，叶片平整，叶边锯齿圆钝；一般2~4朵花着生于叶腋间；花蕾5棱形，花瓣5个，匙形，乳黄色；萼片5个，绿色，三角形；蜜盘浅黄色，发达，内圆形；雄蕊5枚，花药长0.3cm左右。

3. 果实性状

果实椭圆形，中等大小，纵径3.95cm，横径3.2cm，平均果重11.5g，最大果重14g，果实大小较整齐；果面光滑平整，棕红色，有光泽；果点小，较稀，不明显；果肩平圆，梗凹深，果顶部稍瘦呈平圆状，顶凹深广；果柄中长，平均0.71cm；果肉白色，肉质酥脆，汁液多，味甜，适口性好，品质中等；鲜食制干兼宜。

4. 生物学特性

生长势强，干性强，中干明显，姿势半开展，发枝力差；嫁接树第二年开始结果，枣吊坐果率高，盛果期树产量高；在产地4月中旬萌芽，5月下旬始花，8月下旬果实开始着色，9月下旬果实成熟采收，10月中旬落叶。

品种评价

适应性较强，耐干旱，耐瘠薄，耐盐碱，比较丰产和稳产；适宜鲜食和制干。

生境

树干

叶片

植株

果实

大河道枣 2 号

Ziziphus jujuba Mill.'Dahedaozao 2'

調查编号：CAOSYYHZ005

所属树种：枣 *Ziziphus jujuba* Mill.

提 供 人：于海忠
电　　话：13363833262
住　　址：河北省石家庄市赞皇县林业局

调 查 人：李好先
电　　话：13903834781
单　　位：中国农业科学院郑州果树研究所

调查地点：河北省石家庄市赞皇县阳泽镇大河道村2队

地理数据：GPS数据（海拔：200m，经度：E114°18′45.9″，纬度：N37°35′45.2″）

生境信息

来源于当地，最大树龄200年，现存2株。田间小生境，土壤质地为砂壤土，pH＞7。

植物学信息

1. 植株情况

乔木；树势适中，树姿半开张，树形乱头形，树高8m，冠幅东西9m、南北8m，干高1.0m，干周90cm；主干灰褐色，树皮块状裂，枝条密度适中。

2. 植物学特性

1年生枝红褐色，枝长42～58cm，节间平均长8.1cm；皮孔中大，圆形或椭圆形，凸起；二次枝发育良好，枝形较直；2年生枝灰白色，多年生枝褐色；枣股圆柱形，长1～2.1cm，持续结果能力较强，可达10～15年，枣股可抽生4～8个枣吊。叶片长卵圆形，深绿色，长6.0cm，宽2.6cm；叶柄长0.3cm，叶尖渐尖，叶基部圆形或广楔形，叶片平整，叶边锯齿圆钝；一般2～4朵花着生于叶腋间；花蕾5棱形，花瓣5个，匙形，乳黄色；萼片5个，绿色，三角形；蜜盘浅黄色，发达，内圆形；雄蕊5枚，花药长0.3cm左右。

3. 果实性状

果实椭圆形，纵径3.48cm，横径2.77cm，侧径3.77cm；平均果重12g，最大果重14g，果实大小较整齐；果皮中薄，果面光滑平整，鲜红色，有光泽；果点中等大小，较稀，圆形或椭圆形，比较明显；果肩平圆，梗凹浅，果柄中长；果肉白色，肉质致密，汁液少，味甜，适宜制干；果核纺锤形，褐色，纵径2.0cm，横径0.9cm，核重0.6g。

4. 生物学特性

树势较健，姿势较开展，发枝力高；嫁接树第二年开始结果，枣吊坐果率高，盛果期树产量高，丰产；在产地4月中旬萌芽，5月下旬始花，8月下旬果实开始着色，9月下旬成熟采收，10月下旬落叶。

品种评价

适应性较强，耐干旱和盐碱，比较丰产和稳产；适宜制干。

生境

植株

叶片

枝条

花

大河道枣 3 号

Ziziphus jujuba Mill.'Dahedaozao 3'

调查编号： CAOSYYHZ009

所属树种： 枣 *Ziziphus jujuba* Mill.

提 供 人： 于海忠
电　　话： 13363833262
住　　址： 河北省石家庄市赞皇县林业局

调 查 人： 李好先
电　　话： 13903834781
单　　位： 中国农业科学院郑州果树研究所

调查地点： 河北省石家庄市赞皇县西阳泽乡大河道村

地理数据： GPS数据（海拔：144m，经度：E114°19'41.4"，纬度：N37°35'30.3"）

生境信息

来源于当地，树龄200年，现存4株，田间小生境，土壤质地为壤土，pH＞7，伴生物种为玉米等。

植物学信息

1. 植株情况

乔木；树势中等，树姿半开张，树形乱头形，树高7m，冠幅东西5m、南北5m，干高1.2m，干周120cm；主干灰色，树皮块状裂，枝条密度疏。

2. 植物学特性

1年生枝红褐色，枝长40~54cm，节间长7~8cm；平均粗0.55cm；皮孔中大，灰白色，椭圆形，凸起，较明显；针刺发达，直刺长0.5~0.8cm；二次枝发育良好，一般3~5节，枝形不直；2年生枝灰褐色，多年生枝褐色；枣股圆柱形，长1~2cm，持续结果能力5~8年，枣股可抽生3~7个枣吊，枣吊一般长10~19cm；叶片长卵圆形，深绿色，有光泽，长6.0cm，宽2.4cm；叶柄长0.3~0.5cm，叶尖渐尖，叶基部圆形或广楔形，叶片平整，叶边锯齿圆钝，锯齿较密；花瓣5个，匙形，乳黄色；萼片5个，绿色，三角形；蜜盘浅黄色。

3. 果实性状

果实卵圆形，纵径2.9cm，横径2.6cm；平均果重8g，最大果重12g，果实大小不整齐；果皮薄，果面光滑平整，褐红色，有光泽，易裂果；果点小，圆形或椭圆形，微凸起，分布较密，比较明显；果肩平圆，梗凹浅，果顶部渐细，顶端圆形，顶尖微凹，柱头遗存；果柄中长，平均0.31cm；果肉乳白色，肉质致密，汁液较少，味甜，适宜制干。

4. 生物学特性

树势中强，姿势较直立，发枝力中等；嫁接树第二年开始结果，根蘖苗第三年开始结果；盛果期树产量高，枣吊坐果率高，落果轻，大小年结果现象不严重；在产地4月上旬萌芽，5月下旬始花，8月下旬果实开始着色，9月下旬成熟采收，10月下旬落叶。

品种评价

适应性较强，树体健壮，坐果率较高，比较丰产；果实制干品质好，果实成熟期易裂果。

生境

叶片

树干

果实

南平旺枣

Ziziphus jujuba Mill.'Nanpingwangzao'

调查编号：CAOSYYHZ010

所属树种：枣 *Ziziphus jujuba* Mill.

提 供 人：于海忠
电　　话：13363833262
住　　址：河北省石家庄市赞皇县林
　　　　　业局

调 查 人：李好先
电　　话：13903834781
单　　位：中国农业科学院郑州果树
　　　　　研究所

调查地点：河北省石家庄市赞皇县西
　　　　　阳泽乡南平旺村

地理数据：GPS数据（海拔：128m，
　　　　　经度：E114°20'23"，纬度：N37°33'33.5"）

生境信息

来源于当地，最大树龄200年，现存20株。田间小生境，伴生物为玉米，土壤质地为砂壤土。

植物学信息

1. 植株情况

乔木；树势中等，树姿直立，树形乱头形，树高7m，冠幅东西5m、南北5m，干高2m，干周130cm；主干灰褐色，树皮块状裂，枝条密度适中。

2. 植物学特性

1年生枝红褐色，枝长40~55cm，节间长7~8cm；皮孔小，灰白色，圆形或椭圆形，凸起；针刺发达，二次枝短，一般3~5节；枣股圆柱形，长1~2cm，持续结果能力10年左右；枣股可抽生3~6个枣吊，枣吊一般长10~20cm，着生叶片6~12片，叶片长卵圆形，深绿色，有光泽，长4.8cm，宽2.5cm；叶柄长0.3~0.5cm，叶尖渐尖，叶基部圆形或广楔形，叶片平整，叶边锯齿圆钝，锯齿较密；聚伞花序，一般2~4朵花着生于叶腋间。

3. 果实性状

果实椭圆形，纵径3.6cm，横径2.6cm，侧径2.3cm；平均果重8g，最大果重10g，果实大小较整齐；果皮薄，果面光滑平整，褐红色，有光泽；果点小，圆形或椭圆形，微凸起，分布较密，比较明显；果肩平圆，梗凹浅，果顶平圆，顶尖微凹，柱头遗存；果柄中长，平均0.31cm；果肉白色，肉质致密，汁液少，味干甜，制干品质好。

4. 生物学特性

树势中等，姿势较直立，发枝力中等，树冠枝条适中；嫁接树第二年开始结果，根蘖苗第三年开始结果；盛果期树产量高，枣吊坐果率高，落果轻，有大小年结果现象；在产地4月上旬萌芽，5月下旬始花，8月下旬果实开始着色，9月下旬成熟采收，10月下旬落叶。

品种评价

适应性较强，树体健壮，坐果率较高，比较丰产；果实适宜制干。

生境

树干

叶片

植株

花

西马峪枣

Ziziphus jujuba Mill.'Ximayuzao'

调查编号： CAOSYYHZ021

所属树种： 枣 *Ziziphus jujuba* Mill.

提 供 人： 于海忠
电　　话： 13363833262
住　　址： 河北省石家庄市赞皇县林
　　　　　业局

调 查 人： 李好先
电　　话： 13903834781
单　　位： 中国农业科学院郑州果树
　　　　　研究所

调查地点： 河北省石家庄市赞皇县黄
　　　　　北坪乡西马峪村

地理数据： GPS数据（海拔：320m，
　　　　　经度：E114°13′31.5″，纬度：N37°36′24.3″）

生境信息

来源于当地，最大树龄110年，现存40株。田间小生境，土壤为砂壤土，伴生物种为杨树。

植物学信息

1. 植株情况

乔木；树势中等，树姿直立，树形乱头形，树高6.6m，冠幅东西4m、南北5m，干高1.8m，干周91cm；主干褐色，树皮块状裂，枝条密度适中。

2. 植物学特性

1年生枝红褐色，枝长35～50cm；皮孔小，灰白色，圆形或椭圆形，凸起；针刺发达，直刺长0.5～1.1cm；二次枝短，一般3～5节；枣股圆柱形，长1～2cm，持续结果能力10年左右；枣股可抽生3～7个枣吊，枣吊一般长10～20cm，着生叶片6～12片；叶片长卵圆形，深绿色，有光泽，长7.0cm，宽2.5cm；叶柄长0.3～0.5cm，叶尖渐尖，叶基部圆形或广楔形，叶片平整，叶边锯齿圆钝，锯齿较密；聚伞花序，一般2～4朵花着生于叶腋间。

3. 果实性状

果实椭圆形，纵径3.4cm，横径2.8cm，侧径2.7cm；平均果重9g，最大果重12g，果实大小较整齐；果皮薄，果面光滑平整，褐红色，有光泽；果点小，圆形或椭圆形，微凸起，分布较密，比较明显；果肩平圆，梗凹浅，果顶平圆，顶尖微凹，柱头遗存；果柄中长，平均0.31cm；果肉白色，肉质致密，汁液少，味干甜，制干品质好。

4. 生物学特性

树势中强，姿势较直立，发枝力中等；嫁接树第二年开始结果，根蘖苗第三年开始结果；盛果期树产量高，枣吊坐果率高，落果轻，有大小年结果现象；在产地4月中旬萌芽，5月下旬始花，8月下旬果实开始着色，9月下旬成熟采收，10月下旬落叶。

品种评价

适应性较强，树体健壮，坐果率较高，比较丰产，果实适宜于制干。

生境及植株

花

果实

平桥枣

Ziziphus jujuba Mill.'Pingqiaozao'

调查编号： CAOSYFHW014

所属树种： 枣 *Ziziphus jujuba* Mill.

提供人： 曹宜成
电　话： 13837636655
住　址： 河南省信阳市平桥区林业
科学研究所

调查人： 范宏伟
电　话： 13837639363
单　位： 河南省信阳农林学院

调查地点： 河南省信阳市平桥区五里
店街道郝堂村曹湾

地理数据： GPS数据（海拔：126m，
经度：E114°12'4.5"，纬度：N32°02'35"）

生境信息

来源于当地，最大树龄110年，现存1株。生长于田间路旁，土壤为轻黏土。

植物学信息

1. 植株情况

乔木；树势中等，树姿半开张，树形半圆形；树高11m，冠幅东西7m、南北7.7m，干周130cm；主干褐色，树皮块状裂，枝条密度较疏。

2. 植物学特性

1年生枝红褐色，无光泽，皮孔中大，灰白色，圆形或椭圆形，凸起；针刺不发达，长0.3～1.0cm，易脱落；二次枝发育良好，一般4～8节，枝形较直；2年生枝灰白色，多年生枝褐色；枣股圆柱形，长1～3cm，枣股可抽生4～6个枣吊，枣吊细长，一般长20～30cm；叶片长卵圆形，浅绿色，长6.0cm，宽2.0cm；叶柄长0.3cm，叶尖渐尖，叶基部圆形或广楔形，叶片平整，叶边锯齿圆钝；聚伞花序，一般2～4朵花着生于叶腋间。

3. 果实性状

果实椭圆形，纵径3.9cm，横径3.1cm，侧径3.1cm；平均果重9g，最大果重11g；果实大小较整齐；果皮中薄，果面光滑平整，鲜红色，有光泽，漂亮；果点中等大小，较稀，圆形或椭圆形，比较明显；果肩平圆，梗凹浅，果顶部呈乳头状凸起，顶尖微凹，柱头遗存；果柄中长，平均0.8cm；果肉白色，肉质酥脆，汁液多，味酸甜，鲜食适口性好，品质中等；果核纺锤形，褐色，纵径1.5cm，横径0.7cm，核重0.4g。

4. 生物学特性

树势中健，发枝力差，枝条角度较开展，树冠枝条稀疏；嫁接树第二年开始结果，枣吊坐果率高，盛果期树产量高，丰产；在产地4月中旬萌芽，5月中旬始花，8月下旬果实开始着色，9月中旬成熟采收，果实生长期96天左右，10月下旬落叶。

品种评价

适应性较强，耐干旱，耐寒冷，耐盐碱，比较丰产和稳产；适宜鲜食，制干品质差。

生境

植株

树干

叶片

腰枣

Ziziphus jujuba Mill.'Yaozao'

🔲 调查编号：CAOSYFHW007

🔲 所属树种：枣 *Ziziphus jujuba* Mill.

🔲 提 供 人：刘猛
电　　话：15939739918
住　　址：河南省信阳市浉河区浉河
港镇夏家冲

🔲 调 查 人：范宏伟
电　　话：13837639363
单　　位：河南省信阳农林学院

🔲 调查地点：河南省信阳市浉河区浉河
港镇夏家冲村

🌐 地理数据：GPS数据（海拔：122m，
经度：E113°54'8.6"，纬度：N32°03'14.5"）

📋 生境信息

来源于当地，生长于村落边，砂壤土质，树龄30年以上，房前屋后有少量栽培。

📋 植物学信息

1. 植株情况

乔木，树姿不开张，树形圆头形，树高9.3m，冠幅东西7m、南北8m；主干灰色，树皮丝状裂。

2. 植物学特性

枣头褐色，较粗壮，生长势较强，平均长62.3cm，节间平均长7.5cm；皮孔小，近圆形，稍有凸起，分布较密；针刺发达，刺长1～2cm，2年生后逐渐脱落；二次枝发育良好；枣股圆柱形，长1～2cm，持续结果能力7～10年；叶片长卵圆形，长5cm，宽2cm；叶柄长0.4cm，叶片厚薄适中，浅绿色，叶尖渐尖，叶基部圆形，叶边锯齿圆钝；聚伞花序，一般2～5朵花并生。

3. 果实性状

果实长椭圆形，纵径3.0cm，横径2.3cm，平均重7.3g，最大果重11g；果实大小不一，整齐度差；果肩向外倾斜，梗凹较浅，果顶圆形，顶尖微凹；果柄中长，平均0.7cm；果皮中等厚，棕红色，有光泽，裂果少；果点不明显。果肉乳白色，肉质致密，酥脆，汁液少，味酸甜，适宜鲜食；果核纺锤形，褐色，纵径1.7cm，横径1.0cm，核重0.5g。

4. 生物学特性

树势较旺，姿势较直立，主枝分枝角度小，干性较强，发枝力中等，单轴延长力强，枝叶密度适中；嫁接树第二年开始结果，盛果期树产量高，丰产；在产地4月中旬萌芽，5月中旬始花，8月下旬果实开始着色，9月下旬成熟采收，10月中旬落叶。

📋 品种评价

高产、耐贫瘠、对土壤适应性强，较抗病虫，易于栽培管理，丰产性好；鲜食品质中等，制干品质差。

生境

植株

叶片

树干

花

王家村枣 1 号

Ziziphus jujuba Mill.'Wangjiacunzao 1'

调查编号：CAOSYCLN001

所属树种：枣 *Ziziphus jujuba* Mill.

提 供 人：李继存
电　　话：15938757109
住　　址：河南省周口市淮阳县四通
镇王家村

调 查 人：陈利娜
电　　话：13283811852
单　　位：中国农业科学院郑州果树
研究所

调查地点：河南省周口市淮阳县四通
镇王家村

地理数据：GPS数据（海拔：48m，
经度：E115°04'18"，纬度：N33°54'56"）

生境信息

来源于当地，树龄36年，生长于庭院，土壤为壤土。

植物学信息

1. 植株情况

乔木；树势中等，树姿直立，树形乱头形，树高18m，冠幅东西5.1m、南北5m，干高2.2m，干周90cm；主干褐色，树皮丝状裂，枝条密度适中。

2. 植物学特性

1年生枝红褐色，无光泽，平均长70cm，节间平均长8.5cm，平均粗0.6cm；皮孔大而稀，微凸出，椭圆形；针刺较发达，2年生后逐渐脱落；二次枝发育良好；枣股圆柱形，长1~2cm，持续结果能力较强，一般8~10年；叶片卵圆披针形，浅绿色，长6cm，宽3cm；叶柄长0.2cm，叶尖渐尖，叶基部圆形，叶边锯齿圆钝。聚伞花序，一般2~7朵花并生；花瓣5个，乳黄色，雄蕊5枚。

3. 果实性状

果实长椭圆形，纵径2.6cm，横径1.6cm；平均果重5g，最大果重12g，大小均匀；果皮朱红色，较薄，光滑平整，白熟期为乳白色；果点细小，不明显；果肩平斜，梗凹深广，顶端圆形，顶尖微凹陷；果柄中长，平均0.70cm；果肉乳白色，肉质较细，略松软，酥脆，汁液中等，酸甜适中，鲜食品质好。

4. 生物学特性

第3年可以结果，第5年进入盛果期，产量稳定；5月上旬萌芽，6月中旬盛花期，9月下旬成熟，成熟期比较一致，10月上旬采收，10月中旬落叶。

品种评价

对土壤、气候的适应性强，抗风沙、耐瘠薄、耐盐碱，一般不发生病虫害；种植技术含量低、自然发育生长良好；生长量大，丰产性较好，果实鲜食品质好。

生境及植株

茎干

叶片

花

果实

王家村枣 2 号

Ziziphus jujuba Mill.'Wangjiacunzao 2'

調查編號：CAOSYCLN002

所属树种：枣 *Ziziphus jujuba* Mill.

提 供 人：李继存
电　　话：15938757109
住　　址：河南省周口市淮阳县四通镇王家村

调 查 人：陈利娜
电　　话：13283811852
单　　位：中国农业科学院郑州果树研究所

调查地点：河南省周口市淮阳县四通镇王家村

地理数据：GPS数据（海拔：48m，经度：E115°04'18"，纬度：N33°54'56"）

生境信息

来源于当地，最大树龄100年，调查树年龄18年，生长于庭院，土壤为砂壤土；伴生物种为桐树、槐树。

植物学信息

1. 植株情况

乔木；树势较强，树姿直立，树形乱头形，树高7.8m，冠幅东西6m、南北8m，干高2.3m，干周46cm；主干灰褐色，树皮丝状裂，枝条中等密度。

2. 植物学特性

枣头暗褐色，无光泽，平均长66cm，节间平均长8.0cm，平均粗0.5cm；皮孔凸出，近圆形，分布稀；针刺发达，2年生后逐渐脱落；二次枝发育良好；枣股圆柱形或馒头形，长1~2cm，持续结果能力较强，一般7~11年；叶片长卵圆形，浅绿色，长6.5cm，宽3.5cm；叶柄长0.3cm，叶片厚薄适中，叶尖渐尖，叶基部圆形，叶边锯齿圆钝；聚伞花序，一般2~4朵花并生于叶腋间，花瓣5个，花瓣匙形，乳黄色；蜜盘发达，内圆形；雄蕊5枚。

3. 果实性状

果实椭圆形或卵圆形，纵径3.7cm，横径3.1cm，平均重7.7g，最大果重11g，果实大小较整齐；果肩平斜，梗凹深广，果顶圆弧形，顶尖微凹；果柄中长，平均长0.70cm；果皮中等厚，果面光滑平整，朱红色，有光泽，很少裂果；果点细小，不明显；果肉乳白色，肉质致密，酥脆，汁液中等，味甜，适宜制干或鲜食。

4. 生物学特性

树势中等，姿势较直立，主枝分枝角度小，干性较强，发枝力中等，单轴延长力强；嫁接树第二年开始结果，盛果期树产量高，丰产；在产地4月中旬萌芽，5月中旬始花，8月下旬果实开始着色，9月下旬成熟采收，10月中旬落叶。

品种评价

对土壤、气候的适应性强，抗风沙、耐瘠薄、耐盐碱，一般不发生病虫害；果实适宜制干或鲜食，品质中等。

生境及植株

叶片

枝条

王家村枣3号

Ziziphus jujuba Mill.'Wangjiacunzao 3'

調查编号：CAOSYCLN003

所属树种：枣 *Ziziphus jujuba* Mill.

提 供 人：李继存
电 话：15938757109
住 址：河南省周口市淮阳县四通
镇王家村

调 查 人：陈利娜
电 话：13283811852
单 位：中国农业科学院郑州果树
研究所

调查地点：河南省周口市淮阳县四通
镇王家村

地理数据：GPS数据（海拔：48m，
经度：E115°04'18"，纬度：N33°54'56"）

生境信息

来源于当地，树龄15年，生长于庭院，土壤为砂壤土，伴生物种为桐树、槐树；影响因子为砍伐。

植物学信息

1. 植株情况

乔木；树势强壮，树姿直立，树形乱头形，树高8m，冠幅东西5m、南北5.5m，干高2.3m；主干灰褐色，树皮丝状裂，枝条较密。

2. 植物学特性

1年生枝红褐色，枝长50~60cm，节间长8~9cm；平均粗0.65cm；皮孔小，灰白色，圆形或椭圆形，凸起；针刺不发达；枣股圆柱形，长1~2cm，持续结果能力5~8年，枣股可抽生3~6个枣吊，枣吊一般长10~20cm，粗0.12~0.17cm，着生叶片5~12片；叶片长卵圆形，深绿色，有光泽，长6.0cm，宽3.0cm；叶柄长0.3~0.5cm，叶尖渐尖，叶基部圆形或广楔形，叶片平整，叶边锯齿圆钝，锯齿较密。一般2~4朵花着生于叶腋间；花瓣5个，匙形，乳黄色；萼片5个，绿色，三角形；蜜盘浅黄色，发达，内圆形；雄蕊5枚。

3. 果实性状

果实椭圆形，纵径2.9cm，横径2.2cm；平均果重6g，最大果重9g；果实大小较整齐；果皮薄，果面光滑平整，暗红色，易裂果；果点小，不明显；果肩平圆，梗凹浅，果顶渐尖，顶部平圆；果柄中长，平均0.32cm；果肉乳白色，肉质酥脆，汁液中多，味酸甜，鲜食适口性好，品质中等。

4. 生物学特性

树势生长旺，姿势较直立，发枝力高；嫁接树第二年开始结果，根蘖苗第三年开始结果；盛果期树产量高，坐果率高，有大小年结果现象；在产地4月中旬萌芽，5月中旬始花，8月下旬果实开始着色，9月中旬成熟采收，10月下旬落叶。

品种评价

对土壤、气候的适应性强，抗风沙、耐瘠薄、耐盐碱；果实鲜食品质好，成熟期易裂果。

果实

果实

王家村枣 4 号

Ziziphus jujuba Mill.'Wangjiacunzao 4'

调查编号：CAOSYCLN004

所属树种：枣 *Ziziphus jujuba* Mill.

提 供 人：李继存
电　　话：15938757109
住　　址：河南省周口市淮阳县四通镇王家村

调 查 人：陈利娜
电　　话：13283811852
单　　位：中国农业科学院郑州果树研究所

调查地点：河南省周口市淮阳县四通镇王家村

地理数据：GPS数据（海拔：48m，经度：E115°04'18"，纬度：N33°54'56"）

生境信息

来源于当地，调查树龄25年，最大树龄125年，现存2株。生长于房前屋后，伴生物种是榆树，土壤为壤土。影响因子为砍伐。

植物学信息

1. 植株情况

乔木；树势强，树形圆头形，树高8m，冠幅东西5m、南北5m，干高1.1m，干周50cm；主干灰褐色，树皮丝状裂，枝条较密。

2. 植物学特性

1年生枝红褐色，无光泽，皮孔中大，灰白色，圆形或椭圆形；针刺不发达；二次枝发育良好；2年生枝灰白色，多年生枝褐色；枣股圆柱形，长1~3cm，枣股可抽生4~8个枣吊，枣吊一般长15~20cm；叶片长卵圆形，浅绿色，长6.7cm，宽2.6cm；叶柄长0.3cm，叶尖渐尖，叶基部圆形或广楔形，叶片平整，叶边锯齿圆钝；聚伞花序，一般2~4朵花着生于叶腋间。

3. 果实性状

果实椭圆形，纵径3.1cm，横径2.6cm，侧径2.6cm；平均果重7g，最大果重10g，果实大小较整齐；果皮中薄，果面光滑平整，鲜红色，有光泽，漂亮；果点不明显；果肩平圆，梗凹浅，果顶部呈圆头形，顶尖微凹；果柄中长，平均0.8cm；果肉乳白色，肉质较细，酥脆，汁液多，味酸甜，鲜食适口性好，品质中等。

4. 生物学特性

树势较旺，姿势较开展，发枝力高；嫁接树第二年开始结果，坐果率高，盛果期树产量高，丰产；在产地4月中旬萌芽，5月中旬始花，8月下旬果实开始着色，9月中旬成熟采收，10月下旬落叶。

品种评价

对土壤、气候的适应性强，较抗风沙，较耐瘠薄和盐碱，一般不发生病虫害；果实鲜食品质好。

生境及植株

叶片

花

柏梁枣 1 号

Ziziphus jujuba Mill.'Bailiangzao 1'

调查编号：CAOSYCLN005

所属树种：枣 *Ziziphus jujuba* Mill.

提 供 人：郑小马
电　　话：15938758129
住　　址：河南省许昌市鄢陵县柏梁
　　　　　镇姚家村

调 查 人：陈利娜
电　　话：13283811852
单　　位：中国农业科学院郑州果树
　　　　　研究所

调查地点：河南省许昌市鄢陵县柏梁
　　　　　镇姚家村

地理数据：GPS数据（海拔：54m，
　　　　　经度：E114°07'20.96"，纬度：N34°04'9.39"）

生境信息

来源于当地，最小树龄3年，最大树龄100年，现存10株；生长于庭院和房前屋后，土壤为砂壤土，影响因子为砍伐。

植物学信息

1. 植株情况

乔木；树势中等，树姿开张，树形圆锥形；树高2.2m（3年生），冠幅东西1.5m、南北2.4m，干高1.5m，干周12cm；主干褐色。

2. 植物学特性

1年生枝褐色，长50~70cm，节间长7~9cm，粗度适中，平均粗0.54cm，皮孔不明显；2年生枝灰褐色；叶长卵形，浓绿色，长5~6.2cm，宽2.7~3.0cm，叶柄长0.6cm，叶尖渐尖，叶基部圆形，叶边锯齿圆钝；聚伞花序，一般2~4朵花并生于叶腋间，花瓣5个，花瓣匙形，乳黄色；蜜盘发达，内圆形；雄蕊5枚。

3. 果实性状

果实椭圆形或圆柱形，纵径3.4cm，横径3.0cm，平均重8g，最大果重13g；果实大小不整齐；果肩平斜，梗凹深广，果顶圆弧形，顶尖微凹；果柄中长，平均长0.70cm；果皮中等厚，果面光滑平整，朱红色；果点细小，不明显；果肉乳白色，肉质致密，酥脆，汁液中等，味甜，可溶性固形物含量28%，每百克果肉中含有维生素C500~700mg；适宜制干或鲜食。

4. 生物学特性

树势生长较旺，萌芽力强，发枝力强，枣头平均长50cm以上，二次枝生长量30cm以上，生长势强；小树开始结果年龄2年，进入盛果期年龄5~6年，坐果力强，生理落果少，采前落果少，丰产，大小年显著；在当地萌芽期4月中旬，开花期5月下旬至6月中旬；果实采收期9月下旬，落叶期10月中旬。

品种评价

对环境的适应能力较强，较耐瘠薄，耐干旱，对土壤、地势、栽培条件的要求不严；丰产性好；果实适宜制干或鲜食，品质中等。

生境及植株

叶片

花

果实

柏梁枣2号

Ziziphus jujuba Mill.'Bailiangzao 2'

调查编号：CAOSYCLN006

所属树种：枣 *Ziziphus jujuba* Mill.

提 供 人：郑小马
电　　话：15938758129
住　　址：河南省许昌市鄢陵县柏梁镇姚家村

调 查 人：陈利娜
电　　话：13283811852
单　　位：中国农业科学院郑州果树研究所

调查地点：河南省许昌市鄢陵县柏梁镇姚家村

地理数据：GPS数据（海拔：54m，
　　　　　经度：E114°07′20.96″，纬度：N34°04′9.39″）

生境信息

来源于当地，最小树龄5年，最大树龄100年，生长于庭院和房前屋后。现存100株，种植于田间，土壤为砂壤土。

植物学信息

1. 植株情况

乔木；树势强，树姿开张，树形圆头形；树高4.5m，冠幅东西4.0m、南北3.6m，干高1.1m，干周20.6cm；主干灰色，树皮丝状裂，枝条密度适中。

2. 植物学特性

1年生枝褐色，长52～73cm，节间长7～9cm，粗度适中，平均粗0.61cm，皮孔小，灰白色，稍有凸起，分布较稀；2年生枝灰白色；叶长卵形，长5～6.2cm，宽2.7～3.0cm，叶柄长0.6cm，叶色浓绿，叶尖渐尖，叶基部圆形，叶边锯齿圆钝；聚伞花序，一般2～4朵花并生于叶腋间，花瓣5个，花瓣匙形，乳黄色；蜜盘发达，内圆形；雄蕊5枚。

3. 果实性状

果实椭圆形或圆柱形，纵径3.0cm，横径2.6cm，平均重6g，最大果重9g；果实大小不整齐；果肩平斜，梗凹深广，果顶圆弧形，顶尖微凹；果柄中长，平均长0.70cm；果皮中等厚，果面光滑平整，朱红色；果点细小，不明显；果肉乳白色，肉质致密，酥脆，汁液中等，味甜，适宜制干或鲜食。

4. 生物学特性

小树树势生长旺，萌芽力强，发枝力强，枣头平均长60cm以上，二次枝生长量40cm以上，生长势强，小树开始结果年龄2年，进入盛果期年龄5～6年；大树生长中庸，坐果力强，生理落果少，采前落果少，丰产，大小年不显著。在当地萌芽期4月中旬，开花期5月下旬至6月中旬；果实采收期9月下旬，落叶期10月中旬。

品种评价

对环境的适应能力较强，较耐瘠薄，耐干旱，对土壤、地势、栽培条件的要求不严；丰产性好；果实适宜制干或鲜食，品质中等。

生境及植株

花

叶片

果实

柏梁枣 3 号

Ziziphus jujuba Mill.'Bailiangzao 3'

调查编号: CAOSYCLN007

所属树种: 枣 *Ziziphus jujuba* Mill.

提供人: 郑小马
电 话: 15938758129
住 址: 河南省许昌市鄢陵县柏梁镇姚家村

调查人: 陈利娜
电 话: 13283811852
单 位: 中国农业科学院郑州果树研究所

调查地点: 河南省许昌市鄢陵县柏梁镇姚家村

地理数据: GPS数据(海拔:54m,经度:E114°07'20.96",纬度:N34°049.39")

生境信息

来源于当地,最大树龄20年,最小树龄5年,生长于庭院中和房前屋后,土壤为砂壤土,pH8.5,现存5株。

植物学信息

1.植株情况

乔木;树势生长强壮,树姿直立,树形乱头形,20年生树高8m,冠幅东西5.4m、南北5m;干高1.95m,干周55cm,主干褐色,枝条稀疏适中。

2.植物学特性

1年生枝浅灰色,枝长52~72cm,节间长8~9cm;平均粗0.65cm;皮孔小,灰白色,圆形或椭圆形,凸起,小而多;针刺发达。二次枝生长旺,一般长30cm以上;叶片长卵圆形或卵状披针形,深绿色,有光泽,长6.0cm,宽3.0cm;叶柄长0.3~0.5cm,叶尖渐尖,叶基部圆形或广楔形,叶片平整,叶边锯齿圆钝,锯齿较密;2~4朵花着生于叶腋间;花瓣5个,匙形,乳黄色;萼片5个,绿色,三角形;蜜盘浅黄色,发达,内圆形;雄蕊5枚。

3.果实性状

果实椭圆形,中等大小,纵径3.34cm,横径2.24cm(最粗处),单果平均重6.9g,最大单果重7.5g;果皮脆而薄,易剥落;果肉蛋白绿色,肉质致密,较脆,汁液多,风味酸甜;果面深红色,光滑,梗洼深而中广,果顶圆,果上部稍歪;可溶性固形物含量27.9%,可食部分占果重93%;核纺锤形,核面较粗糙,沟纹宽而深,先端具尖嘴,基部锐尖,含仁率90%,种仁饱满。

4.生物学特性

树势生长旺,姿势较直立,发枝力中等,树冠枝条适中。嫁接树第二年开始结果,根蘖苗第三年开始结果;枣头当年结实力差,枣吊坐果率高,有大小年结果现象;在产地4月中旬萌芽,5月中旬始花,8月下旬果实开始着色,9月中旬成熟采收,10月下旬落叶。

品种评价

较抗寒,耐贫瘠,丰产性中等;果实可食用,鲜食品质好;适宜在平原、丘陵及排水良好的土壤中栽培。

生境及植株

叶片

枝条

果实

柏梁枣 4 号

Ziziphus jujuba Mill.'Bailiangzao 4'

调查编号： CAOSYCLN008

所属树种： 枣 *Ziziphus jujuba* Mill.

提 供 人： 郑小马
电　　话： 15938758129
住　　址： 河南省许昌市鄢陵县柏梁
　　　　　 镇姚家村

调 查 人： 陈利娜
电　　话： 13283811852
单　　位： 中国农业科学院郑州果树
　　　　　 研究所

调查地点： 河南省许昌市鄢陵县柏梁
　　　　　 镇姚家村

地理数据： GPS数据（海拔：54m，
　　　　　 经度：E114°07'20.96"，
　　　　　 纬度：N34°04'9.39"）

生境信息

来源于当地，最小树龄5年，最大树龄120年（仅存1株），生长于庭院或房前屋后，土壤为砂壤土，影响因子为砍伐。

植物学信息

1. 植株情况

乔木；树姿直立，树冠呈自然圆头形；5年生树高5.5m，冠幅东西4.5m、南北4.4m，干高1.5m，干周20cm；主干褐色，枝条较密集。

2. 植物学特性

1年生枝褐色，长度中等，40～50cm；节间平均长7～8cm；平均粗0.54cm；多年生枝灰褐色；叶长卵圆形，浓绿色，长6.2cm，宽3.0cm，叶柄长0.6cm，叶尖微尖，叶边锯齿圆钝，锯齿较密；2～4朵花着生于叶腋间；花瓣5个，匙形，乳黄色；萼片5个，绿色，三角形；蜜盘浅黄色，发达，内圆形；雄蕊5枚。

3. 果实性状

果实长椭圆形，纵径2.6cm，横径1.8cm；平均果重6.5g，最大果重12g，大小均匀；果皮朱红色，较薄，光滑平整，白熟期为乳白色；果点细小，不明显；果肩平斜，梗凹深广，顶端圆形，顶尖微凹陷；果柄中长，平均0.70cm；果肉乳白色，肉质较细，略松软，酥脆，汁液中等，酸甜适中；鲜食品质好。

4. 生物学特性

小树生长势较强，进入盛果期后生长中等；对土壤、气候的适应性强，抗风沙、耐瘠薄、耐盐碱，一般不发生病虫害；种植技术要求不严格，自然发育生长良好；栽植第3年可以结果，第5年进入盛果期，产量稳定；在当地4月上旬萌芽，6月中旬盛花期，果实9月下旬成熟，成熟期比较一致，10月上旬采收，10月中旬落叶。

品种评价

适应性较强，树体健壮，生长量大，丰产性较好，果实鲜食品质好。

生境及植株

枝条

叶片

果实

姚家枣1号

Ziziphus jujuba Mill.'Yaojiazao 1'

调查编号： CAOSYCLN009

所属树种： 枣 *Ziziphus jujuba* Mill.

提 供 人： 刘可
电　　话： 15938757109
住　　址： 河南省郑州市中牟县韩寺镇姚家村

调 查 人： 李好先、陈利娜
电　　话： 13903834781
单　　位： 中国农业科学院郑州果树研究所

调查地点： 河南省郑州市中牟县韩寺镇姚家村

地理数据： GPS数据（海拔：88m，
经度：E114°01'6.99"，纬度：N33°3941.55"）

生境信息

来源于当地，最小树龄5年，最大树龄110年，现存10株。生长于庭院和房前屋后，土壤为砂壤土，影响因子为砍伐。

植物学信息

1. 植株情况

乔木；树势强，树姿开张，树形圆头形；树高3.8m，冠幅东西2.9m、南北3.6m，干高1.0m，干周19.6cm；主干灰色，枝条密度适中。

2. 植物学特性

1年生枝褐色，长50～73cm，节间长7～8cm，粗度适中，平均粗0.60cm，皮孔小，灰白色，稍有凸起，分布较密；2年生枝灰白色；叶长卵形，浓绿色，长5.0cm，宽2.7cm，叶柄长0.6cm，叶尖渐尖，叶基部圆形，叶边锯齿圆钝；聚伞花序，一般2～4朵花并生于叶腋间，花瓣5个，花瓣匙形，乳黄色；蜜盘发达，内圆形；雄蕊5枚。

3. 果实性状

果实椭圆形或圆柱形，纵径3.0cm，横径2.6cm，平均重6.9g，最大果重8g；果实大小整齐；果肩平斜，梗凹深广，果顶圆弧形，顶尖微凹；果柄中长，平均0.70cm；果皮中等厚，果面光滑平整，朱红色；果点细小，不明显；果肉乳白色，肉质致密，酥脆，汁液中等，味甜，适宜制干或鲜食。

4. 生物学特性

小树树势生长旺，萌芽力强，发枝力强，枣头平均长50cm以上，二次枝生长量30cm以上，小树开始结果年龄2年，进入盛果期年龄5～6年；大树生长中庸，坐果力强，生理落果少，采前落果少，丰产，大小年不显著；在当地萌芽期4月中旬，开花期5月下旬至6月中旬；果实采收期9月下旬，落叶期10月中旬。

品种评价

对环境的适应能力较强，较耐瘠薄，耐干旱，对土壤、地势、栽培条件的要求不严；丰产性好。

生境及植株

花

姚家枣 2 号

Ziziphus jujuba Mill.'Yaojiazao 2'

调查编号： CAOSYCLN010

所属树种： 枣 *Ziziphus jujuba* Mill.

提 供 人： 刘可
电　　话： 15938757109
住　　址： 河南省郑州市中牟县韩寺镇姚家村

调 查 人： 李好先、陈利娜
电　　话： 13903834781
单　　位： 中国农业科学院郑州果树研究所

调查地点： 河南省郑州市中牟县韩寺镇姚家村

地理数据： GPS数据（海拔：88m，经度：E114°01′6.99″，纬度：N33°39′41.55″）

生境信息

来源于当地，最大树龄120年，最小树龄5年，现存8株；长于庭院中或房前屋后，土壤为砂壤土，影响因子是砍伐。

植物学信息

1. 植株情况

乔木；5年生树势生长强壮，树姿直立，树高5m，冠幅东西5.4m、南北5m，干高1.0m，干周19cm，主干褐色，枝条稀疏适中。

2. 植物学特性

1年生枝浅灰色，枝长52～72cm，节间长8～9cm；平均粗0.65cm；皮孔小，灰白色，圆形或椭圆形，凸起，小而多；针刺发达；二次枝生长旺，一般长30cm以上；叶片长卵圆形或卵状披针形，长6.2cm，宽3.3cm；叶柄长0.3～0.5cm，深绿色，有光泽，叶尖渐尖，叶基部圆形或广楔形，叶片平整，叶边锯齿圆钝，锯齿较密；2～8朵花着生于叶腋间；花瓣5个，匙形，乳黄色；萼片5个，绿色，三角形；蜜盘浅黄色，发达，内圆形；雄蕊5枚。

3. 果实性状

果实椭圆形，纵径3.4cm，横径2.8cm；平均果重7g，最大果重9g；果皮脆而薄，易剥落；果肉蛋白绿色，肉质致密，较脆，汁液多，风味酸甜；果面深红色，光滑，梗洼深而中广，果顶圆，果上部稍歪；可溶性固形物含量27.9%。可食部分占果重93%。

4. 生物学特性

树势生长旺，姿势较直立，发枝力中等，树冠枝条适中；嫁接树第二年开始结果，根蘖苗第三年开始结果；枣头当年结实力差，枣吊坐果率高，有大小年结果现象；在产地4月中旬萌芽，5月中旬始花，8月下旬果实开始着色，9月中旬成熟采收，10月下旬落叶。

品种评价

较抗寒，耐贫瘠，丰产性中等，易大小年结果；果实可食用，鲜食品质好；适宜在平原、丘陵及排水良好的土壤中栽培。

生境及植株

叶片

果实

姚家枣 3 号

Ziziphus jujuba Mill.'Yaojiazao 3'

调查编号：CAOSYCLN011

所属树种：枣 *Ziziphus jujuba* Mill.

提 供 人：刘可
电　话：15938757109
住　址：河南省郑州市中牟县韩寺镇姚家村

调 查 人：李好先、陈利娜
电　话：13903834781
单　位：中国农业科学院郑州果树研究所

调查地点：河南省郑州市中牟县韩寺镇姚家村

地理数据：GPS数据（海拔：88m，经度：E114°01'6.99"，纬度：N33°39'41.55"）

生境信息

来源于当地，最小树龄5年，最大树龄80年，生长于庭院或房前屋后，土壤为砂壤土；影响因子为砍伐。

植物学信息

1. 植株情况

乔木；树姿直立，树冠呈自然圆头形；5年生树高5.5m，冠幅东西4.5m、南北4.4m，干高1.5m，干周20cm；主干褐色，枝条较密集。

2. 植物学特性

1年生枝褐色，长度中等，40～50cm；节间平均长7～8cm；平均粗0.54cm；多年生枝灰褐色；叶长卵圆形，浓绿色，长6.2cm，宽3.0cm，叶柄长0.6cm，叶尖微尖，叶边锯齿圆钝，锯齿较密；2～4朵花着生于叶腋间；花瓣5个，匙形，乳黄色；萼片5个，绿色，三角形；蜜盘浅黄色，发达，内圆形；雄蕊5枚。

3. 果实性状

果实长椭圆形，纵径2.8cm，横径2.2cm；平均果重6.7g，最大果重12g，大小均匀；果皮朱红色，较薄，果面光滑平整，白熟期为乳白色；果点细小，不明显；果肩平斜，梗凹深广，顶端圆形，顶尖微凹陷；果柄中长，平均0.70cm；果肉乳白色，肉质较细，略松软，酥脆，汁液中等，酸甜适中；鲜食品质好。

4. 生物学特性

小树生长势较强，进入盛果期后生长中等；对土壤、气候的适应性强，抗风沙、耐瘠薄、耐盐碱，一般不发生病虫害；种植技术要求不严格，自然发育生长良好；栽植第3年可以结果，第5年进入盛果期，产量稳定；在当地4月上旬萌芽，6月中旬盛花期，果实9月下旬成熟，成熟期比较一致，10月上旬采收，10月中旬落叶。

品种评价

适应性较强，树体健壮，生长量大，丰产性较好，果实鲜食品质好。

生境及植株

枝干

叶片

果实

姚家枣 4 号

Ziziphus jujuba Mill.'Yaojiazao 4'

调查编号： CAOSYCLN012

所属树种： 枣 *Ziziphus jujuba* Mill.

提 供 人： 刘可
电　　话： 15938757109
住　　址： 河南省郑州市中牟县韩寺
镇姚家村

调 查 人： 李好先、陈利娜
电　　话： 13903834781
单　　位： 中国农业科学院郑州果树
研究所

调查地点： 河南省郑州市中牟县韩寺
镇姚家村

地理数据： GPS数据（海拔：88m，
经度：E114°01'6.99"，纬度：N33°39'41.55"）

生境信息

来源于当地，最大树龄100年，最小树龄5年，现存8株；长于庭院中或房前屋后，土壤为砂壤土，影响因子是砍伐。

植物学信息

1. 植株情况

乔木；5年生树势生长强壮，树姿直立，树高5m，冠幅南北4.5m，东西4.4m。干高1.0m，干周17cm，主干褐色，枝条稀疏适中。

2. 植物学特性

1年生枝浅灰色，枝长51~70cm，节间长8~9cm；平均粗0.65cm；皮孔小，灰白色，圆形或椭圆形，凸起，小而多；针刺发达；二次枝生长旺，一般长30cm以上；叶片长卵圆形或卵状披针形，深绿色，有光泽，长6.2cm，宽3.3cm；叶柄长0.3~0.5cm，叶尖渐尖，叶基部圆形或广楔形，叶片平整，叶边锯齿圆钝，锯齿较密；2~8朵花着生于叶腋间；花瓣5，匙形，乳黄色；萼片5，绿色，三角形；蜜盘浅黄色，发达，内圆形；雄蕊5枚。

3. 果实性状

果实椭圆形或近圆形，纵径3.2cm，横径2.8cm；平均果重6.4g，最大果重7.5g；果皮脆而薄，易剥落；果肉蛋白绿色，肉质致密，较脆，汁液多，风味酸甜；果面深红色，光滑，梗洼深而中广，果顶圆；可溶性固形物含量20%；核小。

4. 生物学特性

树势生长旺，姿势较直立，发枝力中等，树冠枝条适中；嫁接树第二年开始结果，根蘖苗第三年开始结果；枣头当年结实力差，枣吊坐果率高，有大小年结果现象；在产地4月中旬萌芽，5月中旬始花，8月下旬果实开始着色，9月中旬成熟采收，10月下旬落叶。

品种评价

较抗干旱，耐瘠薄，丰产；果实适宜鲜食。

生境及植株

果实

叶片

秦岗枣1号

Ziziphus jujuba Mill.'Qingangzao 1'

调查编号： CAOSYCLN013

所属树种： 枣 *Ziziphus jujuba* Mill.

提 供 人： 王文祥
电 话： 15338757159
住 址： 河南省周口市扶沟县曹里乡秦岗村

调 查 人： 李好先、陈利娜
电 话： 13903834781
单 位： 中国农业科学院郑州果树研究所

调查地点： 河南省周口市扶沟县曹里乡秦岗村

地理数据： GPS数据（海拔：57m，
经度：E114°16'20.42"，纬度：N33°11'5.69"）

生境信息

来源于当地，最小树龄5年，最大树龄100年，生长于庭院和房前屋后；现存12株，土壤为砂壤土。

植物学信息

1. 植株情况

乔木；树势强，树姿开张，树形半圆形；树高4.7m，冠幅东西3.6m、南北3.7m，干高1.5m，干周42cm；主干褐色，树皮块状裂，枝条密。

2. 植物学特性

1年生枝褐色，长度适中，40～50cm，节间平均长7～9cm，粗度适中，平均粗0.54cm，皮孔小，灰白色，稍有凸起，分布较稀；2年生枝灰白色；多年生枝灰褐色；叶长卵形，长5～6.2cm，宽2.7～3.0cm，叶柄长0.6cm，叶尖渐尖，叶基部圆形，叶边锯齿圆钝；聚伞花序，一般2～4朵花并生于叶腋间，花瓣5个，花瓣匙形，乳黄色；蜜盘发达，内圆形；雄蕊5枚。

3. 果实性状

果实椭圆形或卵圆形，纵径3.2cm，横径2.6cm，平均重6.4g，最大果重9g；果实大小不整齐，有畸形果；果肩平斜，梗凹深广，果顶圆弧形，顶尖微凹；果柄中长，平均0.70cm；果皮中等厚，果面光滑平整，朱红色；果点细小，不明显；果肉乳白色，肉质致密，酥脆，汁液中等，味甜，可溶性固形物含量33%；适宜制干或鲜食。

4. 生物学特性

小树树势生长旺，萌芽力强，发枝力强，枣头平均长60cm以上，二次枝生长量40cm以上，生长势强，小树开始结果年龄2年，进入盛果期年龄5～6年；大树生长中庸，枣吊坐果力强，生理落果少，采前落果少，丰产，大小年不显著；在当地萌芽期4月中旬，开花期5月下旬至6月中旬；果实采收期9月下旬，落叶期11月中旬。

品种评价

对环境的适应能力较强，较耐瘠薄，耐干旱，对土壤、地势、栽培条件的要求不严；果实适宜制干或鲜食，品质中等。

生境及植株

叶片

花

果实

秦岗枣 2 号

Ziziphus jujuba Mill.'Qingangzao 2'

調查編號： CAOSYCLN014

所屬樹種： 枣 *Ziziphus jujuba* Mill.

提 供 人： 王文祥
電　　話： 15338757159
住　　址： 河南省周口市扶沟县曹里
乡秦岗村

調 查 人： 李好先
電　　話： 13903834781
單　　位： 中国农业科学院郑州果树
研究所

調查地点： 河南省周口市扶沟县曹里
乡秦岗村

地理数据： GPS数据（海拔：57m，
经度：E114°16′20.42″，纬度：N33°11′5.69″）

生境信息

来源于当地，最小树龄5年，最大树龄100年，现存10株；生长于庭院或房前屋后，土壤为砂壤土；影响因子为砍伐。

植物学信息

1. 植株情况

乔木；树势中等，树姿开张，树形圆头形；树高4.2m，冠幅东西3.5m、南北3.4m，干高1.5m，干周17cm；主干褐色，枝条较密。

2. 植物学特性

枣头红褐色，无光泽，平均长74cm，节间平均长7.0cm；平均粗0.6cm；皮孔小，分布稀疏，微凸出，近圆形或椭圆形；针刺发达，2年生后逐渐脱落；二次枝发育良好，一般5～8节；叶片长卵圆形，长5.5cm，宽3.5cm；叶柄长0.3cm，叶片厚薄适中，深绿色，叶尖渐尖，叶基部圆形，叶边锯齿圆钝；聚伞花序，一般2～8朵花并生；萼片5枚，绿色，三角形；花瓣5枚，花瓣匙形，乳黄色；蜜盘发达，内圆形；雄蕊5枚。

3. 果实性状

果实近圆形或椭圆形，纵径2.5cm，横径2.4cm，平均重5.1g，最大果重7g；果实大小较整齐；果皮薄，果面光滑平整，鲜红色，有光泽；果点细小，不明显；果肩平斜，梗凹深广，果顶圆弧形，顶尖微凹；果肉乳白色，肉质致密，细而酥脆，汁液中多，味甜；果核小，纺锤形，褐色，核重0.2g；可溶性固形物含量28%，维生素C含量500mg/100g；适宜制干或鲜食。

4. 生物学特性

树势中等强健，姿势较开展，干性中强，发枝力中等；嫁接树第二年开始结果，盛果期树产量高，丰产；在产地4月中旬萌芽，5月底始花，9月上旬果实开始着色，9月下旬成熟采收，11月中旬落叶。

品种评价

适应性较差，不耐瘠薄，喜欢肥沃的土壤，喜光性强，不抗裂果；鲜食和制干品质都好。

生境及植株

果实

叶片

枝干

参考文献

白瑞霞. 2008. 枣种质资源遗传多样性的分子评价及其核心种质的构建 [D]. 保定: 河北农业大学.

常经武. 1985. 枣核是鉴定品种的重要特征[J]. 中国果树, 33-35.

程佑发, 王勋陵. 2001. 枣树体细胞胚发生和组织学研究[J]. 西北植物学报, 21（1）: 142-145.

陈贻金, 宋现军, 乔彦升, 等. 1991. 枣树优质丰产技术模式[J]. 河南农业科学, 7: 25-26.

陈永利. 1988. 酸枣与金丝小枣的核型研究[J]. 中国果树, （1）: 37-38.

邓明. 2015. 关于重振山西红枣产业的建议[J]. 山西林业, 1: 13-14.

冯建灿, 潘建宾, 张玉洁, 等. 1994. 河南枣品种数量分类研究[J]. 经济林研究, 12（2）: 29-32.

高梅秀, 张金海. 2004. 不同枣品种4种同工酶活性的分析[J]. 西北农林科技大学学报, 32（11）: 109-110, 115.

葛喜珍, 彭士琪, 王永蕙. 1997. 酸枣的染色体核型分析[J]. 河北林果研究. 12（4）: 343-346.

郭向萌, 张亚平, 付鹏程, 等. 2017. 枣树基因组中转座元件分析[J]. 江苏农业学报, 33（2）.

郝子琪, 许洪仙, 孟玉平, 等. 2011. 枣树抗坏血酸过氧化物酶基因 *Zj APX* 生物信息学分析及植物表达载体的构建[J]. 山西农业科学 39（5）: 400-403.

李登科, 杜学梅, 王永康, 等. 2004. 六月鲜枣愈伤组织诱导及胚状体发生[J]. 果树学报21（5）: 414-418.

李国方, 韩英兰. 1995. 金丝小枣品种群同工酶研究及类型划分[J]. 北京林业大学学报, 17（3）: 36-39.

李莉, 彭建营, 白瑞霞. 2009. 中国枣属植物亲缘关系的RAPD分析[J]. 园艺学报, 36（4）: 475-480.

李瑞环, 李新岗, 黄建, 等. 2012. 枣和酸枣亲缘关系的RAPD 分析[J]. 果树学报, 29（3）: 366-373.

李树林, 曲泽洲, 王永蕙. 1987. 枣（*zizyphus jujube* Mill.）品种资源的花粉学研究[J]. 河北农业大学学报.

李勇慧, 冯爱青, 押辉远, 等. 2015. 枣树全基因组MITEs成分分析与系统进化研究[J]. 郑州大学学报（理学版）（4）: 103-107.

刘孟军, 诚静容. 1994. 枣和酸枣的分类学研究[J]. 河北农业大学学报, 17（4）: 1-10.

刘孟军, 王玖瑞, 刘平, 等. 2015. 中国枣生产与科研成就及前沿研究进展[J]. 园艺学报, 42（9）: 1683-1698.

刘孟军, 王永蕙. 1991. 枣和酸枣等14种园艺植物cAMP含量的研究[J]. 河北农业大学学报, 14（4）: 20-23.

刘孟军. 1995. RAPD技术在枣和酸枣种质鉴定中的应用//中国科学技术协会第二届青年学术年会园艺学论文集[M]. 北京: 北京农业大学出版社, 337-341.

刘平, 彭建营, 彭士琪, 等. 2005. 应用RAPD标记技术探讨枣与酸枣的分类学关系[J]. 林业科学, 41（2）: 82-85.

刘旭梅. 2016. 对临县农业产业结构调整调查研究[J]. 农业技术与装备, 35-36, 39.

刘学生, 陈龙, 王金鑫, 等. 2013. '苹果枣'自然三倍体倍性的发现与鉴定[J]. 园艺学报, 40（3）: 426-432.

鹿金颖, 毛永民, 申莲英, 等. 2005. 用AFLP分子标记鉴定冬枣自然授粉实生后代杂种的研究[J]. 园艺学报, 32（4）: 680-683.

罗慧珍, 邓舒, 肖蓉, 等. 2015. 枣树 2-半胱氨酸氧化还原酶基因 Zj2-CP 的生物信息学分析及表达体的构建[J]. 分子植物育种, 13（7），1545–1552.

马秋月, 戴晓港, 陈赢男, 等. 2013. 枣基因组的微卫星特征[J]. 林业科学, 49（12）：81‑87.

孟玉平, 曹秋芬, 孙海峰, 等. 2009a. 枣结果枝cDNA文库的构建与部分ESTs分析[J]. 华北农学报, 24（5）：102–106.

孟玉平, 张洁, 张春芬, 等. 2009b. 枣树肌动蛋白基因cDNA片段的克隆及其表达分析[J]. 生物技术通报,（11）：98–102.

孟玉平, 孙海峰, 曹秋芬, 等. 2009c. 壶瓶枣花芽分化与落性枝生长发育观察[J]. 果树学报, 26（4）：487–491.

孟玉平, 曹秋芬, 孙海峰. 2010a. 枣树 *Zj LFY* 基因c DNA 片段的克隆与表达分析[J]. 果树学报, 27（5）：719–724.

孟玉平, 曹秋芬, 孙海峰. 2010b. 枣树花分生组织特异基因 *Zj AP1* 的克隆与表达分析[J]. 山西农业科学, 38（2）：6–11.

孟玉平, 曹秋芬, 孙海峰. 2010c. 枣树内参基因*ZjH3*的克隆与筛选[J]. 生物技术通报,（11）：101–107.

孟玉平, 曹秋芬, 魏玮, 等. 2010d. 两个枣树扩展蛋白基因cDNA全序列的克隆及分析[J]. 生物技术通报,（2）：113–118.

孟玉平, 曹秋芬, 郭慧娜, 等. 2013. NaCl和PEG6000胁迫下枣组织培养中ZjAPX中的表达[J]. 山西农业科学, 41（2）：107–109.

裴艳梅. 2015. 金丝小枣和无核小枣4CL基因的克隆和表达研究[D]. 保定: 河北农业大学.

裴艳梅, 王金鑫, 彭建营. 2016. 无核小枣木质素合成基因Zj4CL的克隆和表达分析[J]. 植物遗传资源学报, 17（1）：147–152.

彭建营, 刘平, 周俊义, 等. 2005. '赞皇大枣'不同株系的染色体数及其核型分析[J]. 园艺学报, 32（5）：798–801.

彭建营, 束怀瑞, 孙仲序, 等. 2000a. 枣RAPD技术体系建立与几个品种亲缘关系的研究[J], 农业生物技术学报, 8（2）：155–159.

彭建营, 束怀瑞, 孙仲序, 等. 2000b. 中国枣种质资源的 RAPD 分析[J]. 园艺学报, 27（3）：171‑176.

祁业凤. 2002. 枣（*Ziziphus jujuba* Mill.）胚败育机理及胚培养研究[D]. 保定: 河北农业大学.

曲泽州, 王永蕙. 1993. 中国果树志·枣卷[M]. 北京: 中国林业出版社.

曲泽洲, 王永蕙, 刘孟军. 1987. 酸枣的化学成分及其药理研究[J]. 河北农业大学学报,（2）：64‑70.

曲泽洲, 王永蕙, 张凝艳, 等. 1990a. 同工酶在枣品种分类研究中的应用[J]. 河北农业大学学报,（4）：1‑7.

曲泽洲, 王永蕙. 1990b. 三倍体'赞皇大枣'的核型研究[J]. 河北果树, 4：23–25.

戎宏立, 王长彪, 李倩, 等. 2013. 枣结果枝核糖体蛋白的生物信息学分析[J]. 山西农业科学, 41（2）：110–114.

沈慧, 黄建, 佟岩, 等. 2016. 枣基因组大小研究[J]. 西北林学院学报, 31（3）：138–142.

申连英. 2005. 枣（*Ziziphus jujuba* Mill.）遗传连锁图谱构建及性状的QTL定位研究[D]. 保定: 河北农业大学.

苏冬梅, 陈书君, 毕方诚. 2001. 酸枣及17个枣品种叶片过氧化酶同工酶的研究[J]. 园艺学报, 28（3）：265–267.

王家军. 2004. 河南省枣业现状与发展对策[J]. 山西果树, 101（5）：23–24.

王秀伶, 邵建柱, 张学英, 等. 1999. POD 同工酶在酸枣、枣分类中的应用[J]. 武汉植物学研究, 17（4）：307‑313.

王延峰, 杨宗保. 2011. 枣属植物分类学存在的科学问题及展望[J]. 延安大学学报: 自然科学版, 30（4）：97‑101.

王志霞. 2008. 新疆红枣叶斑病病原鉴定及其防治药剂筛选[D]. 石河子: 石河子大学.

王中堂, 张琼, 单公华, 等. 2013. 山东省枣产业近十年的发展状况[J]. 山东农业科学, 45（5）：126–128.

吴翠云, 常宏伟, 林敏娟, 等. 2016. 新疆枣产业发展现状及其问题探讨[J]. 北方果树,（6）：41–44.

吴丽萍, 唐岩, 李颖岳, 等. 2013. 枣和酸枣基因组大小测定[J]. 北京林业大学学报, 35（3）：77‑83.

肖蓉, 罗慧珍, 张小娟, 等. 2015. 干旱和盐胁迫条件下枣树谷胱甘肽过氧化物酶基因（*ZjGPX*）的差异表达及功能分析[J]. 中国农业科学, 48（14）：2806–2817.

王丽红, 孙海峰, 孟玉平等. 2009. 枣花发育过程中糖类物质的分布与变化[J]. 山西农业科学, 37（1）：33–37.

王娜. 2007. 枣体细胞胚胎发生及倍性种质创新[D]. 保定: 河北农业大学.

张洁, 杨大威, 孟玉平, 等. 2010. 枣树水通道蛋白基因生物信息学分析及原核表达载体的构建[J]. 山西农业科学, 38（1）：6–10.

张存智, 王发林, 赵秀梅, 等. 2006. 枣树胚乳愈伤组织诱导和细胞学观察[J]. 甘肃农业大学学报, 41（3）：48–51.

赵宁, 冯建灿, 叶霞, 等. 2015. 枣组织培养及相关生物技术研究进展[J]. 果树学报, 32（6）: 1241-1252.

中国植物志编辑委员会. 1982. 中国植物志[M]. 北京: 科学出版社.

Bowden W M. 1945. A list of chromosome numbers in higher plants. II. Menispermaceae to Verbenaceae[J]. Am J Bot, 32（4）: 191-201.

Li Lan song, Meng Yu ping, Cao Qiu fen, et. al. 2016. Type 1 Metallothionein （ZjMT）Is Responsible for Heavy Metal Tolerance in *Ziziphus jujuba*[J]. Biochemistry （Moscow）. （81）6: 565-573.

Yang Mingxia, Zhang Fan, Wang Fan et al. 2015. Characterization of a Type 1 Metallothionein Gene from the Stresses-Tolerant Plant *Ziziphus jujube*[J]. International Journal of Molecular Sciences, 16, 16750-16762.

Liu Meng jun, Zhao Jin, Cai Qing le, et al. 2014. The complex jujube genome provides insights into fruit tree biology[J]. Nature Communications[J], 5: 5315.

Ma Qing hua, Wang Gui xi, Liang Li song. 2011. Development and characterization of SSR markers in Chinese jujube （*Ziziphus jujuba* Mill.）and its related species[J]. Scientia Horticulturae, 129 （4）: 597 - 602.

Morinaga T. 1929. Chromosome numbers of cultivated plants II[J]. Botany Magazine Tokyo, 43: 591.

Sun Hai feng, Meng Yu ping , Cao Qiu fen , et al. 2009a. Molecular Cloning and Expression Analysis of a SQUA/AP1 Homologue from Chinese jujube（*Ziziphus jujuba* Mill.）[J]. Plant Molecular Biology Reporter, 27: 534 -541.

Sun Hai feng, Men Yu ping, Cui Gui mei, et al. 2009b. Selection of housekeeping genes for gene expression studies on the development of fruit bearing shoots in Chinese jujube （*Ziziphus jujuba* Mill.）[J]. Molecular Biology Reports, 36 （8）, 2183-2190.

Wang S, Liu Y, Ma L, Liu H, Tang Y, Wu L, Wang Z, Li Y, Wu R, Pang X. 2014. Isolation and characterization of microsatellite markers and analysis of genetic diversity in Chinese jujube（*Ziziphus jujuba* Mill.）[J]. Plos One, 9 （6）: e99842.

Xiao J, Zhao J, Liu M, et al. 2015. Genome-wide characterization of simple sequence repeat （SSR）loci in Chinese jujube and jujube SSR primer transferability[J]. Plos One, 10 （5）: e0127812.

附录一
各树种重点调查区域

树种	重点调查区域	
	区域	具体区域
石榴	西北区	新疆叶城，陕西临潼
	华东区	山东枣庄，江苏徐州，安徽怀远、淮北
	华中区	河南开封、郑州、封丘
	西南区	四川会理、攀枝花，云南巧家、蒙自，西藏山南、林芝、昌都
樱桃		河南伏牛山，陕西秦岭，湖南湘西，湖北神农架，江西井冈山等；其次是皖南，桂西北，闽北等地
核桃	东部沿海区	辽东半岛的丹东、庄河、瓦房店、普兰店，辽西地区，河北卢龙、抚宁、昌黎、遵化、涞水、易县、阜平、平山、赞皇、邢台、武安、北京平谷、密云、昌平，天津蓟县、宝坻、武清、宁河，山东长清、泰安、章丘、苍山、费县、青州、临朐，河南济源、林州、登封、濮阳、辉县、柘城、罗山、商城，安徽亳州、涡阳、砀山、萧县，江苏徐州、连云港
	西北区	山西太行、吕梁、左权、昔阳、临汾、黎城、平顺、阳泉，陕西长安、户县、眉县、宝鸡、渭北、甘肃陇南、天水、宁县、镇原、武威、张掖、酒泉、武都、康县、徽县、文县，青海民和、循化、化隆、互助、贵德，宁夏固原、灵武、中卫、青铜峡
	新疆区	和田、叶城、库车、阿克苏、温宿、乌什、莎车、吐鲁番、伊宁、霍城、新源、新和
	华中华南区	湖北郧县、郧西、竹溪、兴山、秭归、恩施、建始，湖南龙山、桑植、张家界、吉首、麻阳、怀化、城步、通道，广西都安、忻城、河池、靖西、那坡、田林、隆林
	西南区	云南漾濞、永平、云龙、大姚、南华、楚雄、昌宁、宝山、施甸、昭通、永善、鲁甸、维西、临沧、凤庆、会泽、丽江，贵州毕节、大方、威宁、赫章、织金、六盘水、安顺、息烽、遵义、桐梓、兴仁、普安，四川巴塘、西昌、九龙、盐源、德昌、会理、米易、盐边、高县、筠连、叙永、古蔺、南坪、茂县、理县、马尔康、金川、丹巴、康定、泸定、峨边、马边、平武、安州、江油、青川、剑阁
	西藏区	林芝、米林、朗县、加查、仁布、吉隆、聂拉木、亚东、错那、墨脱、丁青、贡觉、八宿、左贡、芒康、察隅、波密
板栗	华北	北京怀柔，天津蓟县，河北遵化、承德，辽宁凤城，山东费县，河南平桥、桐柏、林州，江苏徐州
	长江中下游	湖北罗田、京山、大悟、宜昌，安徽舒城、广德，浙江缙云，江苏宜兴、吴中、南京
	西北	甘肃南部，陕西渭河以南，四川北部，湖北西部，河南西部
	东南	浙江、江西东南部、福建建瓯、长汀、广东广州、广西阳朔、湖南中部
	西南	云南寻甸、宜良，贵州兴义、毕节、台江，四川会理，广西西北部，湖南西部
	东北	辽宁，吉林省南部
山楂	北方区	河南林县、辉县、新乡，山东临朐、沂水、安丘、潍坊、泰安、莱芜、青州，河北唐山、沧州、保定，辽宁鞍山、营口等地
	云贵高原区	云南昆明、江川、玉溪、通海、呈贡、昭通、曲靖、大理，广西田阳、田东、平果、百色，贵州毕节、大方、威宁、赫章、安顺、息烽、遵义、桐梓
柿	南方	广东五华、潮汕，福建安溪、永泰、仙游、大田、云霄、莆田、南安、龙海、漳浦、诏安，湖南祁阳
	华东	浙江杭州，江苏邳县，山东菏泽、益都、青岛
	北方	陕西富平、三原、临潼，河南荥阳、焦作、林州，河北赞皇，甘肃陇南，湖北罗田
枣	黄河中下游流域冲积土分布区	河北沧州、赞皇和阜平，河南新郑、内黄、灵宝，山东乐陵和庆云，陕西大荔，山西太谷、临猗和稷山，北京丰台和昌平，辽宁北票、建昌等
	黄土高原丘陵分布区	山西临县、柳林、石楼和永和，陕西佳县和延川
	西北干旱地带河谷丘陵分布区	甘肃敦煌、景泰，宁夏中卫、灵武，新疆喀什

树种	重点调查区域	
	区域	具体区域
李	东北区	黑龙江，吉林，辽宁，内蒙古东部
	华北区	河北，山东，山西，河南，北京，天津
	西北区	陕西，甘肃，青海，宁夏，新疆，内蒙古西部
	华东区	江苏，安徽，浙江，福建，台湾，上海
	华中区	湖北，湖南，江西
	华南区	广东，广西
	西南及西藏	四川，贵州，云南，西藏
杏	华北温带区	北京，天津，河北，山东，山西，陕西，河南，江苏北部，安徽北部，辽宁南部，甘肃东南部
	西北干旱带区	新疆天山、伊犁河谷，甘肃秦岭西麓、子午岭、兴隆山区，宁夏贺兰山区，内蒙古大青山、乌拉山区
	东北寒带区	大兴安岭、小兴安岭和内蒙古与辽宁、吉林、华北各省交界的地区，黑龙江富锦、绥棱、齐齐哈尔
	热带亚热带区	江苏中部、南部，安徽南部，浙江，江西，湖北，湖南，广西
	西南高原区	西藏芒康、左贡、八宿、波密、加查、林芝，四川泸定、丹巴、汶川、茂县、西昌、米易、广元，贵州贵阳、惠水、盘州、开阳、黔西、毕节、赫章、金沙、桐梓、赤水，云南呈贡、昭通、曲靖、楚雄、建水、永善、祥云、蒙自
猕猴桃	重点资源省份	云南昭通、文山、红河、大理、怒江，广西龙胜、资源、全州、兴安、临桂、灌阳、三江、融水，江西武夷山、井冈山、幕阜山、庐山、石花尖、黄岗山、万龙山、麻姑山、武功山、三百山、军峰山、九岭山、官山、大茅山，湖北宜昌，陕西周至，甘肃武都，吉林延边
梨	辽西京郊地区	辽宁鞍山、海城、绥中、盘山、京郊大兴、怀柔、平谷、大厂
	云贵川地区	云南迪庆、丽江、红河、富源、昭通、思茅、大理、巍山、腾冲，贵州六盘水、河池、金沙、毕节、赫章、威宁、凯里，四川乐山、会理、盐源、昭觉、德昌、木里、阿坝、金川、小金、江油、汉源、攀枝花、达川、简阳
	新疆、西藏地区	库尔勒、喀什、和田、叶城、阿克苏、托克逊、林芝、日喀则、山南
	陕甘宁地区	延安、榆林、庆阳、张掖、酒泉、临夏、甘南、陇西、武威、固原、吴忠、西宁、民和、果洛
	广西地区	凭祥、百色、浦北、灌阳、灵川、博白、苍梧、来宾
桃	西北高旱区	新疆、陕西、甘肃、宁夏等地
	华北平原区	位于淮河、秦岭以北，包括北京、天津、河北大部、辽宁南部、山东、山西、河南大部、江苏和安徽北部
	长江流域区	江苏南部、浙江、上海、安徽南部、江西和湖南北部、湖北大部及成都平原、汉中盆地
	云贵高原区	云南、贵州和四川西南部
	青藏高原区	西藏、青海大部、四川西部
	东北高寒区	黑龙江海伦、绥棱、齐齐哈尔、哈尔滨，吉林通化和延边延吉、和龙、珲春一带
	华南亚热带区	福建、江西、湖南南部、广东、广西北部
苹果	东北区	辽宁铁岭、本溪，吉林公主岭、延边、通化，黑龙江东南部，内蒙古库伦、通辽、奈曼旗、宁城
	西北区	新疆伊犁、阿克苏、喀什，陕西铜川、白水、洛川，甘肃天水，青海循化、化隆、尖扎、贵德、民和、乐都、黄龙山区、秦岭山区
	渤海湾区	辽宁大连、普兰店、瓦房店、盖州、营口、葫芦岛、锦州，山东胶东半岛、临沂、潍坊、德州，河北张家口、承德、唐山，北京海淀、密云、昌平
	中部区	河南、江苏、安徽等省的黄河故道地区，秦岭北麓渭河两岸的河南西部、湖北西北部、山西南部
	西南高地区	四川阿坝、甘孜、凤县、茂县、小金、理县、康定、巴塘，云南昭通、宣威、红河、文山，贵州威宁、毕节，西藏昌都、加查、朗县、米林、林芝、墨脱等地
葡萄	冷凉区	甘肃河西走廊中西部，晋北，内蒙古土默川平原，东北中北部及通化地区
	凉温区	河北桑洋河谷盆地，内蒙古西辽河平原，山西晋中、太古，甘肃河西走廊、武威地区，辽宁沈阳、鞍山地区
	中温区	内蒙古乌海地区，甘肃敦煌地区，辽南、江西及河北昌黎地区，山东青岛、烟台地区，山西清徐地区
	暖温区	新疆哈密盆地，关中盆地及晋南运城地区，河北中部和南部
	炎热区	新疆吐鲁番盆地、和田地区、伊犁地区、喀什地区，黄河故道地区
	湿热区	湖南怀化地区，福建福安地区

附录二
各省（自治区、直辖市）主要调查树种

区划	省（自治区、直辖市）	主要落叶果树树种
华北	北京	苹果、梨、葡萄、杏、枣、桃、柿、李
	天津	板栗、李、杏、核桃
	河北	苹果、梨、枣、桃、核桃、山楂、葡萄、李、柿、板栗、樱桃
	山西	苹果、梨、枣、杏、葡萄、山楂、核桃、李、柿
	内蒙古	苹果、枣、李、葡萄
东北	辽宁	苹果、山楂、葡萄、枣、李、桃
	吉林	苹果、板栗、李、猕猴桃、桃
	黑龙江	苹果、板栗、李、桃
华东	上海	桃、李、樱桃
	江苏	桃、李、樱桃、梨、杏、枣、石榴、柿、板栗
	浙江	柿、梨、桃、枣、李、板栗
	安徽	梨、桃、石榴、樱桃、李、柿、板栗
	福建	葡萄、樱桃、李、柿子、桃、板栗
	江西	柿、梨、桃、李、猕猴桃、杏、板栗、樱桃
	山东	苹果、杏、梨、葡萄、枣、石榴、山楂、李、桃、板栗
华中	河南	枣、柿、梨、杏、葡萄、桃、板栗、核桃、山楂、樱桃、李
	湖北	樱桃、柿、李、猕猴桃、杏树、桃、板栗
	湖南	柿、樱桃、李、猕猴桃、桃、板栗
华南	广东	柿、李、杏、猕猴桃
	广西	樱桃、李、杏、猕猴桃
西南	重庆	梨、苹果、猕猴桃、石榴、板栗
	四川	梨、苹果、猕猴桃、石榴、桃、板栗、樱桃
	贵州	李、杏、猕猴桃、桃、板栗
	云南	石榴、李、杏、猕猴桃、桃、板栗
	西藏	苹果、桃、李、杏、猕猴桃、石榴
西北	陕西	苹果、杏、枣、梨、柿、石榴、桃、葡萄、樱桃、李、板栗
	甘肃	苹果、梨、桃、葡萄、枣、杏、柿、李、板栗
	青海	苹果、梨、核桃、桃、杏、枣
	宁夏	苹果、梨、枣、杏、葡萄、李、板栗
	新疆	葡萄、核桃、梨、桃、杏、石榴、李

附录三
工作路线

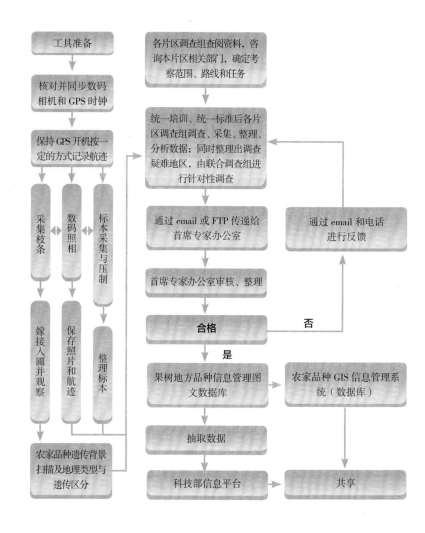

附录四
工作流程

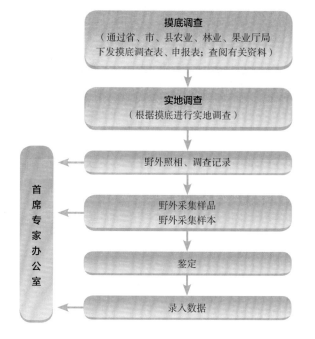

枣品种中文名索引

B

百子亭枣　082
柏梁枣1号　320
柏梁枣2号　322
柏梁枣3号　324
柏梁枣4号　326
半边红枣　094
半截枣　202
棒槌枣　164
北丁枣1号　142
北丁枣2号　144
北丁枣3号　146
北健木枣　110
彬县枣1号　136
彬县枣2号　138
彬县枣3号　140
玻璃脆枣　286
布袋枣　284

C

长陵马牙枣　242
长酸枣　096
长辛店白枣　228
长枣　098
承留枣1号　288
脆甜枣　108

D

打禾枣　064
大板枣　176
大个长红枣　062
大河道枣1号　298
大河道枣2号　300
大河道枣3号　302
大壶瓶酸　182
大葫芦枣　230
大荔水枣　116
大酸枣1号　190

大酸枣2号　192

F

凤凰寨尖枣　264
伏牛枣　086
付前小枣　076

G

嘎嘎枣　246
高渠木枣1号　154
高渠木枣2号　156
高渠油枣3号　158
高渠油枣4号　160
疙瘩枣　218
公村小枣　088
沟西庄磨脐枣　266
狗鸡鸡枣　194
古竹枣1号　068
古竹枣2号　070
古竹枣3号　072
瓜枣　056
官滩枣变异1号　184
官滩枣变异2号　186

H

哈密枣1号　130
哈密枣2号　132
哈密枣3号　134
海淀白枣　232
河津水枣　220
河津条枣　188
核笨枣　270
黑石圆铃枣　040
黑石圆铃枣1号　048
黑石圆铃枣2号　050
黑石圆铃枣3号　052
黑石长虹枣1号　042
黑石长虹枣2号　044

黑石长虹枣3号　046
黄家糠枣　080

J

鸡蛋枣　106
冀州脆枣　236
佳县大酸枣　216
尖枣　260

L

郎家园枣　240
临猗馃馃枣　222
灵武长枣　170
铃枣　224
菱头枣　058
柳林牙枣　200
龙爪枣　054
耧疙瘩　166
吕庄大枣1号　294
吕庄大枣2号　296

M

门疙瘩枣　272
庙尔沟哈密大枣1号　118
磨磨枣　214
蘑菇枣　162
木枣　104

N

南平旺枣　304
南辛庄鸡蛋枣　234
南辛庄磨盘枣　244
聂家峪酸枣　250
牛心山大枣　276

P

平桥枣　308
平遥酸枣　204

婆枣　274
朴寺村金丝小枣　280

Q

祁县尖枣　206
洽川玲玲枣　112
秦岗枣1号　336
秦岗枣2号　338
清江小枣　092

R

软核枣　208

S

邵原大枣　282
神沟鸡心枣　102
神木大酸枣　226
沈家岗大枣　258
水塘枣　066
水团枣　196
苏子峪大枣　248
酥枣　268
酸不落酥　210
随州秤砣枣　262

T

太师屯金丝小枣　238
潭头甜枣　078
甜酸枣　198
同心圆枣　168
桐柏大枣　256

W

王会头大枣　278
王家村枣1号　312
王家村枣2号　314
王家村枣3号　316
王家村枣4号　318

位昌大枣　292
无佛大枣　172
五堡哈密大枣1号　120
五堡哈密大枣2号　122

X

西马峪枣　306
西石露头枣　290
香山白枣　252
小板枣　180
小葫芦枣　254
新疆酸枣1号　124
新疆酸枣2号　126
新疆酸枣3号　128

Y

腰枣　310
姚家枣1号　328
姚家枣2号　330
姚家枣3号　332
姚家枣4号　334
圆枣　100

Z

早熟壶瓶枣　212
张家河枣1号　148
张家河枣2号　150
张家河枣3号　152
枕头枣　060
直社大枣　114
中田米枣　084
中卫圆枣　174
株良甜枣　074
猪牙枣　178
资溪枣　090

枣品种调查编号索引

C

CAOQFLDK001	162	CAOQFLDK034 226
CAOQFLDK002	164	CAOQFMYP131 102
CAOQFLDK003	166	CAOQFMYP132 104
CAOQFLDK004	168	CAOQFXSY028 106
CAOQFLDK005	170	CAOQFXSY029 108
CAOQFLDK006	172	CAOQFXSY030 110
CAOQFLDK007	174	CAOQFXSY089 112
CAOQFLDK008	176	CAOQFXSY093 114
CAOQFLDK009	178	CAOQFXSY100 116
CAOQFLDK010	180	CAOQFYZY012 118
CAOQFLDK011	182	CAOQFYZY014 120
CAOQFLDK012	184	CAOQFYZY017 122
CAOQFLDK013	186	CAOQFZCF001 130
CAOQFLDK014	188	CAOQFZCF002 132
CAOQFLDK015	190	CAOQFZCF003 134
CAOQFLDK016	192	CAOQFZCF004 136
CAOQFLDK017	194	CAOQFZCF005 138
CAOQFLDK018	196	CAOQFZCF006 140
CAOQFLDK019	198	CAOQFZCF009 142
CAOQFLDK020	200	CAOQFZCF010 144
CAOQFLDK021	202	CAOQFZCF011 146
CAOQFLDK022	204	CAOQFZCF013 148
CAOQFLDK023	206	CAOQFZCF014 150
CAOQFLDK024	208	CAOQFZCF015 152
CAOQFLDK025	210	CAOQFZCF021 154
CAOQFLDK026	212	CAOQFZCF022 156
CAOQFLDK027	214	CAOQFZCF023 158
CAOQFLDK028	216	CAOQFZCF024 160
CAOQFLDK029	218	CAOQFZTJ004 124
CAOQFLDK031	220	CAOQFZTJ005 126
CAOQFLDK032	222	CAOQFZTJ006 128
CAOQFLDK033	224	CAOSYCLN001 312

CAOSYCLN002	314	CAOSYYHZ002 294
CAOSYCLN003	316	CAOSYYHZ003 296
CAOSYCLN004	318	CAOSYYHZ004 298
CAOSYCLN005	320	CAOSYYHZ005 300
CAOSYCLN006	322	CAOSYYHZ009 302
CAOSYCLN007	324	CAOSYYHZ010 304
CAOSYCLN008	326	CAOSYYHZ021 306
CAOSYCLN009	328	
CAOSYCLN010	330	**F**
CAOSYCLN011	332	
CAOSYCLN012	334	FANGJGLXL004 098
CAOSYCLN013	336	FANGJGLXL007 100
CAOSYCLN014	338	
CAOSYFHW007	310	**L**
CAOSYFHW014	308	
CAOSYLBY013	256	LITZLJS049 228
CAOSYLHX195	258	LITZLJS050 230
CAOSYLHX196	260	LITZLJS051 232
CAOSYLHX200	262	LITZLJS052 234
CAOSYLHX201	264	LITZLJS053 236
CAOSYLHX208	266	LITZLJS054 238
CAOSYLHX209	268	LITZLJS055 240
CAOSYLHX220	270	LITZLJS056 242
CAOSYLJZ027	272	LITZLJS057 244
CAOSYLYQ002	274	LITZLJS058 246
CAOSYWWZ026	284	LITZLJS059 248
CAOSYWWZ028	286	LITZLJS060 250
CAOSYWWZ030	288	LITZLJS061 252
CAOSYWWZ040	290	LITZLJS062 254
CAOSYWYM002	276	
CAOSYXJL001	278	**Y**
CAOSYXJL003	280	
CAOSYXMS009	282	YINYLFLJ055 040
CAOSYYHZ001	292	YINYLFLJ056 042
		YINYLFLJ057 044
		YINYLFLJ058 046

YINYLFLJ059	048
YINYLFLJ060	050
YINYLFLJ061	052
YINYLFLJ062	054
YINYLFLJ116	056
YINYLFLJ117	058
YINYLFLJ118	060
YINYLYXM119	062
YINYLZB013	066
YINYLZB014	068
YINYLZB015	070
YINYLZB016	072
YINYLZB017	074
YINYLZB020	076
YINYLZB030	078
YINYLZB033	080
YINYLZB034	082
YINYLZB038	084
YINYLZB042	086
YINYLZB048	088
YINYLZB054	090
YINYLZB060	064
YINYLZB067	092
YINYLZB068	094
YINYLZB071	096